새로 보는 과학기술

새로 보는 과학기술

새로 보는 과학기술

과학기술부 기획 · 한국과학문화재단 편저

현대사회는 다양한 분야가 상호 교류하면서 새로운 가치가 창조되는 이른바 '융합의 시대'로, 기존의 사고에서 벗어난 발상의 전환과 혁신적 역량이 요구되고 있습니다. 이는 과학기술 분야에서도 마찬가지입니다. 기술 간 융합화 · 복합화 현상이 빠른 속도로 전개되는 동시에 과학기술과 다른 학문과의 접목을 통한 새로운 가치창출이 필요한 시점입니다.

이와 같은 전환기적 시대흐름에 부응하여 과학기술부는 지난해 '새로 보는 과학기술'이라는 주제 하에 과학기술이 '인문학, 사회과학, 예술, 종교' 등 다른 학문영역과 소통하는 교류의 장을 마련하여 많은 호응을 얻었습니다.

첫번째로 개최된 「과학기술, 인간을 만나다」 포럼에서는 인류의 역사 및 인간 내면에 투영된 과학기술의 또 다른 모습을 조명하고자 했으며, 여러 전문가들이 모여 문학, 역사, 철학 등 인문학적 프리즘에 비춰진 과학기술의 모습에 관해 열띤 토론의 시간을 가졌습니다. 두번째로 열린 「과학기술, 예술을 만나다」에서는 감성과 상상력, 창의성 등 과학기술과 예술의 관계조명을 통해 상호 접점을 확인하는 한편, 동반자적인 발전에 대해 고민해보았습니다.

세번째로 「과학기술, 사회를 만나다」를 통해서는 21세기 국가발전의 원동력인 과학기술이 사회 속에 생동하는 지식으로 자리매김할 수 있도록 새로운 가능성을 모색하고자 하였으며, 이를 통해 과학기술이 경제, 법률, 언론 등 사회과학의 토양에서 보다 성숙한 새로운 비전을 창출하는 좋은 계기를 마련했다고 생각합니다.

마지막으로 「과학기술, 종교를 만나다」는 과학기술의 긍정적인 효과를 더하며 윤리문제 등 부정적 시각을 해소하고, 과학적 진리와 종교적 진리가 인류의 번영과 발전을 위한 상호보완적인 관계에 있음을 확인하는 유의미한 계기가 되었다고 봅니다.

과학기술부는 2006년부터 2007년 3월까지 총 4회에 걸쳐 개최된 '새로 보는 과학기술' 포럼이, 국민들에게 과학기술을 새롭게 이해하고 보다 친근하게 느낄 수 있는 좋은 기회가 되었다고 생각하며, 포럼 현장에서 논의된 내용을 한 권의 책으로 엮어내었습니다. 21세기 사회발전의 핵심 원동력인 과학기술과 인문학·사회과학·예술·종교의 융합을 통한 가치창출, 나아가 상호발전을 모색하는 새로운 패러다임에 관심 있는 모든 분들께 일독(一讀)을 권합니다.

2007년 4월

부총리 겸 과학기술부 장관 김우식

스노우(C. P. Snow) 경이 '두 문화(Two Cultures)' 라는 말로 과학기술과 인문학의 단절이 낳을 수 있는 문제점을 지적한 것이 1959년이었고, 그후로 적지 않은 시간이 지났습니다. 하지만 우리는 저마다의 분야에서 안주하고 있을 뿐 좀처럼 벽을 넘으려 하지 않았습니다. 그렇지만 상황이 빠르게 변하고 있습니다. '지식사회' 로 대변되는 21세기는 그 오래된 벽을 허물며 등장하는 새로운 논의 속에서 인류의 미래에 대한 희망을 찾느라 분주합니다. 과학기술도, 인문학도, 사회과학도, 예술도 대화하지 않으면 새로울 수도 변화할 수도 없다는 인식이 형성되고 있습니다.

과학기술부와 한국과학문화재단은 이러한 인식하에 2006년부터 2007년 초까지 '새로 보는 과학기술' 이라는 이름의 연속 포럼을 4회에 걸쳐 열었습니다. 이 포럼은 인문학, 사회과학, 예술, 종교를 아우르는 각계각층의 석학을 모시고 과학기술계가 귀 기울여야 할 이야기와 전해야 할 이야기를 나누기 위한 자리로 마련되었습니다.

첫번째 포럼인 「과학기술, 인간을 만나다」에서는 문 · 사 · 철의 지혜를 통해 과학기술과 인간의 관계를 다시금 따뜻하게 정립해 볼 수 있었습니다. 제2회 「과학기술, 예술을 만나다」 포럼은 본디 '테크네(techne)' 라는 어원을 공유했던 두 분야의 감수성과 합리성이 해후하는 자리였습니다. 제3회 「과학기술, 사회를 만나다」 포럼에서는 과학기술만이 아니라 생활 저변에 가장 많은 영향을 미치는 경제학, 법률학, 커뮤니케이션학 등 세 개 분야에 계신 전문가 여러분을 모시고 과학기술과의 향후 관계를 논의할 수 있었습니다. 제4회 「과학기술, 종교를 만나다」 포럼은 우리가 살고 있는 자연과 세계에 대한 '다양성'을 인정하고 받아들이는 것이 우리의 의무임을 새삼 확인하는 자리였습니다.

2007년 '새로 보는 과학기술'은 종교에 이어 고령화 사회, 여성 및 리더십 등 또 다른 분야에 몸담고 계신 분들과 대화의 장을 마련해 나갈 계획입니다. 지식사회에서 여성의 역할이나 저출산, 고령화 현상 같은 당면과제에 대한 논의까지 짚어보고자 합니다. 여러분들의 관심과 애정으로 하나씩 완성되어갈 것이라고 생각합니다. 이 책은 그 시작을 알리는 서곡인 셈입니다.

'새로 보는 과학기술'은 아이디어를 처음 제안하신 김우식 부총리 겸 과학기술부 장관님의 열정과 박이문 연세대학 특별초빙교수님, 김병익 한국문화예술위원회 위원장님, 김광웅 서울대학 행정대학원 교수님, 김용준 한국학술협의회 이사장님 등 사회 각계 석학 여러분들의 과학기술에 대한 관심이 있었기에 비로소 가능했던 기획이었습니다. 기획 단계부터 사회자 역할까지 매 포럼의 처음과 끝을 열고 닫아주신 서강대학 이덕환 교수님의 기여 또한 각별합니다. 이 모든 분들에 대한 마음 깊은 감사의 말씀을 드리며 맺음을 대신하고자 합니다.

2007년 4월

한국과학문화재단 이사장 나도선

차 례

01 과학기술, 인간을 만나다

02 과학기술, 예술을 만나다

과학기술을 새로 보아야 하는 이유

이덕환 | 서강대학교 화학 · 과학커뮤니케이션학과 교수

우리는 지난 40년 동안 강력하게 추진해온 과학기술입국 정책 덕분에 세계가 놀라는 경제 성장과 사회의 민주화를 이룩했다. 그런 노력은 첨단 과학기술을 기반으로 하는 21세기에 들어와서도 절대 멈출 수 없다. 오늘날 과학기술을 포기하고 얻을 수 있는 것은 아무것도 없기 때문이다. 과학기술중심사회 구축은 급속하게 가열되고 있는 세계화의 물결 속에서 우리의 생존과 정체성을 보장하기 위한 유일한 시대적 소명(召命)이다. 오늘날의 과학기술은 단순히 경제 성장을 위한 실용적인 수단으로만 가치가 있는 것이 아니다. 우리의 고유한 전통문화를 현대사회에 맞도록 발전시키는 핵심도 과학기술이 뒷받침되어야 가능한 일이다. 민주화된 사회의 원만한 화합과 발전을 위해서도 충분한 과학적 상식을 바탕으로 한 합리적이고 비판적인 사고방식이 반드시 필요하다. 과학기술에 대한 보다 새로운 사회적 인식이 요구되는 것은 그런 이유 때문이다.

인류 문명을 이끌어온 과학과 기술

과학기술은 인류 문명의 모든 면에 영향을 주었다. 인류 문명 자체가 과학기술에 의해 이룩되고 발전되었다고 해도 크게 틀리지 않을 정도다. 육체적으로 연약하기 이를 데 없는 인간이 오늘날 만물의 영장(靈長)으로 우뚝 서게 된 것은 자연의 정체를 정확하게 파악하는 과학지식을 확보하고, 자연에서의 치열한 생존경쟁을 이겨낼 수 있는 기술을 개발했기 때문이었다. 농경과 목축으로 시작된 다양한 기술의 개발은 인류에게 물질적 풍요와 편리하고 건강한 삶을 가져다주었다. 덕분에 오늘날 지구촌에서는 65억이 넘는 인구가 인류 역사상 가장 높은 삶의 질을 향유할 수 있게 되었다.

과학기술이 우리에게 가져다준 것은 물질적 풍요만이 아니었다. 자연법칙을 체계적으로 이해하게 되면서 자연과 우리 자신의 정체성에 대한 인식도 크게 달라졌다. 본래부터 지구의 자연환경은 인간에게 두려움의 대상이었다. 지진, 태풍, 모래바람, 산불 같은 자연 재해가 끊임없이 이어지는 생태계의 생존경쟁에서 살아남는 일은 결코 쉽지 않았다. 맹수의 공격을 피하는 일도 어려웠지만, 정체를 알 수 없는 미생물에 의한 위협은 더욱 심각한 문제였다. 고대 사회에서 주술사들이 막강한 권력을 휘두르고, 태양과 달과 동물을 무작정 숭배했던 것은 자연에 대한 두려움에서 벗어나려는 몸부림의 결과였다. 종교와 봉건제도의 무자비한 권력도 그런 과정에서 생겨난 것이었다.

과학기술이 고도로 발달한 오늘날에도 자연의 위력은 조금도 줄어들지 않고 있다. 전 세계의 육지에서 사람들이 대규모로 집단을 이루어 살 수 있는 지역은 12퍼센트에 지나지 않는다. 아시아, 오스트레일리아, 남북 아메리카 대륙의 대부분은 아직도 인간의 접근을 거부하는 황무지나 정글로 뒤덮여 있다. 우리가 오랜 세월 인류를 괴롭히던 천연두를 이겨내고, 대부분의 수인성 전염병을 통제할 수 있게 된 것은 사실이지만, 아직도 조류 독감 같은 새로운 전염병이 심각하게 우리의 존재를 위협하고 있다. 대규모 지진과 해일, 화산 폭발 같은 자연 재해의 위험도 여전하다. 최근에는 지구온난화에 따른 기상 이변이 우리를 더욱 걱정스럽게 만들고 있다. 자연이 포근한 안식처라는 우리의 일반적인 인식은 그런 현실을 무시한 것이다.

과학이 물질을 대상으로 하는 것은 사실이다. 그러나 그런 과학이 밝혀낸 체계적인 지식은 우리의 인식, 사고, 표현에 이르는 모든 활동에 영향을 주어 왔다. 둥근 지구가 태양을 중심으로 공전한다는 단순한 과학지식이 우리의 세계관을 완전히 바꿔놓았던 것은 명백한 역사적 진실이다. 20세기에 확립된 원자론, 양자역학, 상대성이론으로 자연과 우주에 대한 우리의 인식이 근본적으로 바뀌게 되었고, DNA의 정체가 밝혀지면서 자연 생태계에서 우리 자신의 위상에 대한 인식도 크게 달라졌다. 우리가 아름다움을 인식하고 표현하는 방법도 더욱 심화되고 다양화되었다.

물질 활용의 효용성을 증진시키려는 기술 개발은 우리의 생활양식도 바꿔놓았다. 교통과 통신 수단의 발달로 지구촌이 하나가 되었고, 풍부한 에너지와 물질의 생산과 공급 기술은 인간을 힘든 노동으로부터 해방시켜주었다. 보건·의료 기술의 발전으로 우리는 역사상 처음으로 인구의 노령화를 걱정해야 하는 상황에 직면하게 되었다. 인구의 노령화는 사회적으로 해결하기 어려운 과제이지만, 인류의 오랜 숙원이었던 무병장수(無病長壽)의 꿈이 실현되고 있다는 증거다. 기술 발전에 의한 풍요가 가져온 가장 획기적인 변화는 인종, 신분, 성(性)에 대한 차별이 줄어들었다는 것이다. 현대적 의미의 자유와 평등과 인권의 개념은 현대 과학과 기술이 본격적으로 발전하면서 등장한 것이다. 이제 인터넷의 등장으로 표현의 자유가 크게 확대되면서 극소수에 의해 독점되었던 언론의 민주화도 완성되어 가고 있다.

결국 과학과 기술은 언제나 인류 문명 발전의 핵심적 역할을 해왔다. 무엇보다 우리 모두가 똑같은 권리를 가진 평등한 존재라는 사실을 깨닫게 된 것도, 자연에 대한 정확한 지식과 물질적 풍요를 바탕으로 하여 건강한 삶을 누리게 된 것도 모두 과학과 기술의 결과였다. 물질적 풍요와 건강한 삶이 보장되지 않은 사회에서 화려한 문화·예술과 사회적 민주주의는 절대 이룩할 수 없는 공허한 꿈에 지나지 않는다. 인문학의 발전도 예외가 아니다.

우려할 수준의 반(反)과학적 정서

그런데 우리 사회에서 과학과 기술이 심각한 위기에 빠졌다. 청소년들이 과학과 기술을 외면하는 '이공계 기피'만이 문제가 아니다. 더욱 심각한 문제는 현대 과학과 기술에 대한 사회적 거부감과 함께, 애써 몰아냈던 신비주의(神秘主義)가 급격하게 확산되고 있다는 것이다. 첨단기술을 기반으로 하는 산업의 활성화가 우리 사회의 경제적 기적을 실현시킨 것에 대해서는 아무도 부정하지 않는다. 그러나 급격한 산업화에 따라 우리의 자연환경과 생활환경이 크게 악화되었다는 왜곡된 인식이 확산되고 있다. 사회의 양극화, 인간성 상실, 생명 존엄성의 훼손, 인문학의 위기도 모두 빠르게 발전하는 과학기술의 탓이라는 주장이 제기되고 있다. 이제는 과학기술을 포기하고 자연으로 돌아가야 한다는 주장과 과학기술에도 사회적 참여가 필요하다는 주장이 힘을 얻고 있다. 자칫하면 과학기술을 통해 애써 이룩한 우리의 성과가 물거품이 되어버릴 수도 있는 위기 상황이다.

오늘날의 모든 사회 문제가 고도로 분화되고 급속하게 발전하는 과학기술 때문이라고 주장하기는 어렵다. 물론 우리의 과학기술 정책과 에너지 확보, 국토개발 사업 등이 사회의 민주화를 충분히 수용하지 못했던 것은 사실이다. 정부 주도로 이루어진 생명공학 기술에 대한 집중적인 투자는 생명 존엄성의 훼손이라는 사회적 경각심을 불러일으키는 원인이 되었다. 국민의 사회 참여 욕구가 높아지면서 방폐장, 새만금 간척, 고속전철 건설 등의 대형 국책사업에 대한 사회적 합의를 도출하는 일도 매우 어려워졌다. 이제는 과거처럼 정부와 과학기술계가 일방적으로 정책을 수립해서 추진하는 일이 불가능해졌고, 복잡하고 이해하기 어려운 과학기술 관련 사회적 의제를 원만하게 소화하는 방법을 찾지 못하고 있는 것도 사실이다. 그렇다고 모든 문제를 과학기술의 탓이라고 비판만 하고 있을 수는 없다.

이제 우리 사회에서 과학과 기술이 더 이상 과학자의 전유물일 수 없다. 국민 모두가 과학기술과 관련된 사회적 의제에 대해 민주시민으로서의 독자적인 의견을 제시해야 한다. 국민 모두가 적극적으로 노력할 수밖에 없다는 뜻이다. 각자가 사회적 의제와 관련된 과학적 상식과 함께 비판적이고 합리적인 사고방식을 갖추어야 한다. 물론 전문 지식을 갖춘 과학자의 도움이 있어야 하지만, 국민 각자가 개인 수준에서 적극적인 노력을 하지 않는다면 불가능한 일이다. 더욱이 과학기술과 관련된 사회적 의제에 대한 합리적인 판단을 위해서는 현대 과학기술의 정체와 의미에 대한 수준 높은 인식이 필요하다. 과학기술이 사회에 미치는 경제적 영향은 물론이고, 사회문화적 파급효과에 대한 주장도 스스로 평가해서 수용할 수 있는 능력을 갖추어야 한다.

그것이 바로 우리가 현대의 과학기술을 단순한 경제 발전의 수단으로 만이 아니라 더욱 높은 수준에서 새롭게 보아야만 하는 이유다.

진정한 만남의 의미

이제 우리 사회에서도 과학기술과 인문학 · 사회과학 · 예술 · 종교의 진정한 만남이 필요하다. 진정한 만남은 상대에 대한 진정한 이해가 전제되어야만 가능한 일이다. 일방적으로 과학기술의 유용성만 강조한다고 해서 진정한 만남이 이루어지는 것은 아니다. 과학과 기술이 인간을 제외한 '물질'만을 대상으로 한다는 인식이 옳지 않듯이, 인문학 · 사회과학 · 예술 · 종교가 물질을 떠난 '인간'만을 대상으로 한다는 인식도 잘못된 것이다. 인간이 물질을 떠나서 존재할 수 없는 것처럼 모든 학문도 인간을 떠나서는 그 존재의 의미를 찾을 수 없다. 인류의 역사가 엄연히 과학과 인문학을 두 기둥으로 발전해 왔던 것도 그 때문이다.

　진정한 만남을 위해서는 상대의 한계도 분명하게 인정해주어야만 한다. 자연에 감춰진 법칙을 체계적으로 정리한 과학은 사회적 합의에 의해 발전하는 것이 아니다. 우리 사회가 원하고 합의한다고 해서 과학적 진실이 만들어지는 것은 아니다. 물론 과학 발전의 역사에서 과학지식이 사회적 합의에 의해 '구성'되는 것처럼 보였던 경우가 없었던 것은 아니다. 그러나 모든 과학지식이 사회적으로 구성된다는 주장은 받아들이기 어렵다. 그렇기 때문에 과학과의 만남은 어느 정도 일방적일 수밖에 없는 특성을 갖게 된다. 인문학이나 사회과학에서 원한다고 해서 과학지식이 변화될 수는 없다는 뜻이다. 과학이 다른 분야보다 근원적으로 뛰어나기 때문에 그런 것은 아니다. 우리가 마음대로 통제할 수 없는 자연에서 찾아낸 지식 체계이기 때문에 과학이 어쩔 수 없이 갖게 되는 특성이다.

그러나 과학지식을 활용하는 기술의 문제는 분명하게 사회적 합의의 대상이다. 아무리 경제적으로 좋은 기술이라고 하더라도 우리 사회가 윤리적으로 용납할 수 없는 것이라면 쓸모가 없다. 결국 과학기술과의 만남은 기술의 활용 방법, 범위, 그리고 그 결과에 한정될 수밖에 없다. 그런 뜻에서 과학기술과의 진정한 만남은 한계가 있을 수밖에 없다.

2006년부터 과학기술부 주관으로 추진한 '새로 보는 과학기술' 포럼은 그런 한계 내에서 우리 사회가 추구할 수 있는 만남의 가능성을 확인해보려는 시도였다. 그동안 산발적으로 있었던 만남의 노력을 한자리에 모아서, 우리 사회에서 추구할 수 있는 사회적 담론을 이끌어내는 것이 주된 목적이었다. 인문학, 사회과학, 예술, 종교와의 네 차례에 걸친 만남을 통해서 적지 않은 소득을 올릴 수 있었다. 우선 우리 사회가 겉으로 드러나는 것처럼 '쉽고 재미있는 것'만을 추구하는 것은 아님을 확인했다. 특별히 논란이 될 소재가 아니었음에도 많은 청중들이 진지하게 참여해준 것이 그 증거다. 또한 우리 모두의 궁극적인 소망인 '행복(幸福)', 우리의 창조성을 발휘하기 위해 필요한 '인식(認識)'과 '표현(表現)', 그리고 보다 나은 사회를 만들기 위한 '소통(疏通)'에 대한 진지한 사회적 논의가 가능하다는 사실을 확인했다. 앞으로 우리 사회에서도 과학기술을 바탕으로 하는 인문학·사회과학·예술·종교에 대한 진지하고 수준 높은 토론이 이어지기를 간절히 바란다.

과학기술, 인간을 만나다

다양한 분야들이 서로 교류하면서 새로운 가치를 창조하는 지식과 기술의 융합시대에 과학기술과 새로운 학문영역의 교류의 장으로 마련한 '새로 보는 과학기술'의 제1회 「과학기술, 인간을 만나다」 포럼이 2006년 9월 29일 서울프라자호텔 덕수홀(22층)에서 개최되었다. 연세대학 박이문 교수의 기조강연에 이어 중앙대학 강내희 교수, 서울대학 주경철 교수, 서강대학 엄정식 교수의 주제발표가 있었다. 이어서 진행된 토론에는 연세대학 민경찬 교수, 서울대학 이병기 교수, 가톨릭대학 맹광호 교수, 서강대학 김영한 교수, 포항공과대학 임경순 교수 등과 200여 명의 참석자들이 함께했다. 주제발표와 토론은 서강대학 이덕환 교수가 사회를 맡아 진행했다.

과학기술과 인간

−과학기술은 축복인가 재앙인가?

박이문 | 연세대학교 철학 특별초빙교수

전 세계가 과학기술의 습득과 발전의 기선을 잡기 위해 무한경쟁체제에 접어든 오늘날, '과학기술과 인간' 이라는 문제가 새삼스럽게 제기되는 이유는 무엇이며, 그 문제는 어떻게 풀어가야 하는가? 이 물음에 답하기 위해서는 원론적이지만 분명한 '기술' 과 '과학' 의 개념 규정과 자연과 인간의 관계에 대한 이해가 선행되어야 한다.

기술은 '한 생명체가 주어진 환경에서 어떤 특정한 목적을 가장 효과적으로 달성하기 위해 고안한 장치 혹은 도구나 그러한 것들을 구사하는 능력' 으로 아주 넓게 규정해 볼 수 있다. 그렇다면 오목눈이의 둥지에 알을 낳고 거기서 깨어난 제 새끼들이 오목눈이의 알을 밀어내게 한 다음 어미 오목눈이가 잡아온 먹이로 제 새끼를 키우는 뻐꾸기는 말할 것도 없고, 나뭇가지를 땅 구멍에 집어넣어 그 안의 벌레를 잡아먹는 침팬지, 바다에서 돌로 조개껍질을 깨뜨리고 그 알맹이를 꺼내먹는 물개와 거미줄을 쳐놓고 거기에 걸려드는 나비나 파리 등을 잡아먹는 거미 등 이기적 DNA를 포함한 모든 생물체가 나름대로의 기술을 갖고 있다고 할 수 있다.

그러나 이런 동물들의 생존전략은 본능의 표출일 뿐이다. 즉 이것은 자연의 현상들로서 호모사피엔스로서의 인류라는 종에서 관찰되는 생존전략으로서의 기술이나 능력과는 비교될 수 없다. 원시인들이 돌을 깨서 만든 칼이나 도끼, 끝에 독을 묻혀 짐승들을 잡은 막대기조차 단순한 본능의 표출이나 자연현상을 뛰어넘은 것이며, 오랜 경험과 나름대로의 논리적 사유를 통해 고안되고 전수된 것이기 때문이다. 인간의 기술은 자연의 일부에서 그치지 않고 언제나 인간의 생존전략이자 인간이 제작한 생존 도구로서 문화의 범주에 속하며, 호모사피엔스와 더불어 생겨난 원시의 기술은 곧 문명사의 초석이 되었다.

인류라는 종의 역사를 그 밖의 종들의 역사와 구별하는 개념을 ‘문명’이라는 낱말로 규정할 수 있다면, 문명사는 곧 ‘기술사’이며, 기술사는 자연사가 아니라 ‘문화사’이다. 우주론적이고 물리학적인 관점에서 볼 때 적어도 미립자의 차원에서 자연과 인간은 다 같이 시간의 흐름 안에서 부단한 변화의 과정에 있다. 그러나 모든 변화가 곧 역사는 아니다. 일정한 방향을 따라 발전하는 변화만이 역사의 일부가 될 수 있기 때문이다. 그러므로 자연에는 역사기가 없고 오로지 인류에게만 가능한 것이다. 인류 이외의 물리적 · 생물학적 현상들에는 그 존재 양식에서 발전으로 볼 수 있는 변화가 존재하지 않기 때문이다. 인간 삶의 양식 변화를 역사라고 한다면, 자연의 존재 양식의 변화에서는 어떤 지향성도 찾아볼 수 없다. 거의 맹목적이고 반복적인 사건들의 연속에 지나지 않는다. 기술의 차원에서 봐도 전혀 다르지 않다. 결론적으로 인류의 역사를 말할 수 있는 것은 인류의 삶의 양식이 발전하였기 때문이며, 인류가 발전할 수 있었던 것은 기술이 있기에 가능한 일이었다.

인류의 역사는 곧 기술 발전의 역사로 볼 수 있다. 장구한 역사 자체가 곧 기술의 역사였다. 인류의 기술은 때로는 점차적으로, 때로는 비약적으로 발전되어 왔다. 석기·수렵시대부터 디지털·후기산업시대에 걸친 인류 발전의 오랜 과정에서 기술발달은 단 한 번의 절대적 단절도 없이 지속적으로 이어져 축적되어 왔다.

인류의 기술발달사는 편의상 근대과학 정립 이전과 그 이후의 두 단계로 구분해서 검토할 수 있다.

첫번째 단계는 다시 문자 발명 이전과 그 이후의 두 시기로 나눌 수 있다. 그 첫 시기에는 한 개인 혹은 한 세대가 발명한 기술이 잘해야 한 세대에서 다음 세대로 직접적 경험이나 구전에 의해 극히 제한적이고 느리게 전수되었을 것이다. 그 다음 시기에는 문자적 기록 및 문자인쇄 기술의 발명에 의해 더 많은 정보가 보다 자세하게, 그리고 더 넓게 빠른 속도로 보급되고 축적되었을 것이다. 고대 수메르, 이집트, 인도, 중국, 그리스와 남아메리카의 잉카 및 아즈텍 문명들의 유물들은 오늘날 우리가 보아도 놀라운 기술을 입증하고 있다. 그럼에도 그 단계의 인류는 전기, 기차, 비행기, 원자력발전소, 컴퓨터, 휴대전화, 인공위성, 달 탐사, 장기이식 등은 꿈에도 상상할 수 없는 기술적 한계를 갖고 있었다.

두번째 단계인 17세기 근대과학의 태동 이후에는 기술의 개발과 전수가 단순히 감각적이고 경험적인 지식에만 의존한 것이 아니라 이론적 지식으로서의 과학에 근거했다. 이러한 점에서 그 이전의 기술 개발과는 발전과 전수의 양상이 근본적으로 달랐다. 즉 이전과는 비교할 수도 없이 비약적인 발전을 하였고, 기술의 보급 또한 기하급수적인 속도로 널리 확대되었다. 도대체 과학은 무엇이며, 어떻게 과학은 경이로운 기술발전의 토대가 되었는가?

인간을 비롯한 모든 동물의 삶은 행동의 연속이며, 모든 효율적인 행동은 올바른 자연관을 전제한다. 누군가가 독사를 썩은 새끼줄로 잘못 보고 손을 댄다면, 그는 독사에 물려 죽게 될 수도 있다. 그런데 모든 인간이 다 같이 보는 자연에 대해서는 서로 상충되는 수많은 자연관이 존재한다. 그 수많은 자연관들은 두 가지 대립되는 큰 범주, 즉 한편으로는 전통적·물활론적·의인적·종교적인 것, 그리고 다른 한편으로는 근대적·유물론적·과학적인 것으로 나누어 묶을 수 있다. 전자의 자연관이 삼라만상의 자연현상 원리를 영적 존재의 임의적 조정에서 찾는 데 반해서, 후자의 자연관은 똑같은 현상의 원리를 수학적으로 기술할 수 있는 자연의 기계적인 인과법칙에서 찾는다.

그러나 어떤 존재가 독사인 동시에 썩은 새끼줄일 수 없는 것처럼 위의 상충되는 두 가지 자연관이 동시에 참일 수는 없다. 적어도 둘 중 하나는 틀린 것이다. 그렇다면 한 자연관의 진위를 결정하는 잣대는 무엇인가? 그것은 그 자연관에서 논리적으로 유추되는 구체적 결과의 진위에 있다. 지난 세기에 걸쳐 근대적·유물론적·과학적 자연관은 전통적·물활론적·의인적·종교적 자연관을 점차적으로 압도해 왔다. 이것은 전자의 자연관이 창출해낸 현대문명의 수많은 물질적·관념적 제품들과 그것들이 동반한 기적 이상으로 경이로운 실용적이고 구체적인 성과 때문이었다. 이러한 성과는 과학기술로만 가능했고, 과학기술은 과학적 자연관, 즉 과학이라는 새로운 인식 양식을 전제하고 있기 때문이다.

과학이 인류에 기여한 바는 아무리 과장해도 충분치 않다. 과학은 인간이 지적으로는 무지에서 광명의 세계로, 기술적으로는 자연에 의한 억압에서 자연의 정복자로, 물질적으로는 빈곤을 극복하게 하였고, 자연의 주인으로 군림하며 번영을 누리면서 당당하게 살 수 있는 길을 터놓았다. 우주는 물론 지구의 역사에 비해서도 상대적으로 짧은 몇만 년 동안 자연에 대한 공포에 떨며 연명해 왔던 적은 숫자의 인류가, 지난 천 년 아니 몇백 년 동안 폭발적으로 증가한 것만 보아도 과학기술의 힘을 잘 알 수 있다. 과학적 자연관은 문명의 등불이자 꽃이며, 과학기술문명은 인간의 승리이며 축복이다. 이성을 가진 자라면 그 누구도 과학적 자연관을 부정할 수 없고, 축복으로서의 과학기술을 부정할 수 없다.

그러나 모든 것이 그러하듯이 과학적 자연관과 그 산물인 과학기술도 상반되는 양면을 갖고 있다. 오늘날 과학적 자연관과 과학기술은 자신의 극한적 한계를 넘어 다시 돌이킬 수 없는 절망상태에 이른 것은 아닌가 하는 의문이 제기된다. 그렇다면 이 같은 문명의 위기는 어떻게 극복할 수 있는가? 우리가 지금 해야 할 가장 중요한 과제는, 우리가 직면한 문제를 회피하는 것이 아니라 냉정하게 분석하고 모든 지혜를 동원해서 합리적인 대답을 강구하는 작업이다. 과학기술문명의 어둠과 재앙의 징조는 두 가지로 분류하여 분석될 수 있다.

첫번째는 관념적·정신적인 성격을 띤다. 과학적 자연관은 물질만이 아니라 인간을 포함한 모든 생명체를 기계적으로 작동하는 물질적 분자들로 환원시켰다. 그 결과 인간을 포함한 모든 것으로부터 초월적 세계, 자아, 영혼, 생명, 감동, 모든 가치, 그리고 존재의 '의미'를 추방하고, 오로지 물질로서의 기계적 작동원리만을 서술하는 데 그침으로써, 인간의 삶은 물론 모든 것을 무의미한 사막으로 만들었다. 오늘날 인류는 물질적으로는 풍요하지만 정서적으로 빈곤하고, 편안하지만 행복하지는 않으며, 살아 있지만 죽어가고, 부족함이 없지만 공허하다.

여기서 우리는 과학적 기술, 한걸음 더 나아가 근본적으로 과학적 자연관을 거부해야 한다고 주장할 수도 있다. 실제로 많은 이들이 차디찬 과학적 자연관을 저주하고, 따뜻하고 낭만적인 전통적·물활론적·종교적 자연관으로 되돌아가 안주하고자 한다. 그러나 이런 태도는 문제의 해결이 아니라 연장이거나 회피에 불과하다. 과학적 자연관은 나름대로 다른 자연관보다 옳다. 앞서 말했듯이 과학적 자연관에 기초한 관점과 기술에 의해서 우리는 자연을 나름대로 더 정확히 인식하게 되었고, 보다 편안하고 풍요로운 삶을 살고 있다. 실제로 과학의 폐해를 지적하고 저주하는 사람이라 해도 과학문명의 혜택을 전혀 즐길 수 없던 과거의 삶으로 돌아가고자 하는 이가 있겠는가?

과학적 자연관이 참이라는 주장은, 가령 E=mc²라는 수학적 언어로 표상되는 물리현상의 에너지, 질량 및 광속도 간의 관계가 물리현상을 있는 그대로 표상한다는 뜻이 아니라, 물리현상이 위와 같은 수학적 공식으로도 기술될 수 있는 측면을 보여주는 것이다. 자연의 똑같은 물리현상은 허다한 측면이 있으며, 필요에 따라 수많은 다른 방식으로 표상된다. 과학적 인식 양식이 중요한 것은, 그것이 다른 인식 양식에 비교해서 인간이 자연을 다루는 데 가장 유익한 방법이기 때문이다. 또한 여기서 자세히 논증할 수는 없지만 과학적 자연관 안에서도 실존철학적 입장에서 마음, 영혼, 감동, 가치, 인생 및 존재 일반의 의미를 나름대로 찾을 수 있다고 확신한다.

두번째 어둠과 재앙의 징조는, 보다 구체적이고 절박한 현실적 양상을 띤다. 과학기술은 인간에게 거의 무제한적인 힘을 부여하였다. 끝없는 욕망을 추구해 온 인간은 자연을 무자비하게 약탈해 왔고, 마침내는 핵무기나 생물학적 혹은 화학적 무기에 의한 끔찍한 대량살상과 파괴의 가능성을 열어놓았다. 그 결과 환경오염, 지구온난화, 기후변동, 생태계 파괴로 인한 지구의 죽음, 그에 따른 인간 자신의 물리적 조건까지도 근본적인 차원에서 위협하기에 이르렀다.

그러나 이러한 위기의 원천적인 책임은 과학적 자연관이나 과학기술에 있는 것이 아니다. 이러한 위기는 인간 자신, 더 정확히 말해서 인간의 무지와 비합리적 욕망에서 비롯되었다. 놀라운 과학기술의 발전으로 자연에 군림하게 된 인간이, 인간 자신도 자연의 일부에 지나지 않는다는 사실을 망각하게 된 것이다. 이솝 우화에서 자신이 자연이라는 소보다 더 크고 위대함을 입증하려고 자기의 능력의 한계를 망각한 채 배를 크게 부풀리고 있는 개구리의 형국이다. 언제 배가 터져 죽게 될지 모르는 그 개구리 말이다. 우리가 당면한 현대 과학문명의 생태학적 위기를 극복하는 첫걸음은, 우리가 바로 이솝 우화의 개구리라는 실상을 깨닫는 데 있다.

과학과 과학기술을 무조건 거부하는 것도 어리석은 일이지만, 무조건 과학을 맹신하고 찬양하는 것도 똑같이 어리석은 태도이다. 자연에 대한 우리의 태도와 구체적인 행동의 선택은 감상적 신비주의가 아니라 과학의 합리적 자연관에 근거해야 한다. 하지만 그것은 근시적이 아니라 원시적인 관점에서, 파편적이 아니라 통합적인 큰 틀에서 결정되어야 한다. 바로 이런 맥락에서 과학과 인문학의 의미 있는 만남이 있어야 한다.

과학기술, 글쓰기, 주체형성

강내희 | 중앙대학교 영문학과 교수

과학기술은 인간의 의식이나 인식, 또는 지각 능력, 나아가서 정체성과 어떤 관련이 있는가? 과학기술은 인간을 인간으로 형성하는 데, 우리를 인간적 주체로 구성하는 데 어떤 영향을 행사하는 것일까? 말을 바꾸어 과학기술은 우리를 어떤 종류의 인간으로 만드는가?

근대과학이 발전하면서 줄기차게 제기되어온 이런 질문들의 함의와 절박성이 오늘날만큼 크게 느껴지는 때도 없을 것이다. 그것은 컴퓨터공학, 나노공학, 인공지능 개발과 유전자 정보 확인 및 조작 기술이 발전하는 등 최근 전개된 과학기술의 발전이 '양자 도약(Quantum Jump)'을 하며 인간의 생명과 삶에 이전과는 비교할 수 없을 만큼 큰 영향력을 행사하는 것으로 보이기 때문이다.

사실 과학적 사유와 실천, 과학기술에 바탕을 둔 삶의 전개는, 오랜 역사를 가지고 있다는 점에서 오늘의 현상만은 아니다. 그러나 최근에는 과학기술이 가공할 수준의 발전을 거듭하면서 인간의 삶에 새로운 위력을 발휘하고 있는 것 또한 부정할 수 없다. 1818년에 나온 메리 셸리(Mary Shelley)의 《프랑켄슈타인》에서 주인공 프랑켄슈타인은, 죽은 사람들의 뼈를 모아 가공할 괴물인간을 만들어냄으로써 독자들로 하여금 공포에 빠지게 했다. 그러나 그때까지만 해도 인조인간의 출현은 어디까지나 상상일 뿐이었다. 반면에 오늘 우리는 '복제양 돌리' 등의 출현에서 보듯 과학기술에 의한 (인간 창조는 아니라고 하더라도) 생명의 조작까지를 목격하는 중이다. 위에서 제기한 질문들이 새삼 중요하게 느껴지는 것은, 과학기술이 이처럼 생명현상까지 관여하며 발전을 거듭함으로써 인간 창조 또는 복제까지도 현실화할 가능성이 있기 때문이다. 과학기술에 의한 인간 창조 또는 복제의 가능성은 인간의 이해와 관련한 새로운 질문을 요구한다. 과학기술은 인간의 존재양식, 인간이 인간으로 작동하는 방식, 인간의 의식과 인식 구조나 지각 방식을 어떻게 바꿀 것인가? 그것은 인간을 어떤 주체 형태로 구성할 것인가?

문학과 문화 연구를 업으로 삼는 필자에게 이런 질문은, 앞으로 문학의 모습은 어떻게 바뀌고, 문화의 양상은 어떻게 전개될 것인가를 묻는 것이기도 하다. 알다시피 문학은 기본적으로 글쓰기와 글읽기를 중심으로 전개되는 사회적 실천이고, 문화 또한 다양한 형태의 텍스트를 구성하여 그것을 활용하고 향유하는 실천이다. 여기서 문학과 문화의 관계를 설명할 시간은 없지만, 필자는 일단 문학을 문화적 실천들 가운데서 주로 문자 매체를 통해 텍스트를 구성하고 활용하는 실천이라고 이해하고, 과학기술이 문자의 구성, 또는 글쓰기에 미치는 영향을 살펴보고자 한다.

왜 그렇게 되었는지 납득하기는 쉽지 않으나, 통상 문학을 좋아하고 전공하는 사람들, 문학이 '체질' 인 사람들은 과학기술에 대해 거리감을 느끼거나 심지어는 적대감을 느끼는 경우가 많다. 최근 컴퓨터가 젊은 세대에서 엄청난 영향력을 행사하자 '그놈의 컴퓨터 때문에'

젊은이들이 글을 읽지 않는다고 걱정하는 문학인이 많은 것도 그 때문이다. 그러나 과학기술에 대한 문학인의 피해의식이나 적대감에도 불구하고, 문학이 글쓰기이며 글쓰기는 인류가 발명한, 첫번째 꼽아도 될 만큼 중대한 기술이라는 것도 엄연한 사실이다. 이 글은 문학적 글쓰기 역시 과학기술을 바탕으로 하는 실천임을 전제한다는 점에서, 많은 문학인들이 가진 통념과는 다른 문학 이해를 출발점으로 삼는다.

인쇄기술, 문자문화, 근대주체

문학이 과학기술과 밀접한 관계를 맺는다는 것은 인간이 글을 쓰기 시작한 이후, 즉 역사시대 전체를 통해 확인할 수 있는 일이다. 특히 근대문학의 형성 과정에서 좀 더 분명하게 드러나는 사실이기도 하다. 근대문학의 형성은 소설이라는 새로운 장르의 등장으로 특징지어지는데, 소설의 등장은 인쇄기술의 발전 없이는 일어나기 어려운 일이었다. 인쇄기술은 문학을 구성하는 필수적 요소인 문자가 음성에 의해 지배되던 매체에서 시각 중심적 매체로 전환되는 데 핵심적 역할을 했다. 전근대 사회에서도 문자생활이 없지는 않았지만 당시의 문학은 일반적으로 구두(口頭)에 의해 규정되었다. 이런 상황은 이미 인쇄기술을 도입한 르네상스시대 영국에서 만든 책들의 문자나열 방식에서도 나타난다. 월터 옹(Walter J. Ong)의 말대로 "청각적 공정은 인쇄가 개발된 한참 뒤까지도 눈으로 볼 수 있는 인쇄된 텍스트를 지배했다."[1] 이로 인해 초기 인쇄본에서는 중요하지 않은 단어를 커다란 활자체로 확대하여 쓰는 경우가 많았고, 때로는 부분적으로 띄어쓰기를 하지 않은 경우도 있었다. 문자가 여전히 청각에 의해 지배되고 있었기 때문에 지면에서의 단어의 시각적 표현이 의미와 무관하게 구성되었던 것이다. 이것은 어떤 기술이 개발된 뒤에도 그 기술의 문화적 함의가 충분히 발현되지 않은 상태에서는, 이전 기술과 결합된 문화가 여전히 영향을 미친다는 점을 보여주는 사례이다.

그러나 인쇄기술의 발전으로 인쇄본이 계속 만들어지면서 '문자문화'가 전면적으로 형성된다. 이 문화의 특징은 무언의 시각적 소통이 중요한 위상을 차지하게 되었다는 점이다. 물론 인쇄된 책에 담긴 문자 텍스트를 읽을 수 있다는 점에서 청각과의 관련성이 완전히 사라진 것은 아니었다. 하지만 인쇄본은 소리와는 분리된 시각에 의존한 문자 인식을 촉발하고, 이에 따라서 말을 하는 인간 주체와 분리된 텍스트의 구성이 가능해졌다. 그 결과 문자문화에 고유한 문학에서는 새로운 표현의 가능성이 생겼는데, 구어와는 다른 문장 형태가 만들어진 것이 한 예이다.

월터 옹은 인쇄본의 출현은 정확한 반복이 가능한 진술을 허용하고, 이로 인해 과학의 출현이 가능하다는 의견을 피력한다. 그에 따르면 과학은 '정확한 관찰'만이 아니라 '정확한 관찰'과 '정확한 표현'이 만나야만 성립될 수 있다. 인쇄기술로 인해 문장 표현이 정확해지고 정확한 반복이 가능해짐으로써 동일한 관찰 경험에 대한 동일한 표현이 오차 없이 이루어지기 때문에 과학적 진술의 가능성이 생긴다는 것이 그의 주장이다. 옹은 또한 "물리적 사실에 대해 정확한 반복이 가능한 시각적 진술과 그에 상응하는 정확하게 반복될 수 있는 언어적 기술로 인해 전개된 새로운 인지적 세계는 과학만이 아니라 문학에도 영향을 미쳤다"고 본다. 그리고 이런 점은 낭만주의 이전의 산문에서는 풍경을 묘사할 때 정황을 정확하게 묘사하는 경우가 없다는 데서도 드러난다고 지적한다.[2]

이것은 18세기까지의 인쇄된 문학작품이 소리 내어 읽는 것을 전제로 쓰인 경우가 많은 반면, 19세기 후반으로 오면서부터는 묵독을 전제로, 즉 문자 텍스트의 구성이 시각 중심으로 이루어진 것과 무관하지 않을 것이다. 근대소설이 본격적으로 등장한 것은 18세기 중반 이후이지만, 당시 영국에서의 소설읽기는 말 그대로 소리 내어 읽는 행위였다. 19세기에 이르러 텍스트 읽기는 새로운 단계로 넘어가는데, 이런 점은 소리 내어 말하는 것을 전제로 쓰이던 희곡작품이 19세기 초부터는 묵독을 전제로 한 '서재극(closet drama)' 형태로 쓰이기 시작한 데서도 드러난다.

청각에 의한 의사소통은 가청거리를 절대적 기준으로 만든다. 반면 시각에 의한 의사소통은 소통의 참여자들이 서로 부재할 수 있도록 하며, 따라서 원거리에서의 소통을 가능하게 한다. 신문과 소설이 이런 소통의 가장 좋은 예이다. 신문의 경우 짧은 시간에 원거리까지 배달되어 동일한 기사의 광범위한 동시 전달과 소비를 가능하게 해준다. 이로 인해 생겨나는 결과는 동일한 정보와 그 정보에 대한 공통된 해석, 그리고 이로 인한 집단적 소속감의 형성이다. 이런 점에서 신문이라는 매체는 근대적 민족국가에 필수적인 국민 주체들의 형성에 핵심적인 역할을 한다고 할 수 있다. 강원도 횡성이나 정선의 구석진 곳과 전라도 영광의 어느 마을 사람들이 같은 한국인으로서의 정체성을 공유하는 데에는, 신문에 의해 전파되는 일상적 쟁점들에 대한 공통적 이해 같은 것이 크게 작용한다는 말이다. 이런 점은 새로운 매체의 등장을 가능하게 만든 과학기술이 정체성 형성의 중대한 조건임을 말해준다.

베네딕트 앤더슨(Benedict Anderson)은 오래전에 '인쇄자본주의'가 민족이라는 '상상의 공동체'를 구성하는 데 중요한 역할을 한다고 지적한 바 있다. 서로 대면하지 못하기 때문에 직접 대화할 수 없는 사람들 간에 동일한 공동체에 속한다는 상상이 만들어지고, 이를 통해 같은 민족이라는 공동의 정체성이 형성될 수 있는 것은, 소설이나 신문 같은 매체가 거의 동시에 공급되어 원거리에 있는 동일한 언어권의 독자들이 이를 읽음으로써, 그로 인해 구축된 이차원(異次元)의, 상상의 세계를 공유할 수 있기 때문이다.

생각해보면 인쇄기술과 함께 문자문화가 지배적 위상을 차지하던 시기는 근대적 주체들이 형성된 시기이다. 문자예술이 지배적 위상을 차지한 시점은 근대 국민국가가 형성되던 때였다. 이때 인쇄문자가 중요한 역할을 할 수 있었던 것은, 그를 통해 '추상적 개념화와 추론 능력'이 함양될 수 있었기 때문이다. 문자매체는 저절로 습득되는 것이 아니라 주로 교육과정을 거쳐서 습득된다. 이는 근대교육제도가 구축된 중요한 원인이기도 했다.

디페쉬 차크라바르티(Dipesh Chakravarty)에 의하면 "교수 매체로 문자언어에 중요성을 부여한 것은, 이 유형의 사고에서는 추상에 대한 훈련된 인간 능력에 높은 지위가 부여됨을 의미했다. 추상적 추론은 시민으로 하여금 '계급', '공공', '국가' 이익과 같은 상상 또는 실체들을 개념화하고 서로 다투는 주장들의 판단을 가능케 했다."[3]

인쇄기술에 의해 대량 보급된 문자 텍스트의 사회적 통용이 인간 주체의 형성에 이처럼 큰 힘을 발휘하기 때문에 왜 근대사회가 그토록 교육 문제에 큰 관심을 쏟아 부었는지 이해가 될 것이다. 이는 근대사회의 작동을 위해 근대적 주체를 형성할 필요가 있었고, 여기에 교육과정이 없어서는 안 될 기능을 수행했기 때문이다.

물론 인쇄기술이 근대적 과학기술의 유일한 사례는 아니다. 월터 옹의 지적처럼 반복 관찰이 가능한 것과 반복 기술이 가능한 것의 결합이 근대적 의미의 문학과 과학의 성립에 있어 중요한 조건이었다면, 근대사회에서 과학과 문학은 공생적 관계였다고 할 수 있다. 이것은 사실 문학 등 예술과 과학이 서로 대립적이라거나 심지어는 적대적이라고 보는 견해와는 상당히 거리가 있는 말이다.[4] 과학과 문학의 대립은 시인이 보는 달과 과학자가 보는 달이 서로 다른 존재로 파악된다는 점에서도 나타난다. 하지만 인쇄된 문자 텍스트를 바탕으로 할 때 과학적 지식이 그 표현 가능성을 얻는다는 것은, 근대적 소설이나 시가 시각적 매체로서의 인쇄 문자를 바탕으로 할 때 새로운 풍경 묘사를 하게 된다는 점과 무관하지 않다. 따라서 근대적 문학과 과학은 공통의 기술적 기반을 가진다고 할 수도 있는 것이다. 단적인 예를 과학적 사실의 진술과 낭만주의 시에서의 풍경 묘사 간에 드러나는 진술상의 유사성에서도 확인할 수가 있다.

문자문화가 지배적 위치를 차지하고 있을 때 다른 매체의 발전이 없었던 것은 아니다. 사실 19세기 후반 이후 문화지형은 새로운 매체 기술의 발전으로 엄청나게 복잡해졌다. 사진과 영화, 텔레비전 등 새로운 기술들이 계속 개발됨으로써 20세기 후반에 이르러서는 '이미지의 범람'을 논할 정도가 되었다. 1980년대에 회자된 '포스트모더니즘' 담론에서 재현의 원본을 찾으려는 시도, 이른바 '최종 심급(審級)'의 규명을 부질없는 일이라고 치부한 입장이 개진된 것도, 광고나 디자인 등이 그 자체로 거대 산업으로 발전하고 이미지나 스펙터클이 사회적 현실을 지배하게 된 것과 무관하지 않다.

'이미지의 범람'은 당연히 과학기술의 발달과 밀접한 관련을 맺는다. 그 범람은 예컨대 대니얼 부어스틴(Daniel Boorstin)이 《이미지》에서 언급한 '그래픽 혁명(Graphic Revolution)'을 전제로 한다. 그리고 이 혁명은 인쇄술, 사진술 등 기왕에 있었거나 새롭게 개발한 다양한 매체 제작 기술들의 발전으로 이미지를 대량 생산할 수 있는 사회적 능력을 전제한다.[5] 이런 기술의 발전과 그에 따른 이미지의 범람은 전통적 문화 활동에 대한 사회적 감수성도 바꿔놓았다. 사실 오늘날까지 문학의 지배적인 의미로 사용되는 '본격 문학'의 개념도, 19세기 말 인쇄기술의 새로운 발전과 함께 염가 문고본이 대량으로 생산되고 통속문학이 범람하면서, 이런 문학과 구분되는 '순수예술로서의 문학'을 상정할 필요성의 결과라고 보는 견해도 있다.

　　인쇄기술 같은 근대적 기술과 그러한 기술을 바탕으로 구성되는 과학의 개념은 인간 주체에 대해서도 새로운 관념을 만들어내며, 근대적 인간 유형을 만들어낸다. 근대적 인간의 보편적인 유형은 국민, 시민, 계급 등이다. 이들의 특징은 공통성들(commonalities)에 의해 구성된다는 점일 것이다. 국민이나 시민, 계급과 같은 근대적 주체 형태들이 공통성들로 구성된다는 것은 그들이 대체로 '평균적 인간들'이라는 점, 니체가 그토록 혐오한 '무리들', 집단적 존재라는 점에서도 나타난다. 어느 한 개인이 국민이나 시민, 또는 계급인 것은 그/그녀가 어떤 집단에 속하기 때문이고, 각자 지닌 자질들이 특이성을 띠기보다는 다른 개인들과 공유하는 공통성들을 가지고 있기 때문이다. 개인들은 서로 평균치가 같아서 동일한 집단에 속하는 것으로 간주되는 셈이다. 아마 이런 평균 개념은 인쇄기술이 촉발하거나 강제하는 일관성이나 균일성과 무관하지 않을 것이다.

　　붓이나 철필로 직접 쓰는 경우 자간의 공간은 균일성을 얻기 어렵다. 사람들의 음성이 각자 특유한 것과 비슷하게 손으로 쓴 필체는 저마다 특색이 있고, 심지어는 같은 사람의 필체도 글자마다 서로 다를 정도이다. 인쇄문화가 발달하기 이전의 사회가 대체로 대면적 삶이 가능한 공동체를 기반으로 구성된 것도, 이런 특색들이 먼 거리를 가로지르기 어려웠기 때문은 아니었을까 추측해본다.

반면에 인쇄기술은 문자 텍스트의 구성에서 기계적 균일성의 효과를 만들어낸다. 이것은 어느 단어이든 하나의 텍스트에 속하면, 일관되고 균일하게 나타나야 한다는 조건에 의해 규정되는 효과이기도 하다. 그 결과 인쇄본은 수고(手稿)와는 비교할 수 없을 정도로 높은 수준의 동일성을 단어들에 부여하게 된다. 이때 특정한 단어의 의미 동일성은 단어 자체에서 나오는 것이기도 하겠지만, 그 단어가 같은 책 안에서 반복적으로 균일한 모습을 띠고 나타난다는 사실과도 무관하지 않을 것이다. 이 균일성은 기계화 또는 기계복제의 효과이다. 기계복제는 무엇보다 민족 언어의 형성을 촉구하고, 민족 언어의 기계화를 촉진한다.

예컨대 근대 표준영어가 인쇄기술이 나온 뒤에 형성되었다는 점은 우연이 아니다. 오늘의 표준영어는 영국 런던의 상인들이 사용하던 방언이었다. 이 방언이 표준영어가 될 수 있었던 것은, 그것만이 인쇄기술에 의해 반복적으로 복제되었기 때문이다. 하나의 방언이 표준 언어 또는 민족 언어로 선택되면 그 방언의 단어와 문형은 반복해서 사용되며, 그 결과 같은 언어권에 속한 다른 방언들에 비해 표현의 안정성을 획득하게 된다. 또한 표준어가 된 언어는 기계복제를 통하여 새롭게 정제된 표현의 모습을 띠기도 한다. 한국어의 경우, 1920년대부터 근대소설에서 사용된 '-다' 종결어미를 모든 문장에 적용하기 시작함으로써 과거 '-라'와 '-다'를 섞어서 쓰던 때나 다양한 방언들의 종결어미들로는 표현하기 어려운 '정언적(定言的)' 표현의 가능성을 얻기도 하였다.[6]

이렇게 말하면 아마 매체결정론, 기술결정론에 얽매여 있다는 지적을 면하기 어려울 것이다. 그러나 인쇄기술이 가하는 규정성만큼은 분명히 인정할 필요가 있다. 이런 규정성을 인정한다고 해서 모든 것이 기술에 의해 이루어지는 것은 아니다. 예컨대 근대문학에서도 많은 작가들이 고유한 스타일을 추구했다. 이는 인쇄기술이 텍스트 구성에 부과한 속박을 벗어나 새로운 표현의 가능성을 찾고자 한 시도로 이해될 수도 있다.

필자가 여기서 시도하는 것은 과학기술이 근대적 주체를 형성하는 데 어떤 작용을 했는지를 살펴보고자 함이지 근대의 주체가 과학기술만의 작용에 의해 형성되었다고 주장하려는 것은 아니다. 다시 말해 이 글에서 내가 취하는 입장은 근대적 주체의 형성 과정을 설명할 때 과학기술의 작용을 무시하면 안 된다는 것이며, 그렇기 때문에 과학기술이 어떤 작용을 했는지를 살펴보는 것이 필요하다는 것이다. 인쇄본 이외에도 다른 많은 과학기술의 작용이 있을 것이고, 또 과학기술 이외에도 근대적 주체 형성에 영향을 미친 수많은 사회적 요인들이 있겠지만 여기서 그런 작용과 요인을 일일이 살필 수는 없다.

디지털복제와 새로운 글쓰기

현대 과학기술은 부어스틴이 놀라운 현상으로 살펴본 그래픽 혁명의 경이를 훨씬 더 능가하는 놀라운 현상들을 만들어내고 있다. 오늘날 이미지는 단순히 양적으로만 팽창한 것이 아니라 질적인 전환까지 이룬 것으로 보인다. 이런 변화를 초래한 가장 중요한 요인은 디지털기술의 도입일 것이다. 부어스틴이 다룬 그래픽 혁명은 과거 발터 벤야민(Walter Benjamin)이 주목한 '기계복제'에 의한 이미지 생산과 관련되어 있다. 기계복제는 인쇄본이나 사진을 포함한 다양한 기술들에 의해 수작업으로 만들던 이미지들을 기계로 복제하는 것을 말한다. 벤야민은 이런 기계복제의 가능성에 의해 예술작품의 지위나 성격이 바뀌고, 과거 작가에 의해 일회적으로만 생산되던 작품이 대량 복사됨으로써 작품의 특징을 규정하는 유일함, 고유함 등이 그 기능을 잃음으로써 예술작품을 민주적으로 새롭게 활용할 수 있는 길이 열린다고 주장한 바 있다.[7]

그러나 오늘날 디지털기술은 기계복제와도 다른 차원의 이미지 생산의 길을 열어놓았다. 디지털복제와 기계복제의 차이는 기계복제가 여전히 아날로그의 세계에 머무는 반면, 디지털복제는 이와는 다른 차원의 이미지를 생산한다는 점이다. 예컨대 타자기로 문자를 제작하는 방식과 워드프로세서로 제작하는 방식은 근본적으로 다르다. 타자기의 문자 제작은 기계적으로 종이에 충격을 가하고 잉크를 그 충격 지점에 묻히는 방식이다. 그러나 컴퓨터로 화면에 문자를 구성하는 것은 그런 물리적 방식이 아니라 가상적(virtual) 방식으로서 계산에 의한 이미지 구성이다.

따라서 오늘날 '문자'는 붓, 연필, 철필, 타자기로 쓸 때와 디지털기술로 구성할 때 서로 전적으로 다른 물성(物性)을 갖게 된다. 그래서 오늘날의 '문자'는 이모티콘의 형태로도 나타난다. 수년 전부터 나타난 '아햏햏'도 같은 맥락에서 나온 현상이다. '아햏햏'에서 한국어는 암호처럼 전환되지만 여기서 '암호'는 코드라는 의미 이외에도 낯선 것, 이상하며 비틀어진 비정상적 모습의 문자라는 의미를 가진다. 여기서 '모습'이라는 말이 중요하다. '아햏햏'은 상징성에 의해 의미를 만들어내는 것보다는 그것의 도상성에 더 많이 의존하는 문자로 보인다. 상징문자는 문자 자체의 모양, 다시 말해 '문형(文形)'보다는 사회적으로 형성된 관습에 의해 의미를 갖는 문자라고 할 수 있다. 지금 필자가 쓰는 글은 인쇄될 경우 어떤 형태를 띠더라도 의미상의 변화가 크지 않다. 그것은 이미 한국어라는 문자체계가 지닌 상징성이 고정된 측면이 있기 때문이다. 하지만 아행행의 경우는 문자의 모양 자체, 즉 문형에 따라서 의미가 만들어진다는 특징을 지닌다.[8]

상징성이 전적으로 사라지는 것은 아니지만 디지털문자에서는 도상성이 새로운 중요성을 띠는 것 같고, 이러한 요소가 인간 주체 형성의 조건에 새로운 영향을 미치는 것으로 보인다. 그것은 무엇보다 전자적 글쓰기가 인쇄와는 다른 글쓰기 경험을 가져오기 때문일 것이다. 전자적 글쓰기는 마법세계로의 여행과도 같다.

컴퓨터가 말과 행동의 차이를 없앤다는 주장이 있다. 컴퓨터 안에서는 말하기 또는 글쓰기를 통하여 소통하기와 행동하기 사이에 구분이 일어나지 않는다. 컴퓨터 프로그램 언어가 소통 이상의 사건을 일으키기 때문이다. 통상 말하기나 글쓰기는 인간들의 소통에서만 유효한 것으로 간주된다. 언어는 인간 이외의 존재에게는 이해되지 않기 때문에 마호메트도 말로써는 산을 움직이지 못하였다. 여기서 우리는 소통하기와 행동하기의 차이를 짐작할 수 있다.

인간 사이의 소통 행위는 다른 인간에게 효과를 만들어낸다. 내 말을 듣는 다른 사람은 그 말을 이해하거나, 그 말에서 정보를 얻거나, 혹은 명령으로 받아들이고 일정한 행동을 하게 된다. 그런데 이런 변화가 말 그 자체 때문일까? 말로 인해 촉발된 것이니 말이 변화를 일으켰다고 할 수도 있을 것이다. 하지만 그보다는 인간 간의 소통에서는 말이 전해지기 때문에, 즉 발화된 메시지가 수신되기 때문에, 그리고 그 말을 수신한 쪽의 신체 속에 반응이 생겨나기 때문일 것이다. 내 말을 듣고 나올 수 있는 동의, 환영, 반대 등의 반응들은 내 말을 '알아듣는' 사람한테서 일어난다. 즉 나와 소통관계에 들어오는 존재,

인간에게서 일어나는 것이다. 그렇다면 내 말을 알아듣지 못하는 나무, 바위, 물고기 등은 어떻게 반응할까? 물론 내가 말을 하는 순간 나오는 입김에 의해 바람의 흐름이 약간 바뀔 수 있고, 나무에게 음향이 전달되면서 내가 모르는 운동이 일어날 수도 있다. 그러나 이때 발생하는 운동은 불명확하다. 사물에게는 말이 잘 안 통하는 것이다. 반면에 다른 운동, 예를 들어 주먹으로 힘껏 벽을 친다거나 발로 공을 찰 경우 일어나는 변화는 훨씬 더 명확하다.

이와 달리 컴퓨터가 '마법'을 일으키는 것은, 적어도 그 안에서는 언어와 사물세계 사이에 놓인 심연이 해체될 수 있기 때문이다. 글쓰기, 말하기가 아무리 영향력이 크다 해도 물건을 만들거나 나와 동떨어진 대상에게 변화를 일으키지는 못한다. 말과 행동에는 분명히 차이가 있고, 따라서 과학과 마술의 세계가 구분된다. 그러나 컴퓨터로 구동되는 전자의 세계에서는 말이나 글이 곧 행동이 되기도 한다. 여기서는 글과 말이 '염력(念力)'을 갖는다는 말이다. 불가능한 것을 가능하게 한다는 마술처럼, 컴퓨터 게임에서는 글로 구성된 명령이 화신(avatar)으로부터 특정한 행동을 끌어내는 것이다. 이때 글쓰기는 소통행위로만 끝나지 않고 제작행위가 되기도 한다.

단적인 예가 모핑 기술이다. 컴퓨터 기억장치에서는 0과 1로 전환될 수 있는 것은 무엇이든 형태를 띠고 형태를 전환할 수 있다. 영화 《터미네이터 2》의 살인(殺人) 안드로이드처럼 인간의 신체를 액체 상태로 바꾸는 등 자유자재로 형질 변화를 보여주는 것이 모핑이다. 이것은 디지털기술이 매질의 차이들에 의존하는 아날로그 정보 처리 방식과는 달리, 서로 다른 매체들을 0과 1의 체계로 전환할 수 있어서 가능한 일이다.[9] 그 결과 사이버세계에서는 불가능한 것이 가능해지는 '기적'이 빈발한다. 프로그래밍, 컴퓨터 글쓰기에 의해 언어가 '사물’들을 움직이게 하는 것도 그런 효과 가운데 하나다. 사이버문화에서 기술은 기계 신(deus ex machina)이다.

　여기서 우리는 인쇄기술 또는 기계복제의 글쓰기와 디지털복제의 글쓰기에 엄청난 차이가 있다는 점을 짐작할 수 있다. 이미 언급한 것처럼 차크라바르티는 근대적 인간의 교육이 ‘추론’에 크게 의존한다는 점을 지적했다. 전통적인 글쓰기, 즉 근대문학과 같은 종류의 글쓰기와 글읽기가 그런 추론 작업의 대표적 사례라고 할 수 있다. 이광수의《무정》, 톨스토이의《죄와 벌》, 황석영의《장길산》을 읽으며 사람들은 작품들이 구성한 이차원의 세계에 몰입하고 등장인물과 교감을 하기도 한다. 이런 일이 가능한 것은 문자의 관철(貫徹)이 이루어지기 때문에, 즉 문자 자체의 모양에 얽매이지 않고, 그 문자들의 결합으로 구성되는 상상의 세계에 들어갈 수 있기 때문이다. 이때 문자는 상징으로 작용한다. 상징은 도상(圖像)과는 달리 시각적 인식보다는 개념적 인식을 촉발한다. 우리가 문자를 상징으로 인식하는 것은 지적인 행위를 통해 문자와는 다른 차원, 즉 이차원의 세계로 들어간다는 말이다. 인쇄된 텍스트를 읽는 행위에서 이런 작용이 가장 빈번하게 일어나는데, 이것이 차크라바르티가 말한 ‘추상적 추론’이다.[10]

　이러한 추론은 대체로 인간들(만)이 하는 행위로 간주된다. 마호메트의 이야기를 좀 더 하자면, 그가 산에게 자기 쪽으로 오라고 명령했을 때 산이 꿈쩍도 하지 않은 것은 산과 인간 사이의 넘을 수 없는 간극 때문이었다. 이때 마호메트와 산 사이에는 서로 의사 ‘소통’이 이루어지지 않은 것이 된다. 반면에 인쇄문자를 대하는 사람들 사이에는, 서로 대면을 하지 않더라도 일정한 소통이 이루어진다고 할 수 있다. 이 소통은 개인들이 각자 인쇄문자를 읽고 추상적 추론을 하는 행위를 전제한다. 그리고 이런 추론은 근대적 주체를 구성하는 행위이기도 하다. 민족, 국민, 시민, 계급 등의 근대적 주체 형태는 직접적으로 식별되는 존재가 아니라 추상적으로 구성되어야 한다. 전근대 시대에는 주체 형태의 이런 추상적 구성이 기술적으로 불가능했다. 인쇄물이 동시에 보급될 수 있고, 사람들이 그것을 거의 동시에 읽기 때문에 가능해진 것이다. 베네딕트 앤더슨은 전근대의 이슬람교도들은 순례 길에서 만난 다른 이슬람교도들을 같은 종교를 믿는 도반으로 인정하기가 어려웠을 것이라고 보았다. 즉 그들은 "우리끼리는 서로 말도 못하는데 이 사람은 왜 나와 같은 행위를 하고, 내가 바치는 것과 똑같은 기도를 하는 것일까" 하고 생각했을 것이라는 주장이다.[11] 코란을 읽으며 같은 기도문을 외우더라도 전근대의 이슬람교도들이 서로 동질감을 느낄 수 없었던 것은, 같은 민족으로서의 상상적 소속감을 만들지 않았기 때문이고, 동일한 언어시장에 소속되지 않았기 때문이다. 반면에 민족, 국민, 시민, 계급으로서의 근대적 주체들이 형성되는 것은, 동일한 민족언어로 만든 신문, 소설 등의 쓰기와 읽기를 통해 동일한 '공동체'에 속한다는 상상이 만들어질 수 있기 때문이다.

인쇄문자 자체가 인지작용을 일으키지는 않는다. 그것을 대하는 인간의 마음속에 그 작용이 일어나는 것을 촉발할 뿐이다. 이런 점에서 인쇄문자는 사람들로 하여금 활발한 사유를 하도록 하는 효과가 있다. 사유는 지적인 활동이며, 즉발적 행위들보다 반성적인 성격을 띤다. 상당수 문학인들이 컴퓨터를 '괴물'로 여기는 것도, 그것이 사유보다는 즉발적 행위만을 촉발한다고 보기 때문일 것이다. 추론만이 인간에게 주어진 훌륭한 능력이라면 이런 우려를 탓할 수는 없을 것이다. 문제는 디지털복제와 함께 새로운 글쓰기가 이루어지고 있고, 이로 인해 앞으로는 글쓰기가 인쇄매체에만 의존하지는 않을 것이라는 점이다. 또한 전자적 글쓰기가 갈수록 우리의 삶을 더 크게 규정하게 될 것이라는 점이다.

과연 종이 위에 인쇄된 문자를 읽고 쓰는 것만이 바람직한 글쓰기, 글읽기 행위인가? 추론만이 글을 읽고 쓰는 유일한 방식인가? 이런 질문이 가능한 것은 디지털복제의 '마술'이 가능해졌고, 사물들의 어떤 층위에서는, 또 어쩌면 인간과 사물들 간의 어떤 측면에서는 추상적 추론과는 다른 종류의 소통이 이미 이루어지고 있기 때문이다.

전도(傳導)

연역(演繹, deduction), 귀납(歸納, induction), 가추(假推, abduction)는 추론의 세 양식이다.[12] 연역이 일반적인 범주나 법칙에서 개별적 사례들을 추출하고, 귀납이 사물들을 놓고 구체적인 사례들을 검증한다면, 가추는 사물에서 범주와 법칙을 추출한다. 한글이나 한자로 쓸 때는 잘 드러나지 않지만 세 추론의 서양말 표현을 보면 공통점이 하나 있다. 'duction'이 그것이다. 이것을 우리말로 옮기면 '끌기', '이끌기' 정도가 될 것이다. 연역은 아래로 (이)끌기, 귀납은 (이)끌어들이기, 가추는 밖으로 (이)끌기이다. 추론을 하고 논리를 펼치는 것은 법칙, 사례, 사실, 사물 등에서 결론을 추출하는 것, 즉 끌어내는 것이다. 추론의 세 양식을 가리키는 영어에 끌기라는 뜻의 말이 들어 있는 것은 그래서 수긍이 된다.

하지만 추론과 논리의 끌기에 연역, 귀납, 가추만 있는 것은 아니다. 사물들, 법칙들, 사례들 간에 맺어지는 관계에는 더 많은 양상이 있는데, 일례로 사물에서 사물로 건너가는 추론을 들 수 있다. 추론이 사물과 사물 사이에서 일어날 수 있다면 마호메트의 이산(移山) 이야기는 새롭게 이해되어야 할지도 모른다. 산에게 다가오라고 했는데 산이 오지 않자 마호메트가 산으로 나아갔다고 전해진다. 위에서 우리는 이 사례를 놓고 인간과 산의 소통 불능이라고 규정했다. 그러나 사물과 사물 사이의 추론이 가능하다면 새로운 해석이 가능하지 않을까? 다음은 '문형' 개념의 이해에 중요한 기여를 한 바 있는 그레고리 울머(Gregory Ulmer)가 제시한 도표이다.

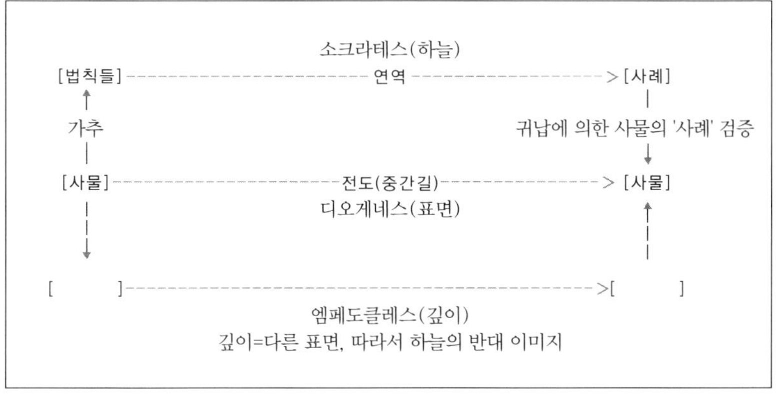

위 도표에 대해 울머는 다음과 같이 말한다.

이것이 표면인데, 사물들의 평면입니다. 유식한(literate) 분석은 들뢰즈가 소크라테스 식 움직임에 대해 말한 '구름 속으로 뛰기'입니다. 사람들은 사물들을 보고 '법칙들이 뭐지?' 하고 묻습니다. 이 사물들은 우리의 범주에 따르면 무엇일까. 우리 문화에서 이런 순간의 모습은 통상 탐정이 범죄 현장을 보고 증거 사항들을 식별하여 적절한 범주들을 추출해낼 때입니다. 이 정보가 사례(사건)의 기초가 되지요. 그 범주들의 식별은 사물들에서 법칙들로 가는 가정추리(가추)입니다. 범주들에서 특정 사례로 움직이는 것이 연역이고요. 다음 단계는 사물들로의 복귀, 사물들의 사례를 검증하는 귀납이지요. 이것이 논리의 핵심, 또는 우리가 유식한 분석이라 부르는 것입니다.

그렇다면 '전도(傳導, conduction)'라는 신조어는 무엇일까요? 이 용어가 제기하는 질문은 소크라테스의 하늘을 거치지 않고, 어떻게 직접 사물에서 사물로 추리할 수 있는가라는 거지요. 정신분석학은 깊이, 무의식에 의해 엠페도클레스 또는 분열의 길을 감행함으로써 사물에서 사물로 가는 양식을 제시하거나 묘사합니다. 하지만 우리는 미치고 싶진 않아요. 그래서 이 (하늘과 무의식 간의) 대립 해체 작업은 말하자면, '상징적 논리와 정신이상 간의 선택일 수는 없어' 하고 주장하는 거죠.

들뢰즈에 따르면 중간길이 디오게네스의 길, 즉 사물에서 사물로 움직이는 표면입니다. 이에 대한 구문론—우리는 어떻게 움직이는가—을 찾아야 합니다. 전도는 논리 양식들을 넘어서는 추론 양식을 만들려는 시도입니다. 우리는 논리의 세 방법이 필요하고, 알다시피 특정 지식 영역들은 그중 하나를 전문으로 합니다. (그러나) 우리는 직접 사물에서 사물로 추론을 끌어내게 해주는 네번째 종류의 끌기(duction), 또는 추론 형태가 필요합니다. 이것이 내가 발명하려는 것입니다. 문화의 사물들은 이미 영리합니다. 말하자면 그것들은 이미 정보를 나르고 있고 함께 가는 방식이 있습니다. 그 움직임의 구문론은 단계 단계로 가는 전통적 끌기 형태가 아니라 이 사물에서 저 사물로의 뛰기일 것입니다.[13]

필자가 보기에 '전도'라는 개념은 디지털 글쓰기와 전자적 세계에 가장 적합하게 적용되는 것 같다. 울머의 말처럼 적어도 어떤 문화적 사물들은 영리하다. 사물과 사물 사이를 건너뛰며 정보를 교환하는 스마트카드의 경우에는 마치 지적인 능력을 갖춘 것처럼 보인다. 문화적 사물은 정보를 나르면서, 의미와 가치와 기대 같은 것을 만들어냈다. 이미지도 그중 하나로서 역시 의미를 달고 다니거나 만들어낸다. 이것은 이미지가 인간 의식과 연결될 수밖에 없기 때문일 것이다. 이미지를 보는 순간 우리는 거기 있는 것과 거기 없는 것을 구분하려고 하고, 거기 있는 것에서 거기 없는 것을 유추하려 들며, 바로 각종 논리와 상상력을 동원한다. 문화적 사물들이 스마트한 것은 이처럼 지각, 그것도 인식과 관련된 작용을 일으키기 때문이다.

문화적 사물이 영리해질 수 있는 것은 전도 때문에 생겨나는 효과다. 전도는 도관(導管)을 타고 흐르는, 나름대로 정해놓은 통신규약(프로토콜)에 의해 정보를 교환하는 현상으로서 접속과 연결, 이끎, 교환 등의 형태를 띤다. '전도'가 일어나면 사물과 사물 사이에는 감응 반응, 즉 에너지, 열, 정보 등의 대류, 교환, 흐름이 일어난다. 무릇 감응은 접촉하는 것들의 변화현상이다. 사랑하는 사람들은 서로에게 감응함으로써 자기 내부의 근본적 변화를 겪는다. 그들을 묶거나 또는 관통하는 사랑의 도관을 통해 어떤 종류의 에너지와 정열이 지나가는지는 알 수 없지만 하여튼 그들은 서로 감응함으로써 존재변화를 일으킨다.

하지만 전자적 세계에서는 이 감응이 철저하게 접속으로, 표면에서 일어난다는 점도 잊지 말자. 디지털 계산법에 등장하는 수의 동일한 한 자리에는 그 어떤 다른 수도 존재할 수 없다. 어느 한 지점은 특정한 무엇이거나 그것이 아니다. 0과 1이 끊임없이 교차한다는 것은 0의 자리에 1이, 1의 자리에 0이 있을 수 없다는 말이다. 따라서 모든 것들은 표면에서만 만나고 깊이에서는 만나지 않는다. 깊이에서 만날 경우에는 어떤 하나이면서 그것과는 다른 것일 수도 있겠지만, 적어도 전자의 왕국에서는 그런 일이 일어나지 않는다.

스마트카드를 휴대하면 우리는 버스에서 지하철로, 이 상점에서 저 상점으로, 이 컴퓨터 단말기에서 저 단말기로 건너뛸 수 있다. 이때 건너뛰는 주체는 우리라는 개체인 것 같지만, 사실 우리가 손끝에 든 스마트카드가 지하철과 버스에 설치된 전자 감응기기들과, 상점의 금전 등록기와 한순간 접속하지 않는다면 우리의 신체는 결코 앞으로 전진할 수가 없다. 스마트카드가 내 신체에 장착되는 순간 나의 신체는 그 카드가 그것을 인지하는 다른 감응기와 접속이 이루어짐으로써 운동성(motility)을 갖게 된다. 그런 점에서 나는 한순간만큼은 스스로 의식하는 주체로서의 나라기보다는 스마트카드의 접속 여부에 의해 이동이 가능하기도 하고 불가능하기도 한 기계적 존재와 다를 바가 없다. 한동안의 쇼핑 끝에 계산을 하러 갔을 때 금전등록기가 내 카드를 인식하지 못하면, 즉 내 카드와의 접속을 거부하면 나는 당장 결제 능력이 없는 지불불능자, 무용지물이 된다. 그때 나의 이동은 더 이상 가능하지 않다.

이런 이동을 가능하게 하는 것은 이들 사이에 나의 어떤 부분을 이끌어 보내는 메커니즘, 프로토콜이다. 프로토콜이 옮기는 그 부분은 무엇일까. 그것이 무엇이기에 나를 제유(提喩)하는가? 제유에서는 부분이 전체를 대신한다. 작은 것, 일부가 전체를 대신하면, 그것은 전체와 부분의 관계에 대한 어떤 판단, 인식을 전제한다는 말이기도 하다. 어쩌면 이것이 아바타의 논리인지도 모르겠다. 아바타는 나의 분신이고, 이 분신은 나를 대신하여 전자세계를 돌아다닌다. 분신이 된 나, 그것은 나와 무슨 관계일까? 분신이 나의 '신체' 부분이라는 말인가, 아니면 나와 분리된 '신체'라는 말인가? 후자의 경우라면 그것은 제유보다는 환유(換喩)의 법칙, 아니 더 나아가서 은유(隱喩)를 유희하는 셈이 된다.

생각하면 과거에도 '전도'가 작용하지 않은 것은 아니었다. 너새

니얼 호손(Nathaniel Hawthorne)의 《큰 바위 얼굴》에서 주인공 어니스트는 자기 동네 큰 바위에 새겨진 얼굴을 닮은 외지 사람들을 찾는다. 그러다가 마침내 같은 마을에서 평생을 산 자신이 큰 바위 얼굴이 된다. 이것을 미국의 이야기일 뿐이라고 넘긴다면, 고래의 풍수지리설을 생각해볼 수도 있다. 특히 양택(陽宅)을 정할 경우 장소가 주는 기를 중시했던 것은 자연과 인간 사이에 전도와 같은 작용이 일어남을 사람들이 알았기 때문일 것이다. 깊은 산 속이나 큰 바다 옆 농촌과 어촌에 사는 사람들이 순박하거나 거친 것도, 더불어 사는 자연 조건을 닮기 때문이라는 속설도 비슷한 지혜를 담은 말이리라. 하지만 과학기술의 발전과 함께 가능해진 전도작용은 과거와는 달리 직접적으로 작용한다. 수십 년 같은 마을에서 산 결과 '큰 바위 얼굴'이 되는 어니스트와 스마트카드를 지참해야만 시내버스든 백화점에서의 계산이든 할 수 있는 오늘의 서울시민은 많은 점에서 같은 종류의 인간이 아니다.

사이보그 주체들?

새로운 과학기술의 세계에서 '글'이나 '문자'는 인간의 신체에 직접 쓰이는 것과 다를 바가 없는 것 같다.[14] 캐더린 헤일즈(N. Katherine Hayles)에 따르면 미국 인구의 10퍼센트가 '사이보그'이다. '사이보그'란 인조인간을 말한다. 사이버네틱스라는 기술을 활용하여 만든 유기체인 것이다. '사이버네틱스'를 학문으로 구상한 노버트 위너(Norbert Wiener)는 "이론상으로 만약 우리가 인간의 생리를 복제하는 자동 구조를 가진 기계를 만들 수 있다면 그 지적 능력이 인간의 지적 능력을 복제하는 기계를 만들 수 있다"고 보았다.[15] 그리고 "물질 이송과 메시지 이송 간의 차이는 어떤 이론적 의미로서도 영속적이거나 연결 불가능하지 않다"고 보고 인간의 전송까지 가능하지 않겠느냐고 상상하였다.[16] 그래서 '사이버' 세계는 육질로 구성되어 있는 인간이 디지털 정보로 전환되기도 하고, 다시 그 정보가 아날로그화하면서 육신을 갖추는 일이 가능한 세계로 이해된다.

소설 《뉴로맨서》에서 윌리엄 깁슨(William Gibson)이 언급한 '사이버스페이스'가 바로 그런 세계 또는 공간일 텐데, 깁슨은 '사이버스페이스'를 '공감각적 환상'으로 정의한다. 나아가 "인간 조직 속에 들어 있는 모든 컴퓨터 뱅크로부터 끌어낸 데이터의 시각적 재현, 상상을 뛰어넘는 복잡성, 정신 속의 공간 아닌 공간을 꿰뚫는 혹은 데이트의 성군과 성단 사이를 배회하는 광선들"이라고 했다.[17] 이런 세계가 현실로 존재한다면 물질들을 메시지로, 사물들을 정보로, 아날로그를 디지털로 전환하는 일이 가능할 것이다. 물론 아직 이런 세계는 존재하지 않는다. 인공지능 기술에 여러 종류의 투자가 진행되고 있지만 아직은 위너가 꿈꾼 인간을 대체한 기계인간은 없다.

따라서 사이버공간은 주로 텍스트와 인터텍스트로 구성된 체계일 뿐이다. 모든 것을 디지털로 전환하여 "인간을 정보로 올리고 내리는 일은 24세기 〈항성여행Star Trek〉에나, 즉 텔레비전에나 나오는 것이지 현 시기의 것은 아니다. 우리가 컴퓨터 통신망에 전송하는 것은 말 그대로의 정신과 육체가 아니라 어떤 표상물, 즉 어떤 텍스트이다."[18] 이러한 판단이 정확하다면 사이버네틱스가 함의하는 인공지능 기술의 개발은 실험실 같은 밀폐된 곳에서는 진척을 보이고 있는지 몰라도 현실로 다가선 것은 아니다. 그렇다면 인공지능적 가상현실은 우리와는 거리가 먼 이야기인가? 미국 인구의 10퍼센트가 사이보그라는 헤일즈의 말은 거짓말인가?

꼭 그렇지는 않다. 헤일즈가 말하는 사이보그들은 전자 심장박동 장치, 의족 및 의수, 보청기, 약물주입기, 인공관절을 착용한 사람들을 포함한다.[19] 물론 이런 사람들을 사이보그라고 할 수 있느냐고 할 수도 있지만 이런 장치들이 사용자들의 생명을 연장하고 그들의 활동을 규정한다면, 그것이 그들을 인간으로서 성립하게 만드는 조건이라고 할 수도 있다. 인간의 신체가 정보로 전환되어 사이버공간을 통해 전송될 수는 없더라도 인공지능의 '약한 테제' 가 주장하는 측면들이 현실로 등장한 것은 부정할 수 없다. '인공지능' 을 인간 대체물로 보는 '강한 테제' 와 달리 그것을 인간 능력의 증대로 보는 '약한 테제' 에서 보면, 기계와 인간의 '회로연결(interface)' 은 이미 우리의 주변 현실이 되었다.[20]

오늘날 우리에게는 사이버공간도 인터넷이라는 거대한 통신망으로 구체화되어 나타나고 있다. 그 디지털 세계에 우리의 육신이 들어가는 것은 물론 아니지만, 인터넷 이용의 증가로 새로운 삶의 방식이 전개되고 있는 것은 사실이다. '가상현실' 로 불리는 인간과 기계의 접속 방식도 놀랄 정도로 발전하여 '원격 현전' 상태에서 전투 행위를 수행하고, 수백 킬로미터 떨어진 곳의 환자도 수술할 수 있게 되었다. 1991년 '걸프전' 에서 두드러지게 나타난 것처럼 초강대국의 군인들은 이제 '사이보그' 가 되어 '스마트' 무기 체계에 "완전히 합체되도록 구성되고 프로그램 된다. 병사는 지구력 훈련을 받아 적의 동향에 대한 실시간 '정보' 에 더 잘 대응하도록 생물학적 한계도 극복하려 든다."[21]

보철 기술의 보편화로 이미 수많은 사람들이 기계장치에 의존하고 있고, 여기에는 컴퓨터 단말기 앞에 앉아 있는 나 자신을 포함하여 수많은 통신망 접속자들도 포함된다고 할 것이다. 이런 예들은 사이버현상이 아주 먼 미래의 이야기가 아니라 이미 우리 삶에 깊이 침투한 현실임을 인정하게 만든다.

이처럼 현실로 등장한 '사이보그'는 우리에게 중요한 질문을 던진다. '인간이란 무엇인가?'라는 질문이 그것이다. 4반세기쯤 전에 출시된 리들리 스콧(Ridley Scott) 감독의 《블레이드 러너》 마지막 장면에서 복제인간 로이가 자신을 제거하려는 '진짜' 인간 데커드를 살려주며 제기한 질문도 이것이었다. 복제된 존재, 기계적 존재에 불과한 로이가 진짜 인간인 데커드보다 더 인간적인 모습을 보이는 것은, 인간성이 인간만의 배타적 성품이라는 상식을 뒤집는다. 비록 상상의 세계에 속하기는 하지만, 인간이 기계적으로 또는 다른 인공적 방법으로 제조된 사이보그보다 덜 인간적인 존재일 수도 있지 않느냐는 질문이 제기됨으로써 그런 상상의 세계를 경험하는 인간은 우리가 누구인지, 어떤 존재인지 묻지 않을 수가 없었다.

'사이보그'의 출현은 기계가 인간만이 가지고 있다고 생각한 능력들을 가질 수도 있다는 것을 보여준다. 또한 그것은 인간 고유의 능력, 예컨대 의식이 배타적으로 인간에게만 있는 것이 아니라는 가능성도 제기한다. 《블레이드 러너》에서 로이는 데커드를 죽일 수도 있었지만 살려준다. 기계가 인간에게 자비를 베푼 셈이다. 자비라는 행위는 상대방을 긍휼히 여기고, 그를 동정하고 또 위하는 마음이 없으면 일어나지 않는 것으로, 무엇보다 의식을 가져야만 한다. 과연 기계가 이런 의식을 가질 수 있는 것인가? 혹시 강한 테제를 실현한 인공지능이라면 모르지만, 약한 테제가 요구하는 정도의 능력을 갖춘 사이보그에게 이런 능력이 가능할까?

이 글을 준비하는 동안 텔레비전에서 '게임애인'의 출현에 대한 보도를 하였다. '게임애인'은 컴퓨터 게임상의 인물로서 가까운 관계가 된 사람들을 가리키는 말이라고 한다. 그런 현상이 보도 대상이 된 것은, 사람들이 게임상으로만 관계를 맺는 것이 아니라 오프라인에서도 연인관계로 발전하려다가 문제가 많이 발생했기 때문이었다. 이런 사례는 전자적 글쓰기의 세계, 컴퓨터로 매개된 통신의 세계에서도 심각한 인간적 문제들이 발생한다는 것을 보여준다.

위에서 인용한 월터 옹은 새로운 과학기술이 제2의 구술문화를 가능하게 한다고 보고 있다. 이 구술문화는 실제로는 원거리에서 가능한 것이며, 이것을 가능하게 해주는 것은 '접속'이라는 인간들 간의 만남의 방식이다. 접속은 접촉과는 다른 전도를 가능하게 하는 '표면적' 만남이라고 할 수 있다. 그런데 문제는 이 접속을 단순히 깊이 없는 만남이라고 치부할 수만은 없다는 것이다. 가상공간에서의 자아인 아바타에 심취하다 보면 그 여파가 실제 시공간에까지 퍼져서 이혼, 살인 등과 같은 일까지도 벌어지는 것이다.

이런 일은 '전도'라고 하는 추론 양식의 보편화와 결부해서 나온 현상일 것이다. '전도'는 무의식의 형태는 아니지만 추상적 추론, 또는 울머가 말한 '유식한 분석'과는 달리 사물의 세계 전반에 만연해 있는 보편적인 현상이다. 디지털 글쓰기와 같은 새로운 글쓰기가 확산된 것도 이런 보편성을 강화하는 요인이다. 이에 따라 인간 주체 형성의 새로운 조건이 확산되고 있는 것은 아닐까? 어쩌면 사이보그는 헤일즈가 추산하는 것보다 훨씬 더 많은 '인구' 비율을 차지하는지도 모른다. 물론 새롭게 형성된 주체들을 '괴물'로 보는 사람들도 많이 있다. 특히 필자가 자주 접하는 문학인들이 그런 생각을 많이 하는 대표적인 집단이다. 어쩌면 그런 반응은 자연스러운 것인지도 모른다. 사실 사이보그를 괴물로 보지 않는다면 무엇을 괴물로 볼 것인가. 프랑켄슈타인도 자신이 만든 인조인간을 괴물로 인식했다.

그러나 사이보그를 괴물로 인식하는 것이 사이보그를 나와는 다른 존재, 내 안의 존재가 아니라 바깥의 존재로, 타자로 간주한 결과라면 그 인식은 이제 수정되어야만 할 것 같다. 우리는 수많은 방식으로 다양한 전자적 세계의 회로들과 접속해 있고, 그런 점에서 약한 테제의 사이보그가 되었다. 우리 인간들 자신이 이미 사이보그가 되었다면 타자로서의 사이보그만을 괴물로 여길 것이 아니라 우리 자신을 괴물로 여겨야 할 것이다. 과연 우리는 자신들을 괴물로 여길 것인가? 아니면 그 괴물을 자신으로 인정하고 살아가야 할 것인가? 《블레이드 러너》에서 데커드는 처음부터 로이를 추적하여 제거하려고 한다. 로이를 자기와는 다른 복제 인간으로 보았기 때문이다. 그때의 사이보그는 타자였다. 그러나 로이가 죽은 뒤에도 데커드는 같은 생각을 할 수 있었을까? 지금 우리는 다시 인간은 무엇인가를 생각해야 하는 데커드와 같은 처지에 놓인 것으로 보인다.

주(註)

1. Walter J. Ong, *Orality and Literacy: The Technologizing of the Word* (London & New York: Methuen, 1982), p. 120.
2. Ibid., pp. 127–128.
3. Dipesh Chakravarty, "Museums in Late Democracies," http://www.anu. edu.au/hrc/publications/hr/issue1_2002/article02.htm.
4. 이런 점은 근대 예술옹호의 상당 부분이 근대 과학의 출현에 의해 촉발되었으며, 대부분 과학적 지식과 시적 지식의 차이를 강조하는 것으로 이루어졌다고 증명된다. 영국 낭만주의 시대에 나온 시론 가운데 대표적인 경우는 윌리엄 워즈워드의 〈《서정담시》 2판 서문〉과 퍼시 셸리의 《시의 옹호》, 그리고 사무엘 코울리지의 《문학적 자서전》 등이 있다.
5. Daniel Boorstin, *The Image: A Guide to Pseudo-Events in America*(New York: Vintage, 1961).
6. 근대 한국어의 문어 표현에서 과학적 진술(예: "물은 두 개의 수소와 한 개의 산소로 구성되어 있다")과 문학적 진술("그녀는 가슴이 아팠다")의 문장 유형은 서로 유사해서 구

분이 불가능하다. 문학적 진술은 과학적 진술과는 전적으로 다른 유형의 내용을 표현하고 있지만, 후자와 동일한 문장 유형을 활용하는 점 때문에 그 내용의 사실임 (verisimilitude)을 만드는 효과를 갖는 것 같다. Kang Nae-hui, "The Ending -DA and Linguistic Modernity in Korea," *Traces* 3, 2004, pp. 139-163.

7. 발터 벤야민, 〈디지털복제시대의 예술작품〉, 《발터 벤야민의 문예이론》, 반성완 외 역 (민음사, 1983).

8. 이 문단과 아래 두 문단의 내용은 졸고, 〈몸, 글, 인문학〉, 《인문연구》 47호(영남대학교 인문과학연구소, 2004)에서 가져와서 일부 수정했다.

9. Mark Dery, *Escape Velocity: Cyberculture at the End of the Century*(New York: Grove Press, 1996), p. 239.

10. 옛날 학자들이 독서를 할 때 '안광이 종이를 뚫는(眼光徹紙背)' 자세로 임할 것을 권하고, 선방에서 불립문자(不立文字)를 내세웠을 때도 아마 문자 자체에 대한 관심보다는 그 너머의 정신세계에 더 주목하라는 뜻이었을 것이다.

11. John Tomlinson, *Globalization and Culture*(Chicago: The U. of Chicago Press, 1999), p. 43에서 인용.

12. 이하는 이 부록 작가 전시 자료집에 실은 졸고, 〈영리한 문화적 사물들〉을 활용하여 재구성.

13. 도표와 울머의 발언은 http://www.cas.usf.edu/journal/ulmer/ulmer.html에서 볼 수 있다.

14. 이 문단과 다음 문단은 졸고, 〈사이버 '문형'과 주체형성－사이버정치의 조건들〉, 《문화/과학》 10호, 1996 가을에서 가져와 다시 구성했다.

15. Nobert Wiener, *The Human Use of Human Beings: Cybernetics and Society* (Doubleday Anchor Books, 1954), p. 57.

16. Ibid., p. 98.

17. 임현경, 〈사이버스페이스의 기술과 문화: 주요 용어 해설〉, 《문화/과학》 10호, 1996 가을, p. 171에서 인용.

18. Stuart Moulthrop(1995), "Getting over the Edge"(http://www.ubalt.edu/ www/ygcla/sam/essays/edge.html).

19. 헤일즈, 〈사이버공간의 유혹〉, 《문화/과학》 7호, 1995년 봄, p. 124.

20. 이태 전 전남 모처의 수능시험장에서 상당수 학생들이 휴대전화를 사용하여 부정행위를 했던 사실을 상기해보라. 대학입시를 위한 전국 규모의 시험을 치르는 동안 감히 집단으로 부정행위를 한 것도 경악할 일이지만, 특히 충격을 준 것은 젊은이들의 부정행위 방식이었다. 이들은 호주머니에 넣은 휴대전화를 통해 문자 메시지를 보내는 방식으로 '정답'을 외부로 흘렸고, 이것을 전해 받은 학생이 대량메일로 부정행위에 참가한 다수 학생들에게 '뿌렸다'고 한다. 각별히 관심이 가는 부분은 시험장 학생의 '능력'이다. 휴대전화가 호주머니 안에 있었다면 그는 자판을 보지도 않고 원하는 메시지를 모두 제대로 쳐서 보낸 셈이 되는데, 이런 능력은 우리처럼 원시(遠視)가 와서 쓰고 있는

안경도 올리고 눈살을 찌푸리며 봐야만 겨우 문자판을 볼 수 있는 사람들과는 전적으로 다른 유형의 인간이라고 할 수 있지 않을까?

21. Kevin Robins and Les Levidow, "Soldier, Cyborg, Citizen", in James Brook and Iain A. Boal, eds., *Resisting the Virtual Life: The Culture and Politics of Information*(City Lights, 1995), p. 107.

서구 과학기술 문명과 다른 문명의 조우

주경철 | 서울대학교 서양사학과 교수

세계 근대사의 중요한 특징은 서구 문명이 전 세계에 대해 정치적 · 군사적 · 경제적 · 문화적 지배력을 확대해 왔다는 점이다. 이렇듯 서구 문명이 강력한 힘을 보유하게 된 핵심 요소의 하나가 과학기술이었다는 데에는 이론의 여지가 없다. 유럽은 16~17세기에 과학혁명을 거치면서 자연을 이해하는 새로운 시각과 태도를 갖추었고, 강력한 물질적 · 정신적 힘을 소유하게 되었다.

과학기술의 힘에 근거하여 서구 문명이 세계의 다른 문명권을 압도하게 된 과정은 어떻게 진행되었을까? 그 과정은 처음부터 피할 수 없는 필연적인 것이었을까? 이 문제를 이해하기 위한 하나의 시도로서, 이 글에서는 근대 초(16~18세기)에 유럽이 해외로 팽창하여 다른 문명권과 조우했을 때 어떤 일이 일어났는가를 주로 과학기술 부문에 초점을 맞추어 살펴보고자 한다.

유럽의 팽창과 과학기술

근대에 이르러 유럽은 세계 각지로 세력을 확대해 나갔다. 그 결과 엄청난 규모의 영토를 지배하는 제국주의가 발생했고, 더욱이 근대 초에 과학혁명이 일어남으로써 유럽은 보다 강력한 힘을 지니게 되었다. 이러한 사실을 함께 고려하면 자연스럽게 다음과 같은 추론으로 이어지게 된다. "유럽의 과학기술이 곧 유럽의 흥기(The Rise of the West)를 가져온 원천이며, 그 힘이 세계 각 지역에 대한 유럽의 지배를 가능하게 하였다. 서구의 충격(The Western Impact)을 받은 다른 문명권들은 곧 근대 서구 과학기술을 모방하여 배움으로써 그 뒤를 좇아가고자 했으며, 여기에 성공한 국가들은 선진 대열에 합류할 수 있었던 반면 뒤처진 국가들은 후진국으로 남게 되었다. 그 과정에서 근대 서구 과학기술은 전 세계에 보급되었다."

이 설명에 내재해 있을 수 있는 편견과 오류의 가능성을 비판하기에 앞서, 우선 그 내용을 조금 더 면밀히 확인해 볼 필요가 있다. 이런 시각을 대표하는 이론의 하나로서, 조지 바살라(George Basalla)의 과학기술 전파 단계론을 들 수 있다.[1] 바살라의 이론의 핵심은 16~17세기에 서구의 일부 지역(이탈리아, 프랑스, 영국, 네덜란드, 독일, 오스트리아, 스칸디나비아)에서 과학혁명이 일어났으며, 이후 서구가 팽창하면서 만나게 되는 세계 여러 지역에 서구식 근대과학이 퍼져갔다는 것이다. 그는 과학혁명의 발원지로부터 여타 지역으로의 과학기술 전파가 크게 세 단계를 거치면서 이루어졌다는 설명 모델을 제시했다.

1단계는 비과학적인 사회 혹은 국가가 유럽 과학에 자료를 제공한 단계이다. 이 시기에 유럽인들은 세계 여러 지역에 찾아가서 동물상과 식물상을 비롯한 자연계 전체를 탐사하고, 그 결과들을 다시 유럽으로 되가져 갔다. 중요한 점은 관찰자 자신이 과학적 문화의 산물이며, 따라서 자연에 대한 체계적인 탐험에 높은 가치를 부여했다는 점이다. 유럽인들은 특히 자원의 획득 가능성에 민감했다. "그 지역이 어떤 종류의 음식물을 산출하는지 살펴보라. 그리고 그 땅이 플랜테이션의 비용을 부담하는 데에 도움이 될 만한 어떤 산물을 산출하는지 고려하라"는 프랜시스 베이컨의 언급이 이 시대의 분위기를 잘 나타낸다. 이때는 식물학, 동물학, 지질학 등이 매우 중요했고, 쿡 선장, 뱅크스, 훔볼트로부터 다윈에 이르기까지 과학사의 영웅이 활동하던 시대였다. 주의할 점은 바살라의 모델에 의한 '단계'가 각 지역마다 다른 시기일 수 있다는 것이다. 예컨대 유럽에서는 이미 오래전에 거친 단계를 다른 지역에서는 훗날 거쳐 가게 된다. 미국 동부의 보스턴, 필라델피아, 워싱턴 같은 곳들은 유럽보다 늦게 1단계의 과학 발전 중심지가 되었으나 2단계로 이행할 때에는 가장 앞선 중심지가 되었다.

2단계는 이른바 '식민지 과학' 단계이다. 이때 '식민지'라는 말은 통상적인 것이 아니라 특수한 의미라는 점에 주의해야 한다. 정치적·경제적으로 식민지가 아닌 곳들도 이런 단계를 거치기 때문이다. 예컨대 러시아, 일본, 미국, 인도의 '식민지 과학'을 이야기할 수 있다. 대체로 18~19세기에는 남미와 북미, 러시아, 일본이 이에 해당하였고, 19세기에는 호주와 인도, 20세기에는 중국이 이에 해당되었다. 이 시기는 과학 '모국(母國)'의 방법을 열심히 배워 와야 하는 단계였다. 대개는 연구자가 '모국'으로 유학을 가거나 혹은 그곳에서 발행된 책을 통해 수련을 하였다. 그래서 한편으로는 '모국'에 대한 의존성이 대단히 강하지만, 동시에 이 단계에서 벗어나려는 각고의 노력이 뒤따랐다. 이 단계에서 각국의 적응 방식과 속도는 각기 달랐다.

예컨대 일본은 유럽 학문에 종속적이기는 하였지만 그 성장 속도가 엄청나게 빨라서 다윈이 놀라움을 표시할 정도였다.

‘식민지 과학’ 단계를 벗어나면 마지막 3단계에 들어가는데, 이는 자국 내에 독자적인 과학을 정립하는 단계, 즉 근대 유럽 과학의 이식이 완성되는 단계이다. 이 이행 단계에서는 대개 격심한 갈등을 겪게 마련인데, 여기에서 성공을 거두면 과학이 급격히 발전하게 된다. 20세기의 소련이 이와 같은 사례에 해당한다.

바살라의 이 모델은 서구 과학기술의 우위와 그 전파를 설명하는 대표적인 모델로 각광을 받았고, 특히 과학기술의 발전을 사회적·역사적 맥락에서 보려는 시각이 높은 평가를 받았다. 그러나 최근에는 이 논문에 대한 강한 비판들이 제기되고 있다. 비판들의 요점은 바살라의 주장이 너무 유럽 중심적이며, 지나치게 과학혁명과 그 성과에만 초점을 맞춘다는 것이다. 결론적으로 바살라의 논문은 결국 근대 과학은 유럽에서만 발달하였고, 나머지 대륙들은 열등한 과학기술 수준을 가졌다는 주장이었기 때문이다.

가장 먼저 지적되는 점은, ‘근대 이전’ 과학기술 분야에서 유럽이 결코 선두 주자가 아니었다는 것이다. 실제로는 아랍권이나 중국 문명에 비해서도 뒤처져 있었다.[2] 근대 이전에는 중요한 과학기술의 성과가 중국에서 유럽 방향으로 전파되었다. 특히 12세기에 전래된 나침반, 중앙타(中央舵), 풍차, 그리고 14세기에 화약과 인쇄술이 전해진 것은 매우 중요한 사례이다. 따라서 유럽이 과학기술 면에서 앞서 있었기 때문에 중세 말 근대 초에 해외 팽창이 가능했다는 주장은 성립되기가 어렵다. 그렇다면 근대 이후에는 어떠한가? 과학혁명으로부터 산업혁명에 이르는 기간에 유럽의 과학기술이 급속한 성장을 한 것은 분명하다. 예수회 신부들이 당시 유럽의 발전된 과학 성과를 이용해서 중국에 전도를 하려 한 데에서도 이러한 상황은 여실히 드러난다.[3] 그렇다고 근대 이후에도 유럽이 늘 일방적인 우위를 차지했다고 할 수도 없다. 예컨대 인도 면직물의 품질과 가격 경쟁력은 당시 세계 어느 지역도 따라잡을 수 없을 만큼 압도적인 우위에 있었으므로, 산업혁명의 역사에서 흔히 이야기하는 것처럼 기술 진보의 실패 사례로 쉽게 매도하는 것은 잘못이다.[4]

과학과 기술의 전파는 마치 당구알이 충돌하여 곧바로 방향을 바꾸는 것처럼 단순한 방식이 아니라, 대단히 복잡하고 복합적인 성격을 가지고 있다. 무엇보다도 어느 한 지역이 모든 면에서 항상 혁신적이거나 항상 보수적인 것은 아니다. 설사 어느 지역의 기술이 더 발전해 있다 하더라도 이웃 지역이 그것들을 반드시 수입하는 것도 아니고, 심지어는 기술의 수입과는 정반대로 유용한 기술을 버리는 경우도 있었다.[5] 그만큼 과학기술에 관한 논의는 복잡하다. 따라서 근대에 세계 여러 문명이 조우했을 때 과학기술이 어떤 역할을 했으며, 또 어떻게 교류되었는지 실례를 통해 살펴볼 필요가 있다.

인도의 아유르베다 의학과 서구의 식물학

첫번째 사례는 인도 전승의학과 서구 의학 및 식물학의 조우이다. 인도에는 이미 전통적인 아유르베다 의학이 발전해 있었다.[6] 이 의술 체제는 흔히 병이 악마에 의해 일어나는 것으로 보고 마술적인 처방을 제시한다고 알려져 있으나, 실제로는 아주 다양한 치료법이 활용되었다. 대체로 이 의술은 인도의 고아(Goa)를 중심으로 특정한 가문에서 가업으로 전해졌으며, 힌두 전통에 이슬람 과학이 더해져서 체계가 더욱 발전한 것으로 보인다.

1510년에 포르투갈인들이 고아에 들어오며 서양 의술이 유입되자 그때까지 발전해 왔던 기존 의술과 서양 의술이 만나게 되었다. 유럽인들도 현지 의사를 많이 찾았는데, 그 이유는 우선 유럽인 의사 수가 매우 부족했을 뿐 아니라 현지의 열대병에 대해서는 전통의가 훨씬 뛰어났기 때문이다. 그 결과 양의와 전통의(panditos 인도 의사, ciencia pandito 인도 의학)의 협력이 가능하게 되었다. 이 두 의술이 실제로 협력하게 된 계기는 1543년 극심했던 콜레라의 창궐이었다. 당시 포르투갈 지사는 모든 의사들을 총동원하였지만, 많은 환자를 구해낸 것은 전통 약재를 쓴 인도 의사들이었다. 이후 인도 의사들이 예수회 병원에서 서양 의사들과 함께 일하게 되었고, 지사인 바레토(Antonio Moniz Barreto)는 현지의 유명한 의사를 가정의(家庭醫)로 두게 되었다. 당시의 많은 기록들이 인도 의사들의 뛰어난 의술을 증언하고 있다. 린스호텐(Jan H. van Linschoten)의 여행 기록에는 포르투갈 귀족들이 인도 의사들을 선호한다는 언급이 있고, 유명한 여행가인 사센티(Filippoo Sassenti)의 기록에도 "이방인(힌두인) 가운데 히포크라테스가 있다"는 등의 언급이 보인다. 타베르니에, 카레리 등 유명한 여행기에도 인도 의사들에 대한 언급은 빠지지 않는다.

한 가지 주목할 점은 서양 학문과 아유르베다의 만남이 의학보다는 식물학이라는 분야에서 더 큰 결실을 맺었다는 것이다. 아유르베다는 성격상 약초를 많이 사용하므로 약초식물에 대한 지식이 오랜 기간 축적되어 왔다. 유럽인들은 아유르베다에 대한 연구를 통해 열대 식물에 대한 방대한 지식을 얻었고, 더 나아가 식물학 체계 일반에서도 깊은 영향을 받았다. 가장 유명한 사례로는 포르투갈인인 오르타(Garcia de Orta)와 네덜란드인 레더(Henrichs van Rheede)가 있다.

포르투갈의 유명한 의사인 오르타는 1534년에 고아에 와서 이곳의 약재와 처치 기술을 조사하였다. 그는 현지 의사들이 아주 정확하게 진단하고 훌륭한 처방을 한다고 보고, 이 의사들을 '탁월한 학자'이자 '위대한 의사들'이라고 불렀다. 그는 이렇게 얻은 정보와 지식을 자기 환자들에게 실험하고 나서 그 결과를 출판하였다(*Coléquios dos simples e drogas he cousas medicinais de India*).

오르타의 접근방법은 당시로서는 대단히 혁신적인 것이었다.[7] 당시의 의사들과 학자들은 전적으로 기존의 권위(그것이 유럽의 학문 전통이든 아랍의 대가들이든 혹은 브라만 카스트의 전통적인 지식 체계이든)에 안주하려는 경향이 강했다. 이와 달리 오르타는 자신의 직접적인 진료 경험과 현지 지식을 강조했는데, 이는 당시에도 결코 흔한 일이 아니었다. 하지만 그는 유럽의 체제만을 고집했다가는 의학상의 실패를 초래하리라는 것을 잘 알고 있었다. 그는 현지 식물들의 샘플을 수집하고 연구하였는데, 이 샘플을 모아준 사람들은 현지 평민들이었고, 그 가운데에는 아주 미천한 출신의 사람들도 많이 있었다. 그 결과 오르타의 텍스트는 유럽과 아랍의 지식에 대해 전복적인 성격을 띠었다. 그의 사고가 어느 한편의 체계에 종속되지 않았다는 것은, 1563년 고아에서 출판된 그의 책이 아시아와 유럽 양쪽을 모두 겨냥한 것이었다는 데에서도 알 수 있다.

오르타의 연구 성과가 유럽에 널리 알려지게 된 데에는 식물학자 클루시우스(Carolus Clusius)의 공이 컸다. 그는 1567년 오르타의 책을 라틴어로 번역하여 출판함으로써 이 책을 유럽 학계에 소개하였다. 당시 유럽 최고의 식물학자였던 그는 1593년 네덜란드 레이덴에 식물원을 설립했는데, 이 식물원과 레이덴대학은 유럽 식물학 발전의 가장 중요한 중심지로 발전하였다. 그는 여행을 통해 많은 학자들과 학문적 교류를 하였으며, 동시에 식물원에서 많은 식물 종자들을 키우면서 연구하고 이를 각지에 보급하였다. 이렇게 수집된 아시아 종자들과 인적 네트워크가 유럽 식물학의 근간이 되었다. 오르타와 같은 혁신적인 학풍이 유럽 식물학의 발전에 일조를 한 것이다.

오르타보다 약 100년 후에 활동한 네덜란드인 레더 역시 흥미로운 사례이다. 그는 주로 네덜란드 동인도회사의 의료 요구에 대한 대응으로 연구를 하고 있었다. 그런데 그 역시 아랍의 분류체계와 명명법, 그리고 유럽의 지식을 버리고 현지의 경험적인 식물 분류를 수용하였다. 그가 그렇게 한 데에는 현지인들의 도움이 매우 컸다. 동아시아 현지의 의학 지식 가운데 권위 있는 브라만 카스트의 의학 지식은 지나치게 이론적이기만 하고 실제 면에서는 취약하였다. 레더는 브라만 학자들이 과거의 성스러운 텍스트의 문구에만 매달려 있고, 실제적인 지식은 하급 카스트의 하인들이 제공한다는 것을 깨달았다. 이 하층 카스트 가운데 에즈하바(Ezhava) 카스트 사람들이야말로 광범위한 식물학 지식을 갖고 있었다. 따라서 레더는 굳이 브라만 카스트를 거칠 것이 아니라 곧바로 에즈하바 사람들로부터 지식을 얻고자 하였다. 에즈하바 카스트 사람들은 나무를 기어오르며 식물을 채집하고, 그것들을 분류하는 데에 정통한 이들이었다.

레더는 이들을 만나면서 이 카스트의 사람들이 보유한 무궁무진한 지식의 가치를 깨닫게 되었다. 이들 가운데 식물들의 의학적 효능에 대한 지식을 가진 명망 있는 아유르베다 의사들이 있었다. 이들은 조상 대대로 내려오는 지식을 소유하고 있었는데, 그 내용은 산스크리트어가 아니라(이 문자는 브라만이 독점하고 있어서 그들에게는 사용이 금지되었다) 하급 카스트들이 사용하는 콜레주투(Kolezuthu) 문자로 기록되어 있었다. 이들이 사용하는 책과 문서들은 수백 년 동안

내려오는 것들로서 대단히 귀중한 정보들을 포함하고 있었다. 레더는 이 지식과 정보를 활용하여 학문적으로 숙성시키고, 이를 이용하여 식물학에 관한 대작을 남겼다. 그는 현지 의사들을 고용해서 이곳 식물의 이름 목록을 작성하게 하고, 실물을 채집한 다음 세 명의 화가에게 그것을 그리게 하였다. 그런 다음 다시 앞의 의사들이 그 내용을 2년 동안 교정하였다.[8]

이런 방식으로 레더가 아시아 현지에서 얻은 지식은 동남아시아의 토양에서 형성된 분류체계로 되어 있었다. 하나의 예를 들어보면,[9] 같은 카테고리에 속한 식물들은 모두 같은 접두사를 사용하는 이름들을 가지고 있었다. 예를 들면 Onapu, Vallionapu, Tsjeri-onapu 같은 식물들의 이름에는 공통적으로 'onam'이라는 말이 들어가 있다. 이 단어는 'onapu'라는 말과 관련이 있는데, 이것은 이 꽃들이 사용되는 수확 축제를 가리킨다. 이처럼 그들의 분류체계는 현지의 자연과 문화가 어우러진 가운데 형성된 것이었다. 레더의 책은 이런 분류를 그대로 받아들여 사용하였다.

《호르투스》에는 이렇게 얻은 현지 지식들이 가득 포함되어 있는데, 말라바르의 가장 중요한 식물 780종이 794개의 도판과 함께 소개되어 있다. 이 책은 네덜란드에서 열대 식물학의 기초가 되었고, 그 후 유럽의 식물학에 크게 기여하였다. 예컨대 린네는 1740년에 240종의 새로운 식물 종들을 분류할 때 이 분류법을 적용하였다. 아당송(Adanson, 1763), 쥐시외(Jussieu, 1789), 덴슈테트(Dennstedt, 1818), 하스칼(Haskarl, 1867) 등의 후대 학자들 역시 이를 원용하였다.

우리는 흔히 유럽의 식민주의가 아시아에서 브라만의 해석과 텍스트를 강화시켰고, 이것이 다시 유럽의 인식과 담론에 영향을 미쳤다는 설명을 듣는다. 즉 유럽인들이 아시아에 들어갔을 때 우선 아시아의 기존 권위를 받아들이는 것이 편했으므로 브라만처럼 오래된 권위를 그대로 수용하고, 또 당시 발전하던 인쇄술로 이 내용을 출판함으로써 그 권위를 영속화하는 데에 기여했다는 것이다. 그러나 적어도 의학-식물학의 경우에는 이런 설명이 타당하지 않다. 오히려 비-브라만 카스트의 인식론과 현지의 기술적 논리를 받아들여 유럽의 식물학이 변화된 것이다. 이 사례에서 우리는 상이한 두 문명권에서 장기간 축적되어 온 지식이 매우 긍정적인 방향에서 교류했다는 점을 확인할 수 있다.

일본의 란카쿠

아유르베다 의술의 경우는 서구가 다른 문명을 배우려 한 사례이다. 반면에 일본의 란카쿠는 다른 문명이 서구 문명을 배우려 한 사례에 속한다. 일본은 포르투갈과 네덜란드 사람들을 통해 서양 학문을 접한 다음, 자신들이 필요로 하는 서양 학문을 배우기 위해 부단한 노력을 경주했다. 일본 정부는 종교 갈등으로 인해 포르투갈인들을 축출한 이후, 원칙적으로 자국인과 외국인의 접촉을 봉쇄하는 쇄국정책을 폈다. 다만 중국과 네덜란드 상인들만 한정된 장소에서 접촉하는 것이 허용되었다. 나가사키 앞의 작은 인공 섬인 데시마(出島)의 상관(商館)은 네덜란드인들이 일본에 들어와서 거래하는 유일한 창구였다. 이런 제약 가운데에도 캠퍼(Engelbert Kaempfer), 툰베르크(Charles Peter Thunberg), 지볼트(Philip Franz von Siebold) 같은 탁월한 서구 인물들과의 교류가 이루어졌다.[10] 이곳에 들어온 사람들과 서책들을 통해 일본인들이 배운 '네덜란드 학문', 즉 란카쿠(蘭學)는 일본이 근대 초기에 서양을 배운 가장 중요한 내용이었다.

처음 란카쿠를 주도한 사람들은 데시마에서 일하는 번역가들이었다.[11] 이들은 높은 사회적 지위를 누렸으며, 일반적으로 그들의 직업은 가문 내에서 계승되었다. 번역가 가운데에는 네덜란드어만이 아니라 포르투갈어, 베트남어, 샴어, 중국의 세 개 방언 등의 전문가까지 있어서 당시 일본이 외국 사정에 대해 얼마나 큰 관심을 가지고 있었는지를 알 수 있다. 일상적인 수준의 교류에는 포르투갈어가 계속 중요한 역할을 했으나, 서양 학문을 수입하는 데에는 네덜란드어가 더 중요한 언어로 떠올랐다. 일본인 번역가들의 어학 실력에 대해서는 평가가 엇갈렸는데, 캠퍼는 이들의 어학 실력을 그리 높게 평가하지 않았지만, 그후에 일본에 온 툰베르크는 이들이 아주 정확한 네덜란드어를 구사한다고 증언하였다. 아마도 시간이 지나면서 외국어 이해 수준이 상승했을 것으로 보인다. 번역이 가업으로 이어졌기 때문에 어학 역시 누적 효과가 있었을지도 모른다. 툰베르크는 한 번역가에게서 집안 대대로 내려왔다는 라틴어-포르투갈어-일본어 사전을 구하기도 하였다.

이들은 서양 책들을 널리 구하려고 하였다. 쇄국정책의 일환으로 1630년에 쇼군 이에미츠가 외국 책 수입을 불허하는 칙령을 내린 후, 서양 책의 수입은 쇼군 자신이 필요로 하는 한정된 종류의 외국 서적으로만 제한되어 있었다. 그후 쇼군 요시무네(1684~1751)가 1720년 칙령으로 외국 책의 수입을 다시 허락하자 서양의 여러 책들, 특히 의학, 식물학, 천문학, 지리학, 수학, 물리학, 군사학 책들이 번역되었다. 여기에서는 일본의 서양 의학 수입을 중심으로 란카쿠의 발전 양상을 살펴보도록 하겠다.[12]

원래 일본의 전통 의술은 마술, 부적, 자연 약재, 혹은 온천욕 위

주였다. 그런데 15세기에 한국을 거쳐 들어온 중국 의학이 점차 주종
을 이루게 되었다. 중국의 기술은 인체가 하늘과 조화를 이룬다는 유
교적인 개념과 음양설, 즉 5장6부 중심의 인체관 등을 특징으로 하였
다. 그러나 이와는 다른 의술을 펴는 가문들이 적지 않아서, 일부 의
사들은 인체에 대한 중국 의술의 설명에 의문을 제기하고 있었다. 예
컨대 교토의 야마와키 토요(山脇東洋)가 대표적인데, 그는 직접 인체
를 해부해 봄으로써 전통적인 인체관이 맞는지 확인하려고 하였다.
그는 1754년 2월 7일 38세의 사형수 시신을 해부하였는데 이것이 일
본 최초의 인체해부로 알려져 있다. 그는 이 결과를 1759년에 책으로
출간하였다. 여기에는 인체 기관들에 대한 개략적인 그림이 곁들여져
있으나 아직 서구의 해부학 수준에는 이르지 못한 상태였다. 전통의
들은 인체에 대한 모독이라며 격렬히 항의하였고, "죽은 기관은 아무
런 기능도 하지 못한다. 기관의 모양은 중요하지 않다. 오직 살아 있
는 기관만이 중요하다"라며 비판을 가했다. 이런 비난에도 불구하고
그의 책은 실험적인 의술의 시작을 의미했다. 이는 1774년에 《해체신
서》가 번역 출판되기 14년 전의 일로, 새로운 학문에 대한 일본인들의
요구가 이미 상당히 컸다는 증거이다.

　　일본의 학문적 혁신의 배경은 도시 사회의 형성과 상공업 발달이
라 할 수 있으며, 이를 바탕으로 서구 문명 요소와 접촉함으로써 새로
운 발전의 계기를 마련하였다. 그러나 초기 서구 의학의 영향을 과대
평가해서는 안 된다. 그것은 아주 조심스러운 접촉 과정이었다. 예컨
대 예수회가 1549년에 후나이에 병원을 세웠지만 이것이 곧바로 본격
적인 의학 발달을 가져온 것은 아니었으며, 그나마 1614년에 예수회
가 축출되자 유럽인들의 의술은 중단되고 말았다. 기본적인 문제는
유럽인의 인체관(외과수술과 해부학의 전통)이 전통적인 의학에서 말

하는 우주와 인체의 조화 개념과 충돌하고, 결국 그것을 극복하지 못했다는 점이다. 일본에는 중국 의서들이 계속 유입되어 전통 의학이 굳건히 주류의 위치를 점하였다.

그러나 17세기 이후 지속적으로 네덜란드 의사들이 들어와서 활동하고 서양 의학서적이 수입됨으로써 기존의 의학에 적지 않은 영향을 미쳤다. 일본이 네덜란드와 통상을 시작한 때부터 1858년 완전히 문호를 닫을 때까지 모두 150명의 의사가 데시마에 와서 일을 했다. 17세기 중엽에는 네덜란드 의사들의 영향으로 일본 내에 일종의 학파가 형성되었다. 예컨대 카스파르 샴베르헨(Caspar Schambergen)을 따르는 제자들이 '카스파르 류'라는 이름으로 불리며 일파를 형성한 것이다.[13]

서양인 의사 가운데 특히 중요한 인물로는 엥겔베르트 캠퍼를 들 수 있다. 1651년 독일에서 태어난 그는 독일의 여러 대학에서 공부하여 의사가 된 다음 세계 각지를 여행한 특이한 인물이었다. 페르시아, 러시아 등지를 여행한 후 이스파한에서 네덜란드 동인도회사에 합류한 그는 바타비아를 거쳐서 1689년에 나가사키에 도착했다. 그는 아시아와 유럽의 교류사에서 매우 중요한 위치를 차지하는 인물이다. 나가사키에 머물 때 그는 무료함을 달래기 위해 일본사를 연구하여 역사서를 저술했는데, 이 책이 유럽에서 최고의 인기를 누렸다. 그 결과 몽테스키외, 볼테르, 칸트 등 당시 유럽의 많은 지식인들이 그의 책을 통해 일본을 이해하게 되었다. 나중에 레이덴에 돌아가서 제출한 그의 논문에는 아시아의 식물학, 열대 의학, 침술에 관한 흥미로운 내용들이 많았다. 한편 일본 내에서는 그의 의술이 널리 알려져서 나중에는 쇼군도 그를 만났다(쇼군은 그에게 '생명의 영약(elixir of life)'을 요구하였다!).

이런 서양 의사들에게 배운 일본인 가운데 상당한 수준에 이른 일본인 양의들이 생겨났다. 특히 중요한 인물로는 마에노 료타쿠(前野良澤)와 스기타 겐파쿠(杉田玄白)를 들 수 있다. 료타쿠는 의학 관련 서적만이 아니라 여러 다양한 분야에 걸쳐 네덜란드 서적들을 연구하였다. 그는 실로 많은 책들을 읽은 다음 그것을 소화하여 책을 출간하였는데, 그 내용은 네덜란드어 독본, 네덜란드 저작 문선, 혜성론, 세계지도론, 캄차카 역사, 러시아 약사, 러시아 황실 약사, 축성술 등 여러 분야에 두루 걸쳐 있었다. 특히 '이사카(아이작 뉴턴)'의 법칙을 소개한 책은 일본에서 출판된 최초의 물리학 책으로 알려져 있다. 이를 보면 당시 의사들이 백과전서적인 방식으로 '네덜란드 학문'을 연구했음을 알 수 있다.

이 과정에서 료타쿠는 서구와 친밀한 관계를 맺는 것이 일본에 유익하리라고 생각했다. 의학에서 알 수 있듯이 서구는 여러 분야의 발전된 기술을 가지고 있기 때문이었다. 그는 일본이 그동안 기독교를 박해한 것에 대해서도 우회적인 방식으로나마 비판하고 기독교를 옹호하는 발언을 하였다. 그의 논리에 의하면 불교는 아시아 인구의 20퍼센트, 유교는 아시아 인구의 10퍼센트만이 믿고 있다. 이에 비해 기독교는 전 세계에 걸쳐 퍼져 있다. 그렇다면 중국의 학문이 과연 보편적으로 맞는지, 또 기독교가 정말로 해로운 것인지 의심하지 않을 수 없다는 것이었다. 결론적으로 료타쿠는 일본 내 서양 의학 발전의 선구자였을 뿐 아니라, 서구 기술에 대한 지식을 배우는 수준을 넘어 그 기술을 산출해낸 서구 사회가 어떤 성격을 가지고 있는지에 대해서도 질문을 던진 학자였다.

또 다른 유명한 의사인 겐파쿠는 료타쿠와 《해체신서》를 번역 출판한 것으로 유명하다. 이 책은 원래 브레슬라우 출신으로서 단치히에서 활동하던 의사 쿨무스(J. A. Kulmus)의 *Anatomische Tabellen*

을 네덜란드인 딕텐(Gerard Dicten)이 네덜란드어로 번역한 책으로서 당시 널리 이용되던 해부학 교과서였다(*Ontleedkundige Tafelen*). 그들은 네덜란드어를 전혀 못하는 상태였으나 그 책을 처음 보았을 때 인체를 묘사한 도판에서 깊은 영감을 얻었다. 그들도 사체 해부를 직접 해보고 싶었으나 그럴 기회를 갖지 못하다가(그런 일은 사형집행인 같은 하층민만이 할 수 있는 일이었다) 운 좋게도 1771년에 50세 정도의 교토 출신 사형수 여인의 시체 해부에 참관할 기회를 가졌다.

이때 두 사람은 자신들이 본 쿨무스의 해부도가 대단히 정확한 것을 확인하며 감탄해 마지않았다. 그리하여 이들은 이 책을 번역하기로 작정하고 다른 란카쿠 학자들의 도움을 얻어 3년 반의 노력 끝에 이 책을 번역 출판하였다. 이때 동양 의학 체계에는 없는 용어들이 많았기 때문에 두 사람은 중요한 용어들을 직접 만들어가며 옮겼다(근육, 십이지장 등).[14] 이는 전통적인 동양 의술과는 완전히 다른 인체관이 처음으로 서책 형태로 제시된 사례였다. 결국 이 책은 일본의 지식인들에게 큰 충격을 주었다. 앞에서 언급한 것처럼 이 책이 번역되기 전에도 이미 일본 의사들이 인체 해부를 시도하였으므로 이 책이 출판되고 나서야 인체를 처음으로 정확하게 알았다는 것은 과장일 수 있지만 분명 이 책의 영향은 지대했다. 《해체신서》의 번역출판은 일본 내 란카쿠의 영향력이 크게 증대되는 하나의 중요한 계기가 되었고, 그 이후 일본은 더 넓은 범위에 걸쳐 서양 학문과 기술을 받아들였다.

그렇다면 일본은 의학을 비롯한 서양 과학기술을 어느 정도 수준에서 받아들이고 소화했는가? 이 분야의 전문가인 굿맨(G. Goodman)은 일본이 유럽 과학혁명의 성과를 정확하고 체계적으로 이해하고 수용하지는 못했으리라고 주장한다. 일본이 빠른 속도로 유럽 문화를 배운 것은 사실이지만, 아직 유럽 중요 언어들을 완벽하게 소화하지 못했고, 번역 수입한 책들도 체계적으로 계획된 것이 아니라 필요에 따라 산만하게 골라서 번역하였기 때문이다. 그러므로 란카쿠는 '피상적인 현상(a superficial phenomenon)'에 불과했다는 것이 그의 결론이다. 다만 소수의 헌신적인 인사들에 의해 일부 한정된 성과를 거두고 있었다는 것이다.

사실 란카쿠가 중요했다고 해도 그것은 중국의 신유학을 기반으로 한 다음의 이야기이며, 서구 과학기술 그 자체가 독립적인 지위를 누리지는 못했다. 중국 학문을 기반으로 삼되 서양의 요소를 수용하여 중국학문을 비판하고, 최종적으로 그들 자신의 학문을 세우는 것이 그들의 목표였다. 그러므로 서양 학문은 그런 목표를 향해 나아가는 데에 도움을 얻는 요소로서의 의미를 가졌을 뿐이다. 즉 서양을 더 잘 배워서 마침내는 서양이 필요 없도록 한다는 것이 그들의 기본 전제였다.[15]

그렇다면 란카쿠는 후대에 어떤 영향을 미쳤는가? 19세기에 서양 제국주의 세력과 맞닥뜨렸을 때 일본은 결국 무릎을 꿇고 말았다. 근대 초 일본의 노력이 아무리 컸어도 유럽과 동일한 수준이 되기에는 역부족이었던 것이다. 그럼에도 그 후 일본이 급격한 발전을 이룬 것을 보면, 란카쿠가 일본 사회의 잠재력, 특히 서양 과학기술의 수용에 필요한 기본기를 탄탄하게 키운 것은 분명해 보인다. 점차 서양과 일본 사이의 차이는 아주 좁혀졌다.[16]

결 론

흔히 근대 서구 문명은 과학기술을 바탕으로 한 강력한 힘을 통해 세계 각 대륙으로 팽창해 나아갔고 결국 제국주의적인 지배체제로 귀결되었다고 이야기된다. 이에 따르면 정치·군사·경제 측면의 지배의 이면에 과학기술이 강력하게 작용한 것으로 해석할 수 있다. 이런 현상을 설명하는 고전적인 모델로서 흔히 바살라의 이론이 제시된다. 그러나 우리가 살펴본 두 사례는 이런 해석이 반드시 타당한 것만은 아니라는 점을 증언한다. 적어도 근대 초기에는 서구 과학기술이 일방적으로 확대되고, 다른 문명권이 그것을 수용하는 데에 급급했다고 할 수가 없다. 인도의 아유르베다 의술 사례는 유럽이 항상 우월한 과학기술을 제공한 것이 아니라 다른 문명의 과학기술을 배워서 자신의 체계 내에 수용했다는 점을 말해준다. 반면 일본의 란카쿠는 서구의 과학기술을 수동적으로 받아들이는 것이 아니라 그들이 원하는 것을 선택적으로 수용하되 대단히 적극적인 자세로 임했음을 말해준다.

그동안 서양과 동양의 과학적 접촉에 대한 서구인들의 견해는 지나치게 서구 중심적이었다. 대표적인 것이 라이프니츠(Gottfried W. Leibniz)의 견해일 것이다.[17] 그는 유럽과 중국의 문명을 비교하면서 '유럽의 이성'과 '중국의 경험'이라는 식으로 표현하였다. 중국, 혹은 더 넓게 아시아 문명은 구체적인 경험적 관찰에는 능하여 많은 누적된 성과를 이뤘지만, 그것을 종합하여 체계를 만드는 이성의 힘은 약했다는 것이다. 물론 그의 주장의 원래 의도는 동양의 강점을 호의적으로 파악하려 한 것일 수도 있다. 그러나 그에 의하면, 결과적으로 동양 문명은 일종의 데이터베이스를 작성한 다음, 더 고차원의 지적 능력을 가진 유럽 문명에 그것을 제공하는 역할만을 한 셈이다.

그러나 우리가 살펴본 바에 의하면 이는 사실과 부합되지 않는다. 인도의 식물학과 약초학은 대단히 오랜 기간 자연에 대한 직접 관찰로 얻어진 귀중한 정보를 가지고 있었을 뿐 아니라 방대한 체계를 이루고 있었다. 작은 사례이지만 오르타나 레더가 수집하여 유럽으로 가져간 지식만 하더라도 단지 경험적 사실만이 아니라 인도의 분류 체계 자체를 가져간 것이고, 이것이 린네의 식물분류학 내에 수용되어 유럽의 학문 체계 발전에 일조하였다. 일본의 란카쿠를 보더라도 일방적으로 유럽 학문 체계를 수입한 것이 아니라 자체의 과학적 지식 체계를 유지하면서 조금씩 수정해 가는 방향으로 나아가고 있었다.

이런 점을 보건대, 적어도 초기에는 서구와 다른 문명의 과학기술이 상호 건설적인 방향으로 교류할 가능성이 열려 있었다. 그러나 이후 시대의 전반적인 역사 흐름은 다르게 진행되었다. 서구 세력이 결국 제국주의로 나아간 것과 유사하게, 서구 과학기술 역시 점차 억압적이고 지배적인 성격을 띠게 된 것이다.

앞에서 살펴본 아유르베다 의술에 대한 유럽인의 태도 변화에서 이 점을 읽을 수 있다. 서양인들은 '맥을 짚어보고 약초(herb)로 진료' 하는 아시아의 이 의술에 대해 점차 깊은 관심을 보였다. 많은 포르투갈 의사들은 이 의학의 '비밀' 을 알아내기 위해 안달했고, 때로는 대단히 억압적인 방식을 동원하기도 하였다. 1683년의 한 기록에 의하면, 포르투갈 의사가 대단한 명의로 알려진 힌두 의사를 감옥에 가두고 비밀을 털어놓으라고 강요했다. 하지만 그는 결국 감옥에서 죽음을 맞는 길을 택했다. 여기에 더해서 교회의 탄압도 강화되었다. 이 의술의 성격이 일종의 종교적 기술에 속한다고 판단한 가톨릭교회 측이 인도 의사들을 억압하기 시작한 것이다. 가톨릭으로의 개종 압력을 받은 인도 의사들은 점차 이웃 지역으로 빠져나가기 시작했다. 그 결과 포르투갈의 지배 하에서 아유르베다 의술은 결국 버텨내지 못하고 쇠퇴의 길로 접어들었다.[18]

다른 대륙을 식민지화하던 흐름에 병행하여, 유럽의 과학기술 역시 해당 지역의 유용한 자원을 파악하고 이용하는 데에 주력하였다. 장기간 심원한 체계를 이루어 발전해 온 다른 문명의 지식은 이제 그 자체로서 존재 의의를 상실하고, 다만 '정보'로 환원되어 유럽의 체계 속에 흡수되게 되었다. 유럽만이 아니라 세계 각처의 중요 지역에 설립된 식물원은 그처럼 정보의 획득을 주요 목표로 한 것이었다. 그리고 점차 국가가 자신의 목적에 맞는 (특히 식민지 경영을 위한) 방향으로 학문에 간여하는 경향이 강해졌다. 파리의 왕립식물원(Jardin du Roi)이 대표적인 사례이다.

장구한 시간 동안 각 문명권에서 발전해 온 각각의 과학 체계는 매우 큰 잠재력을 가진 인류 지식의 보고였다. 그러나 이들은 근대에 들어와서 서구과학의 기계적인 힘에 밀려 많은 손상을 입었다. 마야 문명이 대표적인 사례이다. 이 지역은 원래 대단히 다양한 식물종을 보유하고 있었으며, 고대문명의 의학 체계 내에서 알려진 약초만 해도 3만 종이나 되었다. 그러나 유럽 문명과 조우한 직후 탄압을 받은 결과 귀중한 문화유산들이 많이 멸실되었다. 유카탄의 주교 디에고 데 란다(Diego de Landa)는 1542년 마야의 민속신앙을 뿌리뽑기 위해 수천 명의 원주민들을 고문하고 학살하였으며, 동시에 수많은 책들을 불사르는 만행을 저질렀다. 이런 피해에도 불구하고 현재까지 남은 유산 역시 대단히 큰 잠재성을 가지고 있다. 이 지역에서 독일학자들이 18개월 동안 연구한 결과만으로도 320가지의 약초를 수집하였다.

서구 근대 과학기술이 대단히 강력한 힘을 구사한 효율적인 체제로서 인류의 복지를 크게 증대시킨 것은 분명한 사실이다. 그러나 그에 따른 부작용 역시 엄청나게 컸다는 점을 지적하지 않을 수 없다. 이런 점에 주목하여 유럽 중심주의의 폐해를 지적하고, 세계 여러 지역 문명의 다양한 가능성에 주목하는 것이 최근의 경향이다. 그러나 이러한 흐름이 시대의 대세가 되어 있는 서구 과학기술 문명을 일거에 포기한다는 의미는 아니다. 다만 인간의 삶을 풍요롭게 만들 수 있는 다양한 전통문화의 가능성에 주목하게 된 것은 참으로 다행스러운 일이 아닐 수 없다. 그러나 구체적으로 어떻게 실천할 것인가? 우선은 문화적 종(種)의 다양성을 지키는 것이 급선무일 것이고, 다음의 과제는 서구 과학기술과 다양한 전통문화의 긍정적인 교류를 가능하게 하는 새로운 '통합과학'을 세우는 일일 것이다.

주(註)

1. George Basalla, "The Spread of Western Science", *Science* CLVI(5 May 1987), 611−622.

2. Joseph Needham, "China, Europe and the Seas Between", *Clerks and Craftsmen in China and the West*(Cambridge, 1970), pp. 59−62.

3. 히라카와 스케히로, 노영희 옮김, 《마테오 리치》(동아시아, 2002).

4. K. N. Chaudhuri, "The Structure of the Indian Textile Industry in the Seventeenth and Eighteenth Centuries", *Indian Economic and Social History Review* IX, no 2(Dehli 1974), pp. 127−182.

5. 말하자면 기술을 수용하는 데에는 사회적 '용인'이 필요하다. 가장 흔히 드는 예는 멕시코 문명이 바퀴를 사용하지 않았다는 점이다. 멕시코인들은 바퀴의 원리를 알고 있었지만 실생활에서는 그것을 다만 장난감으로만 사용했다. 사실 고대 멕시코에는 수레를 끌 기축이 없었으므로 바퀴를 이용한 수레는 짐꾼보다 나을 것이 없었을 것이다. 또 바퀴가 종교적 의미에서 신성함을 상징했으므로, 인간이 함부로 사용할 수 없다고 생각했을 가능성도 있다. 이 밖에도 유용한 기술을 버린 예는, 골각기와 어획 기술마저 버리고 가장 단순한 기술로 환원한 태즈메니아인들, 활과 화살을 포기한 호주 원주민들, 카누를 포기한 토러스 해협 사람들을 들 수 있다. 제레드 다이아몬드, 김진준 역, 《총균쇠》(문학사상사, 2005).

6. John M. de Figueiredo, "Ayurvedic Medicine in Goa According to the European Sources in the Sixteenth and Seventeenth Centuries", *Bulletin of History of Medicine* LVIII(1984), 225−235.

7. Richard H. Grove, *Green Imperialism: Colonial Expansion, Tropical Island Edens and the Origins of Environmentalism, 1600-1860*(Cambridge University Press, 1995), pp. 77−84.

8. 그는 자신의 저서 서문에서 이 점을 다음과 같이 밝히고 있다. certain men who were experts in plants, who were entrusted with collecting for us finally from everywhere the plants, with the leaves, flowers and fruit, for which they even climbed the highest tops of the trees. Having generally divided them into groups of three, I sent them to some forest. Three or four painters, who stayed with me in a convenient place, at once accurately depicted the living plants readily brought by the collectors. To these pictures a description was added nearly always in my presence.

9. Grove, op. cit., p. 89.

10. Herbert E. Plutschow, *Historical Nagasaki: with Illustrations and Guide Maps*, 1983, pp. 195−201.

11. Geoffrey C. Gunn, *First Globalization: The Eurasian Exchange, 1500-1800*, 2003, pp. 182−185.

12. Grant K. Goodman, *Japan and the Dutch, 1600-1853*(Curzon, 2000), 9장.

13. Plutschow, op. cit., p. 97.

14. Ibid., p. 102.

15. Yabuuti Kiyoshi, "The Pre-History of Modern Science in Japan: The Importation of Western Science during the Tokukawa Period", *Cahiers d histoire mondiale* IX, no 2(1965), 208−232.

16. 한 가지 예를 들면, 파리에서 다게르(Louis J. M. Daguerre)가 사진술을 발명하고 난 후 2년 만에 일본에 카메라가 도입될 정도였다.

17. 라이프니츠, 이동희 편역, 《라이프니츠가 만난 중국》(이학사, 2003).

18. 사실 아유르베다는 단순히 의학만이 아니라 철학과 종교 요소가 포함된 것이다. 예컨대 달라이라마와 함께 인도로 들어온 티베트 의술은 인도의 경우와 약간 다른데, 여기에서는 특히 점성술이 중요한 비중을 차지해서 독립적인 점성술학부가 따로 존재한다.

과학기술과 인간의 행복

엄정식 | 서강대학교 철학과 교수

머리말

과학기술이 인간을 좀 더 행복하게 할 수 있는지에 대해서는 그동안 많은 논의가 있어 왔다. 인간의 모든 행위가 궁극적으로 행복을 쟁취하기 위한 것이고 과학기술도 행복을 가져오는 하나의 요소라면, 그 기술이 어느 때보다도 발달한 현대에는 인간이 좀 더 행복해야 한다는 결론에 이르게 된다. 그러나 문제는 그렇게 간단한 것 같지 않다. 수많은 논자들이 현대를 '불안의 시대', '비인간화의 시대', '자기 소외의 시대' 등으로 규정하고 있고, 이에 공감하는 현대인들의 수도 점차 늘어가고 있다. 문제를 더욱 복잡하게 하는 것은 핵심적 개념이라고 할 수 있는 '과학기술', '인간', '행복' 등의 의미가 명확하지 않을 뿐 아니라 이 시대에는 더욱 복잡해져서 극도의 개념적 혼란을 불러일으킨다는 사실에 있다고 해야 할 것이다. 이 글에서는 이 세 개념을 중심으로 해서, 과학기술이 현대인의 행복과 어떠한 관계를 갖는지 검토해 볼 것이다.

여기서 잠정적으로 얻은 결론은, 과학기술이 현대인을 좀 더 행복하게 한 것은 아니지만, 그렇다고 더욱 불행하게 한 것도 아니라는 점이다. 과학기술은 무엇보다 인간의 개념을 바꾸어서 정체성의 혼란을 초래하였고, 인간의 내면적 생리구조와 외면적 자연환경을 변조함으로써 생존 조건의 변질을 가져왔다. 그 결과 전통적이고 고전적인 행복의 개념을 현실적으로 적용하기가 어렵게 된 것이다. 이제 이러한 점을 좀 더 자세히 살펴보자.

과학기술의 의미와 현황

원래 '과학'과 '기술'은 서로 이질적인 개념이다. 과학은 자연과 인간 자신에 관한 지적 호기심을 충족시키기 위해 탄생되었고, 그렇기 때문에 엄밀히 말해서 인식의 영역에 속한다.[1] 물론 여기서 사용되는 과학적 방법, 다시 말해서 가설의 설정, 실험과 관찰, 그리고 추론의 과정은 어느 정도 현실적 상황과 관계를 맺고 있다. 하지만 그 목적은 지적 호기심을 충족시키기 위한 것으로, 그것이 곧 과학의 당위이고 존재 이유이기도 하다. 그렇기 때문에 과학적 탐구를 방해하거나 저지한다는 것은 가능하지도 않고 바람직한 것도 아니다.

한편 기술은 과학적 탐구 성과를 현실생활에 유용하게 적용한 결과로 나타난 것이기 때문에, 과학에서 파생되었지만 효율성과 관련된 가치의 영역에 속한다. 기술은 유용성의 기준에 따라 선호도가 달라지며, 그것을 이용하는 개인이나 단체, 혹은 정권에 따라 평가가 달라질 수밖에 없다. 그러므로 기술은 도덕적, 경제적, 군사적, 심지어 종교적 및 예술적 가치와도 밀접한 관계를 가지며, 그 상관관계에 따라

권장되거나 통제되지 않으면 안 되는 것이다.

그런데 문제는 현실적으로 과학과 기술을 엄밀하게 구분하기 어렵고, 특히 오늘날 그 영향력이 막강해지면서 가치의 영역에 급속히 종속되고 있다는 점이다. 원래 기술이 적용된 상황을 실험과 관찰의 형태로 해석할 수도 있기 때문에 기술을 과학의 한 부분으로 볼 수도 있다. 하지만 그보다는 과학자의 공동체가 다른 집단과 너무 밀접하고 유기적인 관계를 유지하고 있기 때문에 그 구분이 더욱 모호해진다.[2] 원래 학문으로서의 과학은 관조와 사유의 질서에 속하는 것으로서, 행동이나 실천과는 직접적인 관계가 없는 것이었다. 그러나 근대로 접어들면서 과학은 그 응용 가능성에 의해 평가되었고, 이론과 실천 간의 간격도 점차 좁아지게 되었다. 그리하여 정치적 지도자들은 자신들의 목적에 따라 특정 기술을 획득하기 위해 과학적 탐구의 방향을 조정하고, 과학자들도 순수한 지적 호기심의 충족으로부터 벗어나서 명예나 권력, 재물로부터 자유롭지 못한 경향이 생긴 것이다. 더구나 현대에 들어와서는 그 탐구의 성과가 자연의 법칙을 위배함으로써 자연과 인공, 생명과 죽음, 행복과 불행, 정신과 물질들의 전통적 기초 개념들을 바꾸어놓았다는 데서 그 심각성이 더욱 드러나고 있다. 이것이 곧 근대와 현대 과학기술의 분기점이기도 하다.

프랜시스 베이컨(Francis Bacon)이 "아는 것이 힘이다(Scientia est potentia)"라고 했을 때, 그것은 과학적으로 아는 것만이 자연을 지배할 수 있는 힘이라는 것을 의미했다. 과학적으로 안다는 것은 자연의 인과적 연쇄를 파악한다는 뜻이고, 그것을 파악한다면 자연의 운행을 예측할 수 있기 때문에 인류에게 유익한 힘이 된다는 것이다. 그런데 여기에 이미 암시되어 있는 바와 같이 그에게 "자연은 우리가 복종할 경우에만 정복되는 그 무엇"이었다.[3] 다시 말해서 인간이 아무리 자연을 지배한 것처럼 보여도 그것은 자연의 법칙을 따른다는 전제 아래서 가능한 것이다. 그러므로 그의 지적에는 우리가 과학기술을 사용한다고 해도, 자연의 법칙 자체를 어길 수 없다는 낙관주의가 깔려 있다. 그러나 현대 과학기술의 큰 특징 가운데 하나는 이러한 베이컨적 전제를 따르고 있지 않다는 점이다.

잘 알려져 있는 것처럼 현대의 과학기술은, 자연의 법칙을 위배함으로써 자연이 지닌 근원적인 균형을 파괴하고 있다. 그럼에도 자연은 그 균형을 유지하기 위해 자구책을 강구한다. 그것이 인간에게 축복인지 재앙인지는 쉽게 판단할 수 있는 일이 아니다. 예를 들어 화석 연료를 태워서 대량의 탄산가스를 대기권에 방출하면, 자연은 온난화의 형태로 대응해 온다. 또한 과학기술은 원자를 파괴하여 에너지를 얻고, 유전자를 조작하여 새로운 생명체를 만들뿐만 아니라 거절반응을 막고 장기이식을 시도한다. 거듭 말하거니와 이것은 자연에 내재된 균형의 회복 체계를 파괴하는 행위이다. 즉 원자핵의 안정, 유전자의 보존, 이종 개체 간의 거절, 열 균형의 유지 자체를 조작적으로 파괴함으로써 기술상의 성과를 올리는 것이다.

가토 히사다케(加藤尙武)가 잘 지적한 것처럼, 오늘날 기술은 "자연법칙을 이용하여, 자연에 내재하는 균형의 유지기구를 파괴"하고 있다. 그는 이렇게 주장한다.

파괴하는 것은 자연이고 파괴당하는 것도 자연이다. 조작적으로 요소를 바꿔 넣는 기술에 의하여 역사적으로 형성되어온 자연의 균형을 파괴한다. 요소적 자연이 역사적 자연을 파괴하고 있다.[4]

여기서 한 가지 간과해서는 안 될 사실은, 현대의 자연관이 근대와 현격하게 달라지고 있다는 점이다. 근대를 대변하는 데카르트와 뉴턴의 자연관에는 역사가 없다. 자연의 법칙은 기계적으로 적용되며, 자연은 일종의 자동기계로서 규칙적으로 반복될 뿐이다. 그러나 현대 과학자들은 문화에 역사가 있듯이 자연에도 어떤 의미의 '역사'가 있음을 역설한다. 그들에 의하면 빅뱅에 의하여 우주가 발생하고 태양계가 형성되었으며 그 과정에서 지구가 태어났다. 그 후 40억 년의 역사 속에서 생명이, 그리고 그 가운데서 인간이 등장한 것이다. 가토가 역설하는 것처럼 "우리가 그 파괴를 두려워하고 있는 생명과 인간성이라고 하는 자연은 이 자연이 지닌 역사의 소산"인 것이다.[5] 그러므로 과학적 탐구는 자연과 인간이 공유하는 이 역사성의 인식을 목표로 하지 않으면 안 된다.

그런데 문제는 불과 수백 년의 역사밖에 지니지 않은 과학기술이 이 유구한 자연의 역사를 위협한다는 사실이다. 그러한 위협은 자연의 근원적인 균형을 파괴할 뿐만 아니라 인간 자신의 정체성과 자아의 인식 범주에까지 확산되고 있다. 오늘날 인공지능과 컴퓨터 분야가 이룩한 업적이 그 대표적인 사례라고 할 것이다.

잘 알려져 있는 것처럼 현대 사회는 대중사회의 후기 산업사회적 특성을 넘어서서 전자기술이 풍미하는 이른바 정보사회로 전환되고 있다. 이것을 가능하게 하는 것은 자연적 인격과 인공적 기계 장치를 구분하기 어렵게 만드는 인공지능의 대두, 그리고 인간의 생활환경과 사고방식을 급진적으로 뒤바꾸는 가상현실의 등장이다. 자아가 유전인자와 환경의 산물이고 그 정체성이 인간에 관한 새로운 인식 및 파격적으로 제시된 새로운 환경과 무관하지 않다면, 인간의 정체성은 다시 규명되어야 하고 자아 인식의 문제도 새롭게 접근해야만 한다.

물론 지금의 단계에서는 인격체를 지능적 기계의 일종이라고 단언하거나 인공적 의식이 자연적 의식의 수준으로 향상될 수 있다고 주장할 수는 없다. 디터 브린바허(Dieter Brinbacher)가 지적한 바처럼, 적어도 다음 세 가지 이유로 가능하지 않다. 첫째, 현재로서는 기술적인 측면에서 의식을 지닌 기계를 인공적으로 만들 수 없고, 둘째 어떤 것이 인공적이면서 동시에 의식을 지닌다는 것은 모순이므로 개념적으로 불가능하며, 셋째 규범적인 측면에서 그것은 바람직하지 않고 가능하지도 않기 때문에 불가능하다는 것이다.[6] 그러나 이러한 이유들이 설득력을 잃을 시기가 찾아오게 될지도 모른다. 기술은 지속적으로 발전하고 인공의식은 논리적 모순이 아니며 규범도 끊임없이 바뀌고 있기 때문이다.

여하튼 오늘날 우리는 인간의 개념에 관하여 다음 몇 가지 문제와 진지하게 대면하지 않으면 안 된다. 과연 인간은 여전히 신의 피조물이며 이성적 동물인가. 신의 피조물이긴 해도 방치된 피조물이며, 다른 동물과 구분되기는 하지만 다만 정도의 차이일 뿐 아닌가. 아니 어쩌면 인간은 복잡한 기계의 일종일지도 모른다. 이성이란 무엇이며 그 기능을 가능하게 하는 의식의 본질은 어떠한 것인가. 의식의 의식이라고 할 수 있는 자의식의 구조는 어떠하며, 여기서 전제가 되는 자아의 정체는 무엇인가. 과연 '자아' 라는 것이 존재하는지, 그렇다면 그것을 어떻게 규정할 것인가.

이러한 질문들은 구태의연한 것이지만 사이버 시대에 들어와서는 새로운 의미를 지니며 그 답변도 매우 난삽해졌다. 오늘날 우리는 신의 피조물 혹은 다른 동물과의 차이라는 관점에서보다는 우리들 자신이 만든 기계와의 본질적 차이에 더욱 큰 관심을 갖게 되었기 때문이다. 그렇다면 이러한 시대에 과연 인간은 행복한가.

행복의 개념과 적용

우리는 누구나 행복해지기를 바란다. 그것은 원시 시대나 과학기술 시대를 사는 현대나 마찬가지일 것이다. 그러나 행복이 무엇이냐고 물으면 선뜻 대답할 사람은 그리 많지 않은 것 같다. 학자들 사이에도 의견이 다양하여, 그것을 감각적 쾌락과 동일시하기도 하고, 이성적 기능을 최대한 발휘하는 상태로 보는가 하면, 막연히 소망이 실현된 경우로 규정하기도 한다. 또 어떤 사람은 다소 추상적이긴 하지만 자연의 이법에 순응할 때 행복할 수 있다고 주장하고, 심지어 어떤 사람은 그것은 상상력의 소산인 공허한 개념이어서 구체적으로 규정하기는 불가능하다고 보기도 한다. 그러나 이렇게 다양한 견해에도 불구하고, 우리는 다음 몇 가지 점들을 고려하여 행복의 개념을 좀 더 명확하게 규명해 볼 수 있다.

첫째, 행복이란 구체적으로 어떤 개인이 특정한 상황에서 경험하는 심리적 개념이다. 그러므로 그것은 막연한 추상적 관념이 아니다. 비록 쾌락 자체와 동일시할 수는 없어도 긍정적인 정신 상태, 즉 욕구나 소망이 이루어졌을 때 느끼는 만족감이나 충족감 같은 심리적 경험을 의미하는 것이다. 우리가 불편하고 불안한 절망의 상태에서 고통을 느끼며 행복하다고 말할 수는 없다. 고대철학에서 중국의 양자(楊子)뿐만 아니라 그리스의 아리스티포스(Aristippos)와 에피쿠로스(Epikouros)가 개인적 차원의 쾌락이 행복의 조건이라고 주장한 것도 바로 이러한 측면을 강조한 것이다. 또한 오늘날 철학에서뿐만 아니라 심리학과 교육학, 혹은 종교학에서 이러한 문제를 심층적으로 분석하는 이유도 바로 여기에 있는 것이다.

둘째, 행복은 본질적으로 선악의 가치가 개입된 윤리적 개념이다.

그것은 분명히 개인적인 심리 상태이지만, 사회의 한 구성원으로서 다른 사람이나 집단과의 관계 속에서 경험되는 만족감인 것이다. 행복이 윤리적 개념이라는 말은 윤리의 과제가 무엇인지 살펴볼 때 더욱 분명해진다. 윤리적 차원에서 우리는 어떻게 사는 것이 인간으로서 바람직한 것인지를 묻게 되는데, 이 문제는 인간 고유의 방식으로 살아야 한다는 당위를 함축하게 된다. 그리고 이 당위는 사회의 한 구성원으로서 존재할 경우에만 구체적인 의미를 지니게 된다. 잘 알려진 것처럼 아리스토텔레스나 공리주의자인 밀(J. S. Mill)에게는 행복이 인간 행위의 궁극적 목적인 동시에 도덕의 규범이기도 하였다. 심지어 의무를 도덕의 기초로 삼은 임마누엘 칸트(Immanuel Kant)도 '행복을 누릴 만한 가치가 있는 존재로서의 인간'이 되는 것을 궁극적 목표로 삼았던 것이다.

셋째, 행복은 체계적인 인생계획 및 그 실현과 관계되는 합리적인 개념이다. 사회의 한 성원으로서 일시적인 기쁨이나 만족감이 원만하게 충족되었다고 해도 그것을 곧 행복이라고 할 수는 없다. 예를 들어 복권에 당첨되었을 때, 혹은 이산가족이 뜻밖에 상봉하게 되었을 때 기쁨이나 환희를 만끽할 수는 있지만 이것을 과연 행복이라고 할 수도 있을까? 여기서 우리는 행복이 단순한 만족감이나 행운의 선물이 아니라 합리적인 인생 계획의 맥락 속에서, 혹은 총체적 자아의 실현 과정에서 오는 지속적인 경험의 일부이어야 한다는 것을 알 수 있다. 존 롤스(John Rawls)는 이러한 점을 지적하며, "사람은 (어느 정도) 유리한 조건 밑에서 세워진 인생의 합리적인 계획이 (어느 정도) 성공적으로 수행되고 있는 동안에, 그리고 자기의 의도가 실현될 수 있다고 무리 없이 확신할 때 행복해진다"고 말한다.[7] 여기서 합리성을 지닌 계획이란 "관련된 사실들을 충분히 의식하고 그 결과에 대해 심사숙고

한 후에 선택된 조건을 충족시킨 계획"을 의미한다.[8]

이러한 점들을 고려할 때 우리는 행복을 '합리적인 인생 계획을 가진 사람이 윤리적인 차원에서 자기의 의무나 당위를 이행하는 동안 총체적 자아에서 우러나온 소망을 성취시켰을 때 얻는 만족감' 이라고 정의할 수 있다. 그러나 실제로 그러한 경험을 하기란 결코 쉬운 일이 아니기 때문에 결국 어느 정도의 행복으로 만족할 수밖에 없게 된다. 사실 우리는 단순한 기쁨이나 만족감을 얻기도 어려운데, 그것이 다른 사람과의 원만한 관계 속에서 이루어지려면 더욱 복잡해짐을 알게 된다. 더구나 우리는 자신의 총체적 자아가 무엇인지도 가늠하기 어렵기 때문에 인생 계획을 설계하는 데 있어서 합리적인 태도를 유지하기란 결코 쉽지 않다. 그렇기 때문에 행복해진다는 것이 항상 산 너머 저편에 걸려 있는 무지개처럼 아득하고 먼 그 무엇으로 느껴지고 행운을 염두에 두게 되는지도 모른다.

만약 이것이 사실이라면 우리는 무지개를 손아귀에 넣으려고 급급할 것이 아니라 가능한 한 가까이 다가갈 수 있는 방법을 강구하는 데 더 신경을 써야 할 것이다. 그렇게 하면 우리는 무엇보다 무지개에 가까이 다가갔을 때 그것이 손아귀에 넣을 수 있는 사물이 아니며, 멀리서 바라볼 때처럼 그렇게 아름다운 것도 아님을 스스로 깨닫게 된다. 그런데 현대의 과학기술은 우리를 과연 이 무지개 쪽으로 좀 더 가까이 다가갈 수 있게 하는가. 우리는 과학기술의 진보에 따라 이런 의미의 행복을 더 많이 누릴 수 있게 되었는가.

잘 알려진 것처럼 과학기술은 긍정적인 측면과 부정적인 측면을 모두 가지고 있다. 그런데 정확하게 말하면, 칼이 쓰기에 따라 유용하기도 하고 유해하기도 한 것처럼, 과학기술 그 자체는 이로운 것도 아니고 해로운 것도 아니다. 그것은 결국 그 도구를 사용하는 인간의 심성과 능력에 달려 있는 것이다. 그런데 그동안 과학기술이 긍정적인 측면과 부정적인 측면을 함께 보여주었다는 것은, 인간의 심성과 능력에 양면적 요소가 있다는 것을 의미한다. 다시 말해서 유용하게 쓰려는 심성과 유해하게 쓰려는 심성, 그리고 유용하게 쓸 수 있었던 능력과 그렇지 못했던 무능이 함께 존재했다는 것이다. 이러한 점을 행복의 개념과 관련해서 검토해보자.

이미 지적했듯이 행복은 소망이나 욕구가 충족되었을 때 개인이 느끼는 심리적 만족감이다. 이러한 측면에서 보았을 때 과학기술은 다양한 문명의 이기를 창출해냄으로써 전반적으로 삶의 질을 향상시켜주었고, 따라서 만족도를 높여주었다고 말할 수 있다. 실제로 의식주를 개선했을 뿐만 아니라 질병의 고통에서도 어느 정도 벗어나게 되었고, 교통도 편리해졌으며 자유와 평등을 구가하는 현대적 사회제도 등을 탄생시키는 데 직접적으로나 간접적으로 기여한 공로도 있는 것이다. 만약 근대로부터 이어지는 과학기술이 없었다면 오늘날 우리가 누리는 삶의 형태는 상상도 할 수 없을 것이다.

그러나 삶의 질이 향상되었다고 해서, 즉 고대나 중세보다는 현대의 삶이 더 편안하고 안락해졌다고 해서 과연 만족도가 높아진 것일까. 그것을 정확하게 비교하고 측정할 방법은 없다. 그럼에도 한 가지 분명한 것은 편안한 정도에 정비례해서 만족도가 높아지는 것은 아니라는 점이다. 평균 수명이 거의 두 배로 연장되었음에도 여전히 불로장생을 갈구하며 더 나은 의식주를 찾아 동분서주하고, 자유와 평등이 많이 신장되었음에도 오히려 투쟁과 갈등은 더욱 심해진 것이 우리의 현실이기 때문이다.

그다음 행복의 윤리적 측면을 살펴보자. 과학기술은 인간의 윤리적 의무나 당위 의식을 확장시켜주었는가. 전반적으로 과학기술은 민

주적인 정치체제와 자본주의적인 경제제도 및 대중문화 양식을 촉진
시키기 때문에 개인주의적 사고와 상대주의적 가치관, 그리고 개방적
인 생활 태도를 갖도록 유도한다. 그런데 이러한 상황에서는 이기주의
적인 경향이 강해지고 경쟁의식이 표면화되기 때문에 사회의 한 성원
으로서의 자기 인식이 상대적으로 약화될 수밖에 없다. 따라서 타인에
대한 배려나 집단에 대한 봉사, 그리고 의무감 따위는 퇴색하기 쉬운
경향이 있는 것이다. 더구나 플라톤이 우려한 것처럼 각종 문명의 이
기들은 어느 정도 '기게스의 반지' 역할도 하여 다양한 범죄의 동기가
되고, 그 규모나 농도에 있어서 범죄 심리를 더욱 자극하는 계기가 될
수도 있다.[9] 그러나 과학기술이 근거가 된 사회제도나 도구들이 반드
시 비도덕적인 인간만을 양산하는 것은 아니다. 오히려 개방사회가 요
구하는 양심적이고 책임 있는 시민정신을 함양함으로써 도덕적 주체
로서의 자기 인식을 돕는 역할도 기대할 수 있기 때문이다. 여하튼 이
러한 측면은 과학기술 이외의 요소, 즉 인간의 도덕적 결단과 주체적
역량의 문제가 개입되는 것이기 때문에 분석에 어려움이 있다.

　마지막으로 행복의 합리적 측면은 어떠한가. 만약 행복이 단순히
개인적 욕구의 충족이나 의무의 이행에 그치지 않고, 장기적이고 합
리적인 인생 계획과 그것을 수행하는 총체적 자아와 연관된다면, 이
러한 국면에서 과학기술의 역할은 무엇인가. 여기서 특히 고려해야
할 것은 정보화 기술이 자아의 정체성과 심성의 변질에 미치는 영향이
다. 잘 알려진 것처럼 사이버 세계에서 개인은 창조적 직관이나 이성
적 판단의 주체이기보다는 단지 정보교환의 교차점으로서 신속한 반
응을 요구하고 요구받는 인포마니아(informania)에 불과한 존재이다.
산업사회에서 도입된 기계가 인간을 노동과 인성으로부터 소외시켰던
것처럼, 지식사회에서는 컴퓨터와 최첨단 통신장비의 도입이 우리를

지적인 탐구 작업뿐만 아니라 인간의 본질로부터도 소외시키는 결과를 가져오게 된다. 《장자》에 나오는 '기심(機心)'이 우리가 합리적인 인생 계획의 주체로서 존재하는 것을 저해한다는 것이다.[10] 만약 우리가 '자아상실'의 시대에서 그러한 계획을 세우는 것이 어렵게 되면 그것이 실현되고 있는지 확인할 도리가 없고 우리가 느끼는 만족감도 행복으로 승화될 수가 없다. 그러나 물론 여기에도 긍정적인 측면이 있다. 과학기술이 일기 예보를 가능하게 하고 항해사에게 나침반을 제공한 것처럼, 장기적인 인생 계획을 세우는 데 유용한 자료를 제공하고 합리적 주체로서 행동할 수 있도록 방향을 제시하는 데 도움을 줄 수도 있기 때문이다.

맺는말

지금까지 우리는 과학기술이 인간을 행복하게 하는지에 대해서 심리적·윤리적·합리적인 세 가지 측면에서 살펴보았다. 외형적 조건으로 볼 때 과학기술은 현대인의 행복에 긍정적인 요소로 작용하였다. 그러나 이에 못지않게 그 주체인 자아의 확립에 부정적인 효과를 제공한 것도 부정할 수 없다. 그런데 이 긍정적인 요소를 극대화하여 개선된 삶의 양식을 행복과 연결시키려면, '기게스의 반지'를 끼더라도 '기심'에서 자유로운 강력한 자아의 확립이 필요하다. 그러나 그것이 미래 과학기술의 영향 아래서 어떻게 가능할지는 가늠하기 어렵다. 더구나 핵전쟁이나 새로운 질병보다 더 심각한 위협이 될 수도 있는 '환경파괴(ecocide)' 앞에서 어떻게 인간의 행복이 추구될 수 있는지는 더욱 판단하기 어려울 뿐 아니라 오히려 비관적인 측면이 더 강하다. 지적 호기심의 발로인 과학적 탐구는 막을 수 없고 막아서도 안되지만 과학이 그 응용의 결과인 기술과 더욱 밀착된 관계로 발전해가고, 그 기술의 주체인 자아는 점점 더 기심에 표류하고 있기 때문이다. 인간에게 있어서 과학기술은 행복에 관한 한 시지프스의 신화인지도 모른다.

주(註)

1. 넓은 의미의 과학과 철학은 하나의 '학문(science)'으로서 서로 구분되지 않는 개념이었다. 특히 철학의 시조인 탈레스(Thales)의 관심과 탐구 대상은 오늘날 물리학자들과 매우 흡사한 것이었다. 잘 알려진 바와 같이 그는 지적 호기심의 충족을 위해 만물의 근원이 무엇인지 물었고, 그것이 '물'이라는 결론에 도달하는 과정에서 영감이나 직관에 의존한 것이 아니라 실험과 관찰, 추론의 방법을 사용했던 것이다.

2. 과학과 기술의 관계에 대해서는 많은 논쟁이 있는데, 특히 응용과학을 규정하기 어렵기 때문에 그 구분은 더욱 복잡해진다. 그럼에도 한스 렝크(Hans Lenk)의 구분은 설득력이 있다. 그에 의하면 기술의 과학화와 과학의 기술화가 일반적 현상임에도 불구하고, 기술의 효과와 적용목적 등이 과학에서 덜 중요하거나 무시될 수 있음을 지적한다. 그의 *Zur Sozialphilosophie der Technik*(1982), 47-48면 참조. 기술에 관한 포괄적 논의는 임홍빈의 《기술의 철학》(철학과 현실사, 2001) 제2장 참조.

3. 그는 이어서 이렇게 말한다. "과학과 인간의 힘은 모든 점에서 일치하며 같은 목표에 이른다. 어떤 결과를 얻지 못하는 것은 원인에 대해서 모르기 때문이다. 우리는 자연에 복종함으로써만 그것을 이길 수 있는 것이다. 이론 속에서 원칙, 결과, 또는 원인이었던 것이 실천 속에서는 규칙, 목표 또는 수단이 된다. Novum Organum(1620), *The Works of Francis Bacon*, ed. J. Spedeling, R. Ellis, D. Heath(London, 1857), I. 1장, 3절.

4. 가토 히사다케, 표재명 외 옮김, 《20인의 현대철학자》(서광사, 2003), p. 222.

5. Ibid.

6. D. Brinbacher, "Artificial Consciousness," *Conscious Experience* ed. Metainger (Schonigh/Imprint Acad(1995). pp. 489-503.

7. J. Rawls, *Theory of Justice*(Harvard University Press, 1971). p. 584.

8. Ibid., p. 408.

9. '기게스의 반지'는 플라톤의 《국가론*Politeia*》 2권에 나오는 우화로서, 처벌받지 않고 불의를 행할 수 있는 자유의 은밀한 비유로 쓰인다. 기게스(Gyges)는 리디아 왕국의 양치기로서 어느 날 동굴에서 발견한 반지를 끼고 보이지 않는 존재인 투명 인간이 된다. 그리하여 그 착한 목동이 반지의 힘을 이용해서 국왕을 죽이고 왕비를 차지한 다음 새로운

왕으로 등극한다는 이야기이다.

10. 기심(機心)은 《장자》의 ‘천지(天地)’편에 나오는 개념으로 ‘기계에 지나치게 의존하는 마음’이라고 해석할 수 있다. 이 이야기에 의하면 공자의 제자인 자공(子貢)이 길을 걷다가 한 마을에서 밭에 물을 주고 있는 노인을 만났다. 그는 이 노인에게 용두레 이용하는 법을 가르쳐주었다. 그러나 그 노인은 거절하면서 이렇게 말했다. "기계를 가진 자는 반드시 그것을 쓸 일이 생기게 되고, 기계를 쓸 일이 있는 자는 반드시 무엇을 꾀하려는 마음(機心)이 생긴다네. ……그러한 마음에 사로잡히면 그만큼 도(道)와 멀어지는 것이 나는 두렵네."

과학기술, 인간을 만나다

사 회 인간에게 과학이 무엇인가에 대한 박이문 교수님의 기조강연에 이어서, 문학, 역사, 철학에서 과학의 역할에 대한 소중한 주제발표를 들었습니다. 결국 과학과 인문학은 서로 다른 것이 아니라 함께 어우러져서 인류의 문명을 이룩한 것입니다. 그런 과학이 우리를 더 행복하게 해주었느냐에 대해서는 아직도 검토가 필요한 모양입니다.

이제 다섯 분의 토론자를 소개하겠습니다. 과학기술계에서 세 분과, 인문학계와 사회학계에서 각각 한 분씩 다섯 분을 모셨습니다. 예술계에서도 한 분을 모시기로 했는데 사정이 생겨서 아쉽게 되었습니다. 과학기술계에서는 수학을 하시는 분과 공학을 하시는 분, 그리고 의학을 하시는 분 이렇게 나름대로 분야별 안배를 했습니다. 앉으신 자리에 상관없이 소개를 하면 맹광호 가톨릭대학교 교수님, 이병기 서울대학교 교수님, 민경찬 연세대학교 교수님, 임경순 포항공과대학 교수님, 김영한 서강대학교 대학원장님이십니다. 우선 과학기술계 선생님들의 발표 순서를 제가 임의로 정해드리겠습니다. 이병기 선생님이 먼저 말씀을 해주시고, 민경찬, 맹광호 선생님께서 토론을 해주시기 바랍니다. 지금까지 들으신 세 분의 주제발표 가운데 특별히 어느 한 분의 발표에 대해서 말씀을 해주셔도 좋고 자유롭게 해주시면 되겠습니다.

인문학의 새 역할

이병기 오늘 박이문 교수님의 기조강연과 세 분 교수님의 주제발표를 잘 들었습니다. 들으면서 저는 과학 상호 간에 긴밀한 교류와 교감이 필요하다는 것과 인문학이 과학의 모습을 비추어주는 거울이 될 수 있겠다는 생각을 했습니다. 과학과 인문학 간의 토론 자체가 소중하고, 준비하는 과정에서도 많은 배움을 얻었습니다. 주제발표를 통해 우리나라의 대표적인 인문학자 네 분이 과학에 대한 진지한 관심을 가지고, 여러 각도에서 과학을 조명해주셨습니다. 지정토론자로 지명된 우리도 그 글들을 진지하게 읽으면서 인문학의 거울에 비친 우리 과학기술의 모습을 돌아볼 수 있는 기회가 되어서 매우 좋았습니다.

특히 강내희 교수님의 글은 과학과 문학의 상호관계와 그 표현수단의 변화에 따른 과학과 문학의 변천과정 등을 과학적으로 조명한, 제가 보기에는 매우 과학적인 글이었습니다. 구술(口述), 인쇄문자, 기계 글쓰기라고 하신 타자, 디지털 글쓰기라고 하신 워드프로세서 등으로 진화하는 과정과 그에 따른 인간의 인식 추론 과정의 변화, 그리고 연역, 귀납, 가추(假樞)에 이어서 전도(傳導)라는 것을 도입함으로써 오늘날의 사이버, 사이보그 세계를 조명하고자 시도하는 그러한 점들이 제가 보기에는 매우 돋보였습니다. 그 자체가 상당히 과학적이었습니다. '사이언스'라는 말이 과거에 학문을 통칭했던 것처럼,

과학과 인문학이 그러한 측면에서 사이언스로 통용될 수 있겠다는 느낌을 받았습니다. 특히 사이보그를 밖에서 남의 문제를 보듯이 비판할 것인가, 내 문제로 보고 새로운 해결의 장을 모색할 것인가 하는 지적은 매우 중요한 문제 제기라고 생각합니다. 인문학을 하시는 분들이 과학에 대해 자신도 함께 사는 사회 속의 문제로 보는지, 아니면 남의 세계로 보는지에 따라 비판의 내용이 달라지고 해결의 장이 달라질 것입니다.

결국 과학기술은 도도히 흘러가는 역사적인 흐름입니다. 새삼스레 과학기술이 축복인가 재앙인가를 따지는 것은, 문제 제기로는 의미가 있지만 실질적으로는 우리가 막을 수 없는 큰 흐름입니다. 중요한 것은 인간존중의 사고와 바른 판단으로 그 흐름의 방향을 잘 조절할 수 있도록 함께 노력하는 것입니다. 과학기술 발전의 중심에 뛰어들어서 바른 가치를 추구하는 방향으로 인도하는 것이 오늘날 인문학의 역할이 아닐까 생각합니다. 이것이 인문학에 주어진 시대적 소명일 것입니다.

오늘날 사회에 나타나는 여러 가지 문제점들을 과학기술 때문에 생긴 악재라고 비판할 수도 있을 것입니다. 그러나 다른 시각에서 조명해 보면, 그동안 감추어져 있던 인간의 속성들이 과학기술의 발달로 인해 만들어진 새로운 환경 속에서 새롭게 표출된 것에 불과하다고 말할 수도 있습니다. 그리고 이것이 인문학에서 인간탐구에 대한 새로운 실마리를 제공해준다고 볼 수도 있을 것입니다. 오늘의 인문학은 이 점을 실마리로 삼아 새로운 활로를 개척할 필요가 있다고 생각합니다.

무엇보다 저는 어린 시절의 인성교육으로 인간의 존엄성, 인간관계의 소중함을 몸에 배도록 하는 것이 가장 중요하다는 생각을 합니다. 그렇게 함으로써 과학기술자들이 어려운 결정의 고비마다 인간적인 자기 통제력을 발휘하도록 해야겠다는 것이죠. 과학기술 자체는 선도 악도 아닙니다. 따라서 중요한 고비에서 판단을 할 때 얼마큼 인간 본연의 입장에서 판단을 하느냐 하는 것이 중요해지는 거죠. 이를 뒷받침하기 위해 장래의 전공 분야와 상관없이 모두가 상당한 수준의 인문사회과학적 지식과 과학기술 지식을 동시에 학습할 수 있도록 하는 것이 중요하겠다는 생각을 했습니다. 따라서 문과, 이과 구분이 없는 중등교육을 하루빨리 실현해서 높은 수준의 인문적 · 과학적 지식을 습득할 수 있도록 해야 되겠다는 말씀을 드리면서 이만 끝내겠습니다.

인간중심의 통합적 접근이 필요하다

민경찬　인문학의 석학들이 계신 자리에서 인간과 인문학에 관련된 애기를 한다는 것이 상당히 부담스럽습니다. 특히 개념과 용어 등의 차이가 있을 수 있는데, 이러한 것들이 바로 오늘 모임의 또 다른 의미가 아닌가 생각합니다. 주최 측에서 과학기술과 인간의 관계를 통해 우리 인간의 삶의 질 문제와 과학기술과 인문, 사회, 예술과의 접목, 교류 이런 말씀을 해주셨기 때문에 그런 관점에서 좀 정리해 보겠습니다.

　저는 나름대로 오늘 발표한 내용을, 과학기술이 인간에게 미치는 영향을 어떻게 하면 보다 긍정적인 방향으로 만들 수 있는가와 인간의 정체성 문제와 인간 행복의 문제 등을 결국 인간이 주도해야 되지 않는가라는 관점에서 정리하겠습니다. 어떻게 보면 또 인간을 중심으로 한 어떤 통합의 관점에서 말씀해주셨다고 생각합니다. 저는 주위의 이런 현상을 한두 가지 관점에서 성찰해 볼 필요가 있다고 봅니다. 학문에 있어서 순수한 연구와 탐구는 참으로 중요하지만 현실과의 관계도 매우 중요합니다. 특히 우리 사회의 모든 것이 궁극적으로는 사람, 즉 인간을 위한 것이라는 관점에서 본다면, 오늘의 학문이 얼마나 사람을 포함하고 있는가에 대해 의문을 갖게 됩니다. 어떻게 보면 지금 우리는, 사람이 빠져버린 학문을 하고 있는 것은 아닌가 하는 생각을 하게 됩니다.

특히 교육의 문제를 지적하지 않을 수가 없습니다. 지금 우리는 어려서부터 수학을 잘하면 이과 가라, 수학을 못하면 문과 가라, 이런 식으로 규정화시키고 있습니다. 또 그런 과정에서 우리 교육 문제를 너무 기능화시켰기 때문에 때로는 다른 학문을 적(敵)이나 부담으로 여기기까지 합니다. 그런 사고가 결국 기성세대의 인식으로 연결되고, 오늘의 여러 가지 문제를 가져오지 않았나 생각합니다. 우리가 열심히 학문을 하고 있지만, 어떻게 보면 학문의 틀에 너무 갇혀 있는 것은 아닌가, 너무 보편화하고 추상화하는 그 규정된 상태로 우리가 실질적으로 영향을 받는 한 사람이라는 인간을 잊어버리고 있는 것은 아닌가, 그리고 그런 문제가 단지 과학기술만의 문제가 아니라 모든 학문에 공통된 것은 아닌가 하는 생각을 하게 되는 것입니다. 이런 관점에서 저는 인간을 중심으로 모여야 되지 않을까 생각하고, 특히 이러한 것들이 교육과정을 통해서 발현되어야 한다고 말씀드리고 싶습니다.

톨스토이는 《인생독본》에서 현명한 사람은 항상 세 가지 방식으로 생각을 한다고 했습니다. 첫째는 철학과 종교이고, 둘째는 자연과학에 대한 것이고, 셋째는 수학에 대한 것인데, 이 세 가지 방식은 보편적이어서 사람을 통일시킨다고 그는 보았습니다. 결국 철학적 사고와 과학적 사고가 함께 필요한 것인데도, 그동안 별개로 취급되어 온 것이 문제였다고 생각합니다. 우리 인간 한 사람을 볼 때도 개인 안에 인문학적인 것, 사회과학적인 것, 자연과학적인 것, 예술적인 것 등 모든 것이 복합적으로 내재되어 있고, 그런 개인들이 모여 사회를 구성하기 때문에 모든 것들이 종합적으로 영향을 줄 수밖에 없습니다. 그런데도 우리는 그런 문제를 별개로 보지 않았느냐 하는 말씀을 드리고 싶습니다.

하버드대학의 에드워드 윌슨 교수는 《통섭－지식의 대통합》에서 이런 문제를 더 강조하고 있습니다. 그는 자연과학의 중요성을 언급하면서 사회과학과 인문과학의 통합이 굉장히 중요한 시기가 되었고, 특히 이 학문들이 단순한 동반자 관계보다는 지식체계의 기초를 다지는 통합의 관점에서 접근할 필요가 있다고 얘기하고 있습니다. 또한 이러한 통합성은 인간을 이해하는 데에도 매우 중요한 것이며, 이러한 통합을 통해서 우리 인간을 이해하는 것이 매우 중요하다고 보고 있습니다. 교육의 문제에 있어서도, 문과나 이과의 구분을 통한 여러 가지 어려움을 빨리 개선하고 변화시켜 나가는 것이 기본적으로 중요하다고 생각합니다.

결론적으로 말씀 드린다면, 결국은 모든 학문이 인간중심으로 통합되고, 그런 학문이 교육으로 잘 뒷받침되었으면 하는 생각입니다. 우리 국민들은 학문 자체보다는 인간의 문제, 즉 우리들의 문제에 관심이 많습니다. 학문이 이런 문제에 관심을 가져야 되지 않을까 생각하는데, 이런 문제를 풀어가는 데는 모든 학문들의 협력이 무엇보다 중요하다고 봅니다. 서로에 대한 이해가 전제되어야만 그러한 문제의 해결이 가능하다고 생각하기 때문에 오늘 같은 모임이 지속적으로 확대되기를 기대합니다.

응용인문학을 육성해야

맹광호 세 분 모두 과학기술이 인간의 삶을 편리하고 풍요롭게 해준 것은 사실이지만, 지금 진행되는 과학기술 분야의 발전양상을 보면 그로 인한 이익보다는 피해, 특히 인간 주체성의 상실과 이로 인한 비극적 상황이 사회전반에 영향을 끼치고 있다는 점을 강조하셨습니다. 이는 기계중심적이고 환원주의적인 서양의 과학기술을 무조건 받아들이거나, 그런 방법론에 의존해서 우리가 서양 과학기술을 뛰어넘는 기술을 개발하는 일에 매우 신중해야 된다는 뜻으로 이해가 됩니다. 다른 어떤 분야보다도 제가 속해 있는 의학 분야를 포함한 생명과학 분야에 있어서 더욱 소중한 말씀이라고 생각됩니다.

이런 측면에서, 사실은 그동안 생명과학 분야, 특히 의학 분야에서는 인간의 존재가치를 지식과 지혜, 또는 과학과 인간성이라는 두 개의 덕목이 균형을 이루는 상태로 보고, 일찍부터 의학의 연구나 실천에 있어서 인문학적 수양이 필요하다는 것을 강조해 왔다는 점을 말씀드리고 싶습니다. 물론 히포크라테스로부터 시작된 의학물리사상이 르네상스와 과학혁명을 거치면서, 한때는 지혜나 인간성 부분보다 지식이나 과학 부분에 더 무게가 실린 때도 있었습니다. 하지만 20세기 초 대표적인 휴머니스트 의사였던 윌리엄 오슬러라든지 의학 교육에서 새로운 인문학 교육의 필요성을 강조한 미국의 에드먼드 펠레그리노, 그리고 미생물학자인 르네 듀보의 '인간성의 과학' 같은 개념들이 굉장히 중요한 영향을 미쳤습니다.

의학 분야에서는 이미 1960년대부터 의학교육 과정에 의료윤리가 특히 강조된 '의료인문학(medical humanities)' 이라는 과목이나 교육 프로그램을 만들어 발전시켜 오고 있습니다. '생물인문학' 이나 '컴퓨터인문학' 같은 말이 없는 것을 상기해 보면, 의학 분야에서의 이런 노력은 매우 가치 있는 일이라고 할 수 있습니다. 실제로 지금 우리나라 의과대학에서도 윤리학이나 철학, 그리고 문학이나 교육학을 전공한 교수가 전임으로 채용되고 있고, 그런 추세는 앞으로 더 확대될 가능성이 많습니다. 적어도 의학에 관한 한 진정으로 인간을 만나야 한다는 인식과 이를 위한 노력이 더욱 강조되고 있다는 점을 분명히 말씀드리고 싶습니다.

물론 지금 진행되고 있는 의학 분야 연구나 의료실천 현상으로 보면, 이런 노력이 충분한 효과를 나타낸다고 보기는 어렵습니다. 더욱이 최근에는 질병진단이나 치료와 관련된 의학적 활동이 기계공학이나 전자공학, 그리고 분자생물학이나 생명공학 분야로까지 확대되면서, 의학교육에서 강조되는 인문학적 소양교육이나 훈련의 한계가 드러나고 있습니다. 지난 황우석 사건에서 보듯이 생명과학 기술연구와 개발은 이제 더 이상 생명과학자들의 손에 의해서만 이루어지는 것이 아닙니다. 심지어 정치인이나 기업인들 손에 의해서 생명과학 기술이 추진되고 있는 상황이기 때문에 의학이나 생명과학자들만의 노력으로는 과학과 기술이 진정으로 사람과 만나는 일이 쉽지가 않습니다.

이런 의미에서 저는 이제 전 국민을 대상으로 한 가치교육 내지는 인간교육이 필요하다고 다시 한번 강조하고 싶고, 그런 뜻에서 최근의 인문학 위기를 기회로 만들려고 하는 분들의 노력을 크게 지지합니다.

마지막으로 좋은 말씀을 해주신 세 분의 인문학자들께 부탁이 하나 있습니다. 그것은 이제 인문학자들이 과학기술의 인간성 상실과 주체성의 위기만을 염려하고 경고하는 차원을 넘어서, '의료인문학' 같은 과학 관련 인문학을 좀 더 연구하고 실질적으로 이런 응용적인 과학 분야의 인문학을 발전시켰으면 좋겠다는 것입니다. 인문학 분야

내에서 응용인문학을 연구하는 사람들을 이단시하거나 정통 인문학이 아니라고 생각하는 분들이 있는 모양인데, 이런 인식이 있는 한 과학이 인간과 만나는 데 인문학이 기여하기는 어렵다는 뜻으로 드리는 말씀입니다.

과학과 인문학은 함께 변하는 것이다

사 회 과학기술계 토론자 세 분이 이구동성으로 인문학 교육의 필요성을 강조했습니다. 김영한 교수님과 임경순 교수님은 어떻게 대응을 해주실지 궁금합니다.

임경순 저는 우선 발제하신 내용 가운데서 얘기하겠습니다. 저하고 가장 관계가 있는 것이 주경철 교수님의 발표인데, 서구 중심의 과학기술이 다른 대륙의 문화와 접했을 때 서양의 과학이 어떻게 점령해 갔는가 하는 형태로 접근해서는 안 되고, 그쪽에서도 나름대로 서구 과학에 영향을 끼친 것이 있으니까 그러한 점도 잘 보아야 한다는 말씀이 상당히 중요한 얘기 같습니다. 사실 최근에 서양과학사를 연구하는 사람들도 이러한 견해를 많이 받아들입니다. 그런데 대부분 어떻게 연구를 하느냐 하면, 상대성이론이 영국의 케임브리지대학에 받아들여질 때 단순히 그냥 수용된 것이 아니고, 케임브리지대학 독자적으로 해석한 새로운 상대성이론이 있다는 겁니다. 말하자면 서양인들은 능히 독자적으로 새로운 담론을 만들 수 있다고 보는 거죠.

그런데 제가 심각하게 보는 것은, 왜 이러한 태도를 아랍에 대해서는 적용하지 않는가라는 것입니다. 서양과학사 하는 사람들이 그리스 과학이 아랍으로 넘어갔을 때를 바라보는 시각은, 아랍인들이 그리스 과학을 오해한 부분이라거나 번역 과정에서 잘못된 것들을 주로 다룹니다. 이에 비해 12세기에 발전한 아랍 과학이 라틴서구로 넘어갈 때는, 아랍 과학이 그동안 잘 보존한 그리스 과학을 다시 되찾아왔다는 식으로 설명합니다.

오늘 우리의 주제가 과학기술과 인문학의 만남인데, 결국 과학기술이라고 하는 것은 끊임없이 변화합니다. 무엇보다도 인문학자들이 과학기술을 고정된 것으로 보지 말아야 합니다. 원래 과학이라고 하는 것도 소크라테스 이전의 철학자들, 즉 인문학자들이 만든 것입니다. 인문학에서 만든 자연과학의 합리적 전통이 소크라테스를 통해 철학으로 간 것인데 그 후부터 다른 경로를 걷게 된 것이죠. 과학과 인문학이 같은 집에 살다가 각기 다른 쪽으로 나가 살았습니다. 그러면서 서로 만나는 사람이 다르다 보니까 약간씩 달라진 것 같습니다. 그러나 과학과 인문학은 끊임없이 서로 영향을 주면서 계속 변화한다고 저는 생각합니다. 지금에 와서 과학기술과 인간의 문제가 다시 필요한 이유는, 이러한 상호소통 속에서 현재 과학기술에 문제가 있다면 인문학이 제대로 된 방향으로 도와주고, 또 과학기술이 인문학의 위기를 도와줄 방법이 있다면 서로 역할을 해야 한다는 거죠. 과학기술도 변하고, 인문학도 전혀 안 변하는 것이 아닙니다. 따라서 공존의 길을 찾는 것이 올바르지 않은가 생각하고 있습니다.

행복을 증진시키지 못하는 과학은 도로(徒勞)가 아닌가

김영한 인문학과 과학의 관계에 대한 의견을 달라고 말씀하셨는데,

제 개인적 입장은 17세기 전까지는 모든 학문의 이론과 실천이 통합되어 있다가 그 후부터 점차 분리되면서 인문학의 위기가 왔고, 결국 앞으로는 통합의 방향으로 나가야 된다고 생각합니다. 사실 저는 오늘 인문학 하는 사람의 상상력을 동원한 좀 황당한 얘기를 한마디 하겠다는 생각으로 왔습니다. 오늘날 과학이 너무 비약적으로 발전하는 데서 오는 위기감 같은 것도 좀 있기 때문에 과학기술에 대해서 비판적 자세를 갖고 임하겠다는 취지로 나왔습니다.

모든 분이 과학기술은 긍정적인 면도 있고, 부정적인 면도 있다고 결론을 내셨기 때문에 특별히 제가 비판적인 대목을 찾기가 어려웠습니다. 그런데 엄정식 교수님께서 잠정적 결론이라고 단서를 붙였지만, 과학기술이 현대인을 더욱 행복하게 한 것도 아니지만 그렇다고 더욱 불행하게 한 것도 아니라는 말씀을 했습니다. 엄 교수님은 그런 취지가 아니겠지만, 제가 볼 때는 이 결론이야말로 반(反)과학기술주의의 선언이라고 생각됩니다. 왜냐하면 저는 결국 과학이 최소한의 행복 개념을 증진시키는 데도 별로 도움이 되지 못했다는 것으로 해석을 하기 때문입니다.

그리스 신화 얘기를 잠깐 하겠습니다. 하데스가 사는 지하세계에 가면 엘리시온이라는 행복한 곳이 있고, 또 타르타로스라고 하는 나락이 있습니다. 타르타로스에서는 인간으로서 신에게 도전하거나 신을 능멸한 이들이 벌을 받고 있는데, 시지프스나 다나이데스 자매들이 대표적이죠. 이들이 받는 벌은 밑 빠진 독에다 물을 가득 채우거나, 무거운 돌을 정상까지 끌어올리는 것이었습니다. 그런데 그 돌은 정상에 다다르면 다시 아래로 떨어져서 형벌이 영원히 되풀이된다고 합니다. 그리스 사람들이 이 신화를 통해서 주고자 하는 메시지는 한마디로 '도로(徒勞)', 즉 '실패한 인생'이라는 것입니다. 다시 말하면, '도로'는 인간이 모든 노력을 기울여서 애를 쓰지만 이루어진 성과는 하나도 없는, 그래서 성과 없는 노력 또는 보람 없는 수고를 뜻합니다. 그리스인들은, 인간에게 가장 가혹한 형벌은 한평생 노력했지만 아무런 성과 없이 돌아가는 것이라고 생각했습니다. 즉 이것이 실패한 인생이고 비극적인 인생이라고 생각했던 것입니다.

그런데 인류역사가 박이문 선생님께서도 말씀하신 것처럼 기술의 역사이고, 과학기술의 목적이 인간의 행복을 증대시키기 위한 것이라고 한다면, 과학기술이 현대인을 더 행복하게 한 것도 아니고 더 불행하게 한 것도 아니라는 엄 선생님의 말씀은 지금까지 수천 년 동안 과학기술을 발전시켜온 인류의 노력이 어떻게 보면 '도로'에 불과한 것 아니냐, 다시 말씀드리면 과학기술 발전과 행복지수의 관계가 그렇게 긴밀한 것도 아니지 않느냐 하는 생각을 하게 되었습니다.

사 회 엄정식 선생님이 지금 김영한 선생님 말씀에 대해서 해명 아닌 해명을 하시겠습니까?

엄정식 제가 과학기술 전반에 대해서 냉소적인 것은 아닌데 김영한 선생님 말씀을 들으니까 '아, 그럴 수 있겠구나, 내가 엄청난 애기를 했구나' 그런 생각이 듭니다. 제가 일단 과학기술을 근대와 현대로 나누어보지 않았습니까? 그런데 근대만 해도 우리가 감당할 수 있는 도구를 창출했는데, 지금은 기술이 우리의 능력을 벗어나지 않나, 그러면 여기서 행복을 따지는 것은 오히려 사치스러운 것이 아닌가 하는 것입니다. 김영한 선생님 말씀과 조금 톤이 다른 것은, 저는 과학기술이 한 것이 아무것도 없다거나 단순히 소용없다고 말한 것이 아니라는 점입니다. 제 말은, 시지프스의 돌이 굴러내려 와도 또다시 열심히 올리면 된다는 것이 아니라, 이제 그럴 필요도 없는 상황이 되지 않았나 그게 걱정이라는 것이지요. 과학기술이 급속도로 발달함으로써 인간이 결과를 감당할 도리가 없게 될 때 올지도 모를, 아무리 다시 노력해도 회복될 수 없을 정도의 파국을 염두에 둔 것입니다. 그것은 앞으로 예상되는 상황입니다. 그리고 다시 강조하고 싶은 것은 제가 제시한 행복 개념을 도입할 때 지금까지의 과학기술은 그러한 의미의 행복에 별로 도움이 되지 못했다는 것이 제 결론입니다.

보편적 지식을 근거로 하는 통합

사 회 이렇게 해서 세 분의 주제발표와 박이문 선생님의 기조강연, 그리고 다섯 분의 토론을 마감하고, 이제 자유토론을 시작하겠습니다.

박이문 아까 주경철 선생님께서 서양 이외의 다른 나라에도 과학이 있었다고 하셨는데, 그 과학이라는 개념을 어떻게 이해하느냐에 따라서 그런 말씀이 맞는 것 같습니다. 실제로 관찰을 통해 계절을 알아내고, 화약과 기계를 만들어낸 것과 같은 기술은 서양보다 중국이 더 빨랐던 게 사실입니다. 그런데 서양인들의 과학, 현대의 과학은 이론적인 근거가 있었습니다. 예컨대 이집트에도 기하학적으로 논을 가른다거나 하는 것은 있었지만 거기에서 과학적인 원리를 발견하지는 못했습니다. 결국 과학적 지식이라는 것은, 훨씬 더 합리적이고 논리적인 기초 위에서 경험과 관찰을 분석해 그 원리를 밝혀낸 것입니다. 이러한 원리는 보편성을 가지게 되죠. 서양 과학이 근대 동양에 들어가서 기존의 전통적 기술이라든가 지식을 이론적으로 설명했는데, 그것은 단지 정치적인 이유에서만이 아니라 서양 과학이 근본적으로 설득력을 가지고 있었기 때문입니다. 마찬가지로 오늘날의 첨단과학도 단순한 실천과 실험만으로 되는 것이 아닙니다. 기초가 지극히 추상적이고, 수학적으로 설명되는 이론을 근거로 하기 때문입니다.

그와 관련해서 인문학과 과학의 융합도 그렇게 간단한 문제는 아닙니다. 인문학은 인간을 대상으로 합니다. 그런데 과학의 한 분야인 생물학도 인간에 대한 연구예요. 물리학도 마찬가지고요. 하지만 그것을 인문학이라고는 안 한다는 말이에요. 그러니까 인문학은 인간의 의미라든가 감정, 인간을 채우는 감성이라든가 주관적·문화적 차원에서 본 인간상이나 인간이 어떻게 살아야 하는가와 같은 문제를 다룹니다. 그런데 지금 첨단과학은 인간 자체나 생물도 일종의 기계라고 얘기합니다. 아까 통섭 얘기를 하셨는데 그것도 결국은 환원적인 접근입니다. 모든 인문 현상, 즉 철학, 윤리 전부가 근원적으로 생명의 자기복제에 연결되어 있어요. 이것은 결국 인문적인 감정이나 예술까지도 궁극적으로는 미세차원에서의 물리적 현상으로 설명하겠다, 즉 상당히 기계적이고 수학적으로 설명할 수 있다는 얘기입니다. 그러니까 그런 의미에서는 모든 지식이 통합이 됩니다.

하지만 시를 쓰는 것과 과학자가 연구하는 것은 다르지요. 현대의 첨단과학, 예컨대 생명공학 등에 대해 우리는 상당히 거부감을 느끼게 됩니다. 그런데 그것을 잘 리드해서 그것을 통해 우리가 인간이라는 것을 새롭게 인식하면 올바른 방향으로 갈 수도 있다고 생각합니다. 새로운 지식에 근거해서 더 분명하고 보편적인 것으로 정의할 수 있고, 그런 차원에서 시를 쓰고 노래하고 사랑하고 다 할 수 있지요. 그런데 그 설명 방식은 다를 수가 있는 겁니다. 그러니까 그런 의미에서 통합이 되고 관계가 있는 것입니다. 문학하고 수학하고 같이 한다는 것은 말이 안 되지요.

황우석 사건과 생명윤리

김형근 저는 〈사이언스타임즈〉에 근무하는 김형근 편집위원입니다. 〈사이언스타임즈〉는 오늘 포럼을 주최한 한국과학문화재단이 발행하는 인터넷신문입니다. 오래전부터 과학과 기술이 글로벌화에 이바지한다는 이야기가 나오는데, 인문학적 차원이든 과학기술학적 차원이든 교수님들께서 생각하는 글로벌화에 대한 정의를 듣고 싶습니다.

또 하나는 황우석 박사에 관한 것인데, 황우석 박사는 사기를 친 사람입니다. 정확하게 따지면 그분은 사기를 친 학자이지 생명윤리를 위반한 학자가 아닙니다. 그런데 우리나라 언론에서는 이 문제를 생명윤리 위반으로 몰아붙였고, 그로 인해 우리나라가 생명과학 분야에서 상당한 후퇴를 했다고 생각합니다. 교수님들께서도 아시다시피 미국 부시 대통령이 줄기세포에 대해 굉장히 반대하는 사람으로 알려져 있지만, 우리나라 줄기세포 특허권의 60퍼센트를 미국이 가지고 있고, 전 세계적으로도 70퍼센트 이상을 미국이 차지하고 있습니다. 그만큼 줄기세포 연구가 잠재력이 있고 가능성이 있는 과학으로 기대되고 있는 것입니다. 질문을 다시 정리하면, 이른바 글로벌화에 대한 교수님들의 정의와 황 교수 사건을 사기의 문제가 아니라 지나치게 생명윤리 문제로 몰아가지 않았는가 하는 점에 대한 답변을 바랍니다.

맹광호 답변은 아주 간단합니다. 황우석 사건이 사기인지의 여부는 법적인 문제이기 때문에 제가 얘기할 성격은 아니고, 다만 생명윤리 측면에서 보면 굉장한 위반을 한 것이지요. 국민들을 들뜨게 했던 황 박사의 이야기 중에 "과학자에게는 국경이 있지만 과학에는 국경이 없다"는 말이 있었지요? 그런 말로 애국심을 부추겼는데, 저는 그 말에 대해 "과학자에게는 국가가 있지만 과학윤리에는 국경이 없다"고 얘기를 하고 싶습니다. 생명윤리적인 측면에서 큰 문제가 있었다는 것은 확실합니다.

박이문 저는 의견을 달리합니다. 저로서는 언론매체를 통해 판단할 수밖에 없는데 분명히 사기적인 것이지요. 그런데 황 박사가 윤리적으로 잘못됐다는 것은 철학적·윤리학적 입장에 따라 상당한 토론의 여지가 있다고 봅니다. 즉 윤리의 선을 긋는 것은 상당히 어렵지만 사기는 분명하다는 것입니다.

새로운 통합으로서의 과학과 인문학

김학진 과실연(바른 과학기술사회 실현을 위한 국민연합)의 김학진 사무국장입니다. 최근 이슈가 되고 있는 것이 인문학의 위기인데, 몇 년 전에는 이공계 위기가 큰 이슈였습니다. 이공계의 위기가 논의되고 있던 당시에 인문학 쪽에서 들은 바로는, 인문학은 이미 좌절 상태여서 위기를 말할 수조차 없을 정도로 비참하다는 것이었습니다. 사실 현재 이공계의 위기도 해결되지 않은 상황입니다. 이공계와 인문학에 있어서 위기의 본질이 다른 것인지, 또 인문학자들이 보는 이공계 위기의 해법과 과학기술자들이 보는 인문학 위기의 해법은 어떤 것인지를 듣고 싶습니다. 덧붙이자면 학문을 통합하는 문제에 있어서의 해법도 듣고 싶습니다.

임경순 제가 오늘 똑같은 테마의 토론에 두 번 참석했습니다. 오전에는 인문학의 위기를 얘기하는 곳에 과학기술계 대표 토론자로 갔습니다. 지금 여기 「과학기술, 인간을 만나다」와 똑같은 주제로 얘기했는데요, 결국 제가 얘기한 것은 현재 인문학의 위기를 과학기술과 대비해서 얘기하는데, 사실 따지고 보면 과학과 인문학은 원래 같은 뿌리였고, 그러다 보니까 상당히 유사한 점이 많다는 것입니다. 지금 인문학이 위기라고 생각하는 것처럼, 기초과학자들도 자기네들이 소외당하고 있다고 생각하는 부분이 상당히 많습니다. 기초과학자들 입장에서는 의학이나 법, 또는 금융 쪽에 상대적 소외감을 느끼고 있는데, 그렇게 따지면 인문학자들이 법이라든지 행정, 그리고 정치 등의 문제에서 소외를 느끼는 것도 매한가지입니다.

그런데 어느 정도 외부적이고 제도적인 요인도 있지만, 이공계의 위기에는 과학자들 스스로 안이했던 면도 굉장히 많았다는 것이 제 생각입니다. 기초과학이 변화하는 사회에 적응하기 위해 노력하고 적극적으로 해법을 찾아나갔으면 이런 문제가 어느 정도 완화되었을 텐데 방치하다보니 문제가 더욱 심각해졌다고 보는 것입니다. 마찬가지로 오늘날 제기되는 인문학의 위기도, 인문학은 절대로 돈 되는 것 하면 안 된다는 사고에 문제가 있다고 봅니다. 즉 인문학자들은 흔히 대학의 목적은 지식을 유지하는 것이지, 지식을 가지고 사회에서 출세하는 데에 있는 것은 아니라고 말하죠. 그래서 인문학의 위기를 타개하기 위해 학술진흥재단이나 이런 곳과 연결해서 연구비 좀 늘리려고 하는 사람들을 뒤에서 비판하는 사람이 또 인문학자들이더라고요. 인문학자답지 못한 행동을 한다고 그러더군요.

　　마찬가지로 기초과학자 가운데에도 그런 사람들이 있습니다. 한국과학재단이나 과학기술부하고 잘 연결해서 연구비 가지고 일하는 사람들에게 학자가 그러면 안 된다고들 말합니다. 학문 본연의 자세로서 어느 정도의 순수성을 유지하는 것은 중요합니다. 그러나 변화하는 세계 속에서 우리가 분명히 놓친 것이 있다면, 그것을 합류시켜서 새롭게 나타나는 '새로운 통합으로서의 과학'과 '새로운 통합으로서의 인문학'으로 나가야 되는 것이 아닌가, 그래서 결국 저는 미래가 현재의 위기를 해결할 것이라고 생각합니다.

과학기술과 인문학의 상생적 융합

이병기　인문학 위기 얘기가 나와서 임경순 교수님 말씀에 덧붙여 조금만 더 말씀드리고 싶습니다. 저는 인문학의 위기를 인문학 내적인 문제가 아니라 외적인 문제로 가정하고 말씀드리겠습니다. 제가 정보통신 분야에 있습니다마는 1980년도 이후에 정보통신 분야에서 새로운 원천 연구가 사라졌다고들 얘기합니다. 우리는 지금 초고속인터넷을 가동하면서 상당히 높은 통신문명을 누리고 있습니다. 그런데 이것을 가능하게 하는 많은 연구들, 즉 트랜지스터, 반도체, 레이저, 다이오드 등이 전부 그 전에 발명되었고, 그 이후 지난 사반세기 동안에는 그 원천 연구들을 변형하고 진화시키는 연구밖에 한 것이 없다는 것이 우리 정보통신 분야에서의 얘기입니다.

　　실제로 1980년대 벨 시스템이 붕괴되기 전에는 원천 연구에 막대한 연구비를 투입할 수 있었습니다. 그러나 회사가 분할되고 경쟁이 과도해지면서 누구도 장래를 위한 투자를 하기가 어렵게 되었습니다.

지금처럼 경쟁이 과열되는 상황에서는 기초 연구, 원천 연구가 설 땅이 없습니다. 단기적 결실이 보이는 데에만 투자할 수밖에 없습니다. 삼성전자가 그 경쟁의 맨 선봉에 서 있다 보니 5년 후를 넘는 연구를 위한 투자가 어렵게 되었습니다. 지금은 목적지도 모른 채 과속으로 치닫고 있는 자동차 경주와 같은 현실입니다. 인문학뿐만이 아니고 기초과학, 원천 연구 모두 투자가 안 되고 있는 현실입니다.

모든 연구는 경제가 융성한 시기에 꽃피게 되어 있습니다. 지금 인문학의 위기는 한국만의 문제가 아닙니다. 모든 나라에 있어서 인류사회 전체의 문제입니다. 그리고 조금 전에 말씀드린 것처럼 인문학뿐만이 아니라 모든 기초과학, 원천 연구 전체가 위기입니다. 지금 우리는 새로운 샘은 파지 않고, 있는 샘물만 계속 퍼다 쓰고 있습니다. 이제 샘물이 고갈될 상황에 다다르고 있습니다. 인간의 삶을 위한 지식, 지혜의 원천이 고갈되고 있는 것입니다.

이것은 누구도 제어할 수 없는 현실입니다. 그러면 누가 이러한 현실을 타개할 수 있을 것인가? 저는 인류 전체가 지혜를 모아야 하고, 인문학도들이 맨 앞장을 서야 되지 않나 생각하고 있습니다. 그래도 인문학이 위기라는 소리에 귀 기울여주는 나라는 우리나라뿐일 것입니다. 미국 같은 데서는 위기라고 떠들어본들 별로 귀 기울이지 않습니다. 그만큼 우리나라는 문민의 중요성을 생각하는, 그래도 장래가 있는 나라라고 생각합니다.

하지만 현실적으로 국가재정 적자가 누적되고 있고, 경제도 계속 침체되고 있는 이러한 상황에서 큰 투자를 기대하기는 어려울 것입니다. 5년 전에 인문학에 1000억 원인가를 투자한 일이 있습니다. 그러나 그것이 과연 인문학 위기를 해소시켜주었는가 하는 것은, 5년이 지난 오늘 똑같은 얘기가 나오는 데에서 다시 생각해보게 됩니다. 결국 인문학 위기의 극복에 대한 처방이 잘못되었거나 그 원인이 인문학 외적인 문제가 아니었는지도 모르겠습니다. 현재 인문학의 위기를 타개하기 위해서는, 먼저 우리나라의 인문학이 필요로 하는 만큼의 규모를 유지하고 있는지를 파악해야 합니다.

잘 아시겠지만 우리나라 대학의 재정은 상당 부분 수업료에 의존하고 있습니다. 그런데 별 투자 없이 수업료를 많이 받을 수 있는 것은 인문계 학생을 늘리는 것입니다. 그래서 대학마다 인문학이 없는 데가 없고 수많은 학생이 배출되고 있는데, 혹시 그 사람들을 다 잘 먹여 살리자고 얘기하는 인문학 위기라면 그것은 잘못된 것입니다. 우리나라 경제에서 인문학을 수용할 수 있는 규모가 얼마큼인가, 그 다음에 그 인문학도들이 우리나라의 전체적인 발전을 위해 기여할 수 있는 것이 어떤 부분인가를 먼저 고민해야 될 것 같습니다.

잠시 다른 얘기를 하면, 연구처장을 하던 시절에 제가 가장 먼저 한 것은 정보통신을 위한 투자가 아니고 한국학을 키우는 투자였습니다. 정보통신은 서울대가 못 하더라도 할 수 있는 곳이 얼마든지 있습니다. 하지만 한국학은 가장 잘 하실 수 있는 많은 분이 서울대에 계시기 때문에 꼭 여기서 해야 되겠다고 생각했습니다. 한국학이 없이 어떻게 우리나라가 장래를 얘기할 수 있겠는가, 인문학이 없이 어떻게 우리나라 장래를 얘기할 수 있겠는가 하는 그런 생각에서였습니다. 학생이 많아진다고 인문학이 커지는 것은 아닙니다. 인문학, 특히 한국학은 그야말로 엘리트들이 해야 된다고 생각합니다. 어떻게 그런 분들을 확보하고 교육하고 활동할 수 있게 하는가가 숙제가 될 것 같습니다.

결론적으로 오늘 여러 가지 토론과 결부시켜서 말씀드린다면, 우리나라 현실에서 인문학의 위기를 타개해 나갈 수 있는 길을 이 융합

쪽에서 찾아보는 것이 어떻겠는가 생각합니다. 과학기술과 상생적인 융합을 추구해 보면 새로운 지평을 넓혀나갈 수 있는 계기가 될 수도 있고, 인문학의 바탕도 넓어질 것입니다. 그 바탕이 넓어지면 그 토대 위에서 인문학이나 한국학의 높은 건물을 지을 수 있는 토대도 마련될 수 있을 것입니다. 또한 그렇게 해야만 과학기술의 고도 발달 때문에 발생되었다고 하는 수많은 난제들을 해결할 수 있는 실마리도 잡힐 것입니다.

과학기술과 인문학의 위기는 세계화의 결과

강내희 세계화를 어떻게 보느냐고 물어보신 분이 있었습니다. 제가 이번 학기에 문화연구학과라는 대학원 협동과정에서 맡은 강의가 바로 '세계화와 문화변동'입니다. 세계화를 말하는 관점은 굉장히 많고 복잡하죠. 그런데 제가 이해하는 한에서 오늘날의 세계화를 일단 원거리 사회들 사이의 관계성이 증가하는 그런 현상이라고 본다면, 그런 관련성을 증가시키는 주된 동인은 오늘날 자본주의의 모습입니다. 오늘날 자본주의는 새로운 축적 전략을 펼치고 있는 것이고, 그 축적 전략을 많은 사람들은 신자유주의라고 부릅니다.

그래서 오늘날 세계화를 주도하는 핵심적인 동력을 신자유주의라고 보고 있는데, 신자유주의적인 사회 운영, 또 세계 운영의 그 경향이 인문학과 이공계의 위기에도 중요한 역할을 한다고 저는 봅니다. 신자유주의는 기본적으로 이윤 추구를 최고의 목표로 삼고 활동하는 만큼 당장 이윤이 나지 않는 활동에 대해서는 일단 지원을 하지 않고 거부합니다. 그러다 보니 특히 기초과학이라든가 인문학 등에 대한 지원이 있을 수가 없죠. 사실 인문학이라든가 기초과학은 거의 맹목적으로 지원을 해야만 가능한 그런 부분이 있습니다. 그래서 인문학적 사회는 여유가 있을 때 일어나는 것이고, 그런 여유는 기본적으로 자기가 돈을 벌려고 하지 않고 그냥 뒤에서 쉬면서 어쩌면 게으르게 많은 시간을 확보할 수 있어야만 좋은 사고를 할 수 있고 생각을 할 수 있습니다. 그런데 사람들이 너무 바쁘게 더 빨리 좋은 생산을 하게 만들고, 효율성 있는 활동을 하게 만들기 때문에 일종의 쥐어짜는 방식으로 사람을 굴리게 되지요. 그런 급한 상황에서 깊이 성찰하는 좋은 이야기가 나올 수 없고 그런 점에서 인문학의 위기가 온다고 봅니다.

그런 면에서 사실은 인문학 자체, 기초과학 자체의 문제도 있지요. 제 자신이 인문학을 하는 사람으로서 제대로 인문학을 하고 있는가에 대해 항상 반성을 하고 있고, 우리 인문학자들이 많은 부분에서 상당히 문제가 있다고도 인정을 합니다. 그러나 아울러 외부로부터의 압박, 특히 대학에서 보면 학생이건 누구이건 간에 바로 취직이 되지 않으면 그 자리에서 뒤로 돌아 다른 데로 가는 그런 경향이 나타나고 있는데, 이런 상황에서는 절대로 인문학이 발전할 수 없고 어떤 환경이나 제도도 발전하기 어렵다고 봅니다. 이러한 부분은 기본적으로 우리 삶의 방식을 근본적으로 바꾸지 않고는 해결할 수가 없습니다. 여기에 인문학자의 역할이 있어야 된다고 봅니다.

다른 한편으로는 인문학자가 사회에 기여할 수 있는 길이 봉쇄된 것도 인문학 위기의 한 요인이라고 봅니다. 인문학자들 가운데서 나름대로 능력이 있고 상상력이 풍부하고 혜안을 가진 사람들이 있는데, 우리나라에서는 사회과학자 특히 도구적 사회과학을 하는 사람들이 정책을 주도하는 그런 경향이 있고 이것은 자연과학도 마찬가지입니다. 최근 들어 과학기술이 어느 정도 배려를 받고 있지만 역시 과학기술계에서도 기본원리를 가지고 사회를 보려는 사람들의 사회참여 기회가 그렇게 많지는 않을 것입니다. 인문학은 더 말할 것도 없습니다. 과거에는 집현전이라든가 규장각 같은 데에서 인문학자들이 사회 운영의 중요한 역할을 했습니다. 그와 같은 인문학자의 사회참여 통로, 경로가 만들어지는 것이 인문학 위기를 타개하는 중요한 하나의 방안이 아닐까 생각합니다.

우리 사회의 목표를 재설정해야

민경찬　저는 자연과학을 하지만 오늘 포럼에 참여하면서, 여러 면에서 인문학과 의사소통이 필요하다는 것을 느낍니다. 특히 인문학을 통해서 새로운 관점, 또 다양한 새로운 방법론도 제시될 수 있지 않을까 생각되고, 그런 관점에서 과학기술에도 새로운 변화, 어떻게 보면 패러다임 변화가 가능할 수 있지 않나 하는 생각을 합니다. 그리고 인문학에서의 인간에 대한 깊이 있는 이해와 인식이 결국은 인간의, 인간을 위한, 인간의 행복을 위한 과학기술로의 방향에 있어서도 도움이 되리라고 생각합니다.

　　과학기술은 인간의 정체성이나 삶의 질에 영향을 미쳐 왔고 앞으로 그러한 영향은 더 커질 겁니다. 이러한 과정 속에서 인문학의 과제 또는 발전도구가 나타남으로써 서로의 상호관계가 더 긴밀하게 유지될 것이라고 생각을 합니다. 그러면서 한 가지 제안하는 것은, 아까 강 교수님도 그런 말씀을 하셨지만 과학정책이나 과학의 방향을 정해 나갈 때, 저는 인문학자들이 같이 참여해서 같이 고민하는 자리가 필요하지 않을까 생각합니다. 제가 기초과학에 있지만 기초과학이 국가의 전체적인 방향을 결정할 때 어떤 철학이 있었는가, 어떻게 보면 교수 개인들이 공부를 해서 논문 방향을 제시하고 연구비를 받아서 계속 발전시켰는데 총체적인 국가적 관점에서 볼 때 고민한 흔적이 있는가 하는 것도 저희가 돌아봐야 할 문제인 것 같습니다. 결국 전체적인 차원에서 어떤 철학과 비전을 만들 때 인문학적인 사고가 절대적으로 필요하지 않을까 하는 생각을 합니다. 마찬가지로 인문학이나 사회과학에 있어서도 그런 큰 틀에서의 방향, 철학을 얘기할 때 과학적인 사고 또는 과학기술에 종사하는 사람들의 생각이 함께한다면 더욱 조화를 이루지 않을까 생각합니다. 우리 사회가 지금 끝없이 달리고는 있는데 목적은 다 잊어버리고 사는 것 같아서, 그러한 목적을 다시 되찾는데 서로 보완적인 위치에 있는 것이 중요하다고 봅니다.

새로운 의미의 세계를 찾으려는 인문학의 노력

박내정　저는 홍익대학 화학공학과에서 근무하다가 지금은 정년퇴직했습니다. 인문학이라는 것이 결국은 인간에 관한 학문이지 않습니까? 그런데 인간의 본성이라는 것은 2000년 전이나 지금이나 사실 다름이 없거든요. 그렇기 때문에 본성을 연구한다든지 하는 학문은, 사람들이 할 수 있는 만큼 연구를 많이 하지 않았나 이런 생각이 듭니다. 그것은 기초과학도 마찬가지입니다. 제 경험으로 느끼는 것은 전 세계의 수많은 과학자가 붙어서 연구를 하다보면 어떤 분야는 더 이상 연구할 게 없는 것 같은 그런 상황에 도달하게 됩니다. 그런데 응용과학은 할 것이 많습니다. 응용은 어떤 쪽으로도 응용이 가능하고 새로운 재료들이 막 나오기 때문에 거기에 따라서 또 계속해서 연구해 나갈 수가 있어요. 그렇기 때문에 응용과학 쪽이 계속해서 연구가 되고 있는 거죠. 지금의 과학은 아까 이병기 교수님이 말씀하셨듯이 자동차 경주 같은 것이 사실입니다. 결국 인문학과 기초과학은 국가에서 특별히 육성해야 한다고 봅니다. 말하자면 정말 탐구하는 사람들이 흥미를 가지고 할 수 있는 분위기를 만들어주는 것이 필요하다고 생각합니다.

그런데 지금 문제가 되는 것은 경쟁사회라는 것입니다. 이런 상황에서 인간의 양심을 어떻게 유지할 수 있는가에 대해 저는 의문을 제기하고 싶습니다. 18세기 이후에 서양의 과학문명이 발전하면서 서양인들은 전 세계를 돌아다니며 약탈하고 지배했습니다. 그 사람들은 전부 크리스천이었고 최고의 문화인들이었죠. 과학기술의 우위를 가지고 있고 상대방을 지배할 만큼 힘이 월등할 때 얼마나 양심적으로 다른 민족과 다른 인종들을 대할 수 있는가를 생각하면 그것은 거의 불가능한 일로 보입니다. 결론적으로 인문학에서 할 수 있는 일이 무엇인가를 질문하고 싶습니다. 치열한 경쟁사회에서 이것은 우리가 어쩔 수 없는 그런 운명이 아닌가 하는 생각이 듭니다.

엄정식　저는 이 세계가 두 부분으로 나누어져 있다고 생각합니다. 하나는 사실의 세계이고 하나는 의미의 세계입니다. 그래서 천문학자는 별을 과학적이고 천문학적으로 탐구하고, 인문학자는 별의 의미를 탐구하죠. 그런데 천문학자가 별에 대해 더 많은 정보를 제공하면, 인문학자는 그것을 바탕으로 해서 또 그에 의미를 부여합니다. 이런 의미에서, 서로 일정한 거리를 두고 보완관계를 유지해야 되지 너무 밀착되면 안 된다고 생각합니다. 의미의 세계가 중요하지 않다면 인문학도 중요하지 않은 것입니다. 그런데 저는 인간에게 의미의 세계가 더 중요하다는 느낌이 듭니다.

사 회 의미의 세계라는 것을 조금 더 알기 쉽게 설명해주십시오.

엄정식 글쎄요, 아까 박이문 선생님도 말씀하셨지만, 예를 들어 인간이 일종의 기계라는 견해가 자리 잡기 시작했다고 해서 호떡집에 불난 것처럼 울고불고 그럴 필요는 없습니다. 그보다는 앞으로 어떻게 할 것인가 심사숙고한 다음 서서히 인간에 대한 개념을 바꾸고 자아의 인식도 새롭게 해야 합니다. 이것이 인문학의 과제입니다.

가령 과거에 어떤 백작 부인에게 자신의 남자 노예가 어느 순간 한 인간으로 보였다면 충격이 오지 않았겠습니까? 그러나 그 충격은 어쨌거나 흡수가 되어야 하는 것이고, 그러한 충격이 인간관을 바꾸는 데 중요한 계기가 되었다고 저는 봅니다. 그런데 자연과학자는 그러한 작업에 몰두할 필요가 없고 해서도 안 되겠지요, 자기 일이 있으니까. 그러나 인문학자는 가령 상대성원리나 불확정성원리를 깊이 알지는 못해도 그것이 세계관이나 가치관, 인생관에 미치는 의미나 함축이 무엇인가는 알아야 합니다. 다른 예를 들면, 파블로프의 조건반사 실험이 새로운 인간관의 형성에 미치는 함축이 파블로프한테는 그렇게 중요하지 않았어요. 그런데 실제로 이것은 인간관을 바꾸는 데 결정적인 역할을 했거든요. 결국 그런 의미의 세계가 과학자들의 탐구와는 별도로 존재하고, 이것을 전혀 다른 방식으로 접근하여 결국 새로운 '생활 세계'와 사회체계를 만들어야 되는데 그것이 인문학자의 역할이라고 저는 보는 겁니다.

과학과 인문학은 거리가 필요하다

사 회 두 사람이 밀착되면 안 되는 이유는 뭡니까?

엄정식 너무 밀착되기보다 적당한 거리를 유지하는 것이 중요합니다. 예를 들면 천문학자는 별의 위치나 크기나 운행의 궤도를 아는 데 역점을 두어야지 작가인 알퐁스 도데의 별을 생각하면 순수한 탐구에 저해되는 것이 있지 않겠어요? 역할이 서로 다르다는 거죠. 로버트 프로스트의 시에 "좋은 담은 좋은 이웃을 만든다네(Good fence makes good neighbors)"라는 구절이 있습니다. 가까이 지내려고 담을 없앴다가 결국 싸우게 될 때가 있잖아요. 반면에 너무 담을 높게 쌓으면 아예 의사소통이 안 되죠. 그래서 적당한 담이 좋은데, 자기의 영역이 좀처럼 넘나들 수 없는 성역은 아니지만 함부로 노출되어서도 안 된다고 생각합니다. 그래서 우리가 공부하다가 서로 한계를 느꼈을 때, 광맥을 찾는 사람들이 한참 헤매다가 결국 어느 지점에서 만나듯 구체적이고 절박한 이유가 있을 때 만나는 것이 좋다는 것입니다. 그냥 필요하다고 가끔 이런 데서 만나 가지고 무엇을 같이할 수 있을지 저는 의문입니다.

김영한 어떻게 보면 과학자도 인간을 연구할 수 있고 인문학도 인간을 연구하지요. 그런데 그 대상이 다르다고 생각합니다. 다시 말하면 과학자는 구체적이고 확실한 대상을 연구하는 것이고, 인문학자는 개연적인 현상을 연구하는 것이죠. 심리학자나 정신과학자, 그리고 과학자가 우리 인체를 연구한다고 생각해봅시다. 인문학자는 기른 정과 낳은 정 중에 어떤 것이 더 중요한가, 그때 어떤 판단을 해야 되는 것인가를 다룹니다. 인문학은 흔히 과학자들의 말씀처럼 실용성이 없고 의미가 없는 것이 아닙니다. 저는 결혼할 것인가 취업할 것인가, 또 낳은 정을 따를 것인가 기른 정을 따를 것인가 하는 문제가 굉장히 중요한 것이라고 생각합니다. 그러니까 과학자도 인문학자적인 성향을 갖고 있고, 그런 의미에서 인문학이라든지 과학이라고 하는 것이 전혀 별개의 길은 아니라고 말씀드리고 싶습니다.

박이문 스튜어트 밀이 "행복한 돼지보다 불행한 소크라테스가 더 낫다"고 했는데 인문학이 하려고 하는 것은 이런 밀의 예를 전제하는 것이 아닌가 합니다. 즉 인간이 산다는 것은 무엇인가, 인간 스스로에 대한 물음을 던지는 학문이 인문학이라고 생각합니다.

사 회 예정했던 것보다 시간이 많이 지났습니다. 처음에 말씀드렸다시피 과학기술부, 과학기술계가 이런 자리를 마련한 것은 이번이 처음이라고 알고 있습니다. 이것이 마지막이 아니라 예술, 사회 분야와도 만남 프로그램들이 이어질 것입니다. 굉장히 걱정을 했는데, 오늘 거의 200여 분이 참석하신 것으로 파악을 하고 있습니다. 무엇보다도 과학기술계와 인문학계가 만나서, 오늘 보셨다시피 부드럽고 온화하게 아주 진지한 대화를 나눌 수 있다는 것을 확인한 것만으로도 상당한 소득이라고 생각합니다. 다음에 이런 자리를 만들 때는 엄정식 선생님 말씀대로 조그만 담을 하나 만들도록 하겠습니다. 너무 높지도 않고 낮지도 않은 담을 하나 만들면 조금 더 소득이 많아질 것 같아서요.

과학기술부에서 이 프로그램을 다양한 형태로 발전시킬 것으로 알고 있습니다. 요즈음 과학기술부의 가장 중요한 목표는 성과와 평가입니다. 그래서 오늘의 성과를 평가해서 다음 진로를 결정하게 될 것입니다. 어떤 형식이 되든지 후속 프로그램 앞에는 항상 '새로 보는 과학기술'이라는 로고가 붙어 있을 것입니다. 그런 프로그램을 보시거든 한 분도 빠짐없이 관심을 가져주시고 성원해주시기를 부탁드립니다. 이것으로 오늘 긴 행사를 마무리하겠습니다. 감사합니다.

02

藝術

과학기술, 예술을 만나다

다양한 분야들이 서로 교류하면서 새로운 가치를 창조하는 지식과 기술의 융합시대에 과학기술과 새로운 학문영역의 교류의 장으로 마련한 '새로 보는 과학기술'의 제2회 「과학기술, 예술을 만나다」 포럼이 2006년 10월 31일 예술의 전당 문화사랑방(서울서예박물관 4층)에서 개최되었다. 한국문화예술위원회 김병익 위원장의 기조강연에 이어 고려대학 임홍빈 교수, 이화여자대학 이여진 교수, 인하대학 성완경 교수의 주제발표가 있었다. 이어서 진행된 토론에는 KAIST 양현승 교수, 서울대학 성굉모 교수, 영산대학 김용석 교수, 연세대학 김기정 교수, 사비나미술관 이명옥 관장, 아트센터나비 서승택 학예실장 등과 230여 명의 참석자들이 함께했다. 주제발표와 토론은 서강대학 이덕환 교수가 사회를 맡아 진행했다.

예술과 과학, 그 만남의 세 모습

김병익 | 한국문화예술위원회 위원장

인간의 역사에서 지난 반세기만큼 과학기술과 예술의 만남이 치열하게 이루어진 적도 없을 것이다. 과학기술은 드러나게 혹은 숨어서 문학과 영화, 혹은 시각예술과 공연예술 전반에 스스로의 모습을 보이며 그 힘을 발휘해 왔다. 그것은 20세기 후반기에 들면서 과학과 기술이 전자공학으로부터 우주과학, 생명공학으로부터 정보기술에 이르기까지 비약적으로 발전하면서, 그 성과를 다른 영역에서와 마찬가지로 예술 속으로도 적극 확산시켜 들어간 때문일 것이다. 또한 예술 역시 과학 못지않게 그 주제와 수법, 인식과 상상력에 이르는 미학적 작업 전반에 걸친 커다란 쇄신과 실험에서 주저 없이 과학기술을 끌어들인 때문이다.

이러한 현상은 과학과 기술이 그 변화를 과학기술의 내부적 진전만으로 자제하지 않고, 우리 삶의 일상 내용과 의식의 전반에 뛰어들어 자극하고 참여하며 함께할 만큼 역동적이면서 사회적 현실과 개인적 생활에 패러다임적 전환을 추동하였다는 것, 예술 역시 이러한 변화들을 과감하게 수용하고 도전적으로 자기 변용을 추구해 왔다는 사실을 반증해줄 것이다. 나는 과학과 예술의 이러한 만남의 양상을 세 측면에서 점검해 보고자 한다.

부닥침 : 과학의 낙관과 예술의 비관

할리우드 영화예술에서 오늘날 가장 자주 이용되는 소재 중 하나가 가상의 세계에 대한 인간의 모험이다. 그 모험의 세계는 공룡이 지배하던 아득한 과거이기도 하고, 어떤 형태의 변화를 마주할지 짐작조차 하기 어려운 앞으로 몇 세기 후의 미래이기도 하다. 그리고 그 모험의 대상은 신종 바이러스이기도 하고, 로봇이 인간을 통치하는 권력이기도 하며, 지구를 향해 쏟아지는 우주의 위협이기도 하다. 이 장르의 영화들은 모두 현대 과학기술의 갖가지 면모들을 거대한 화면에 가득 채운다. 문학은 이들 영화처럼 스펙터클하지는 않지만 대신 보다 일찍부터 그리고 보다 진지하게, 과학이 우리의 미래에 어떻게 펼쳐지고 그래서 세계는 어떤 모습으로 변할 것인지를 상상해 왔다.

그런데 미래세계와 인간에 대한 예술가들의 상상은, 과학기술자들의 전망과는 대체로 상반되고 있다. 예를 들어 《블레이드 러너》나 《터미네이터》 같은 과학미래영화들은 사이보그들이 세계를 지배하고 인간은 억압당하거나 축출당하는 음울한 장면을 보여주고 있다. 또 《가타카》는 가짜 유전인자로 출세를 꾀하는 생명공학의 왜곡된 장래를 그리고 있다. 과학기술자들과 미래학자들은 갖가지 기술과 발명들로 한없이 늘어나는 생활의 편의와 물질의 풍요, 의료의 혜택을 들어 인류의 진보를 믿으며 희망의 내일을 약속하고 있다. 이와는 달리 영화와 문학 예술가들은 이처럼 불길하고 비관적인 전망을 숨김없이 제시하고 있는 것이다.

이처럼 부정적인 시각은 과학이 세계의 형태를 압도하기 훨씬 전인 19세기 초 메리 셸리(Mary Shelley)가 《프랑켄슈타인》을 통해 인간이 만든 과학에 의해 인간 스스로가 파멸하리라는 암울한 예언을 한 이후, 1930년대 올더스 헉슬리(Aldous L. Huxley)의 《멋진 신세계》와 1940년대 조지 오웰(George Orwell)의 《1984년》에 이르기까지 끈질긴 전통으로 이어지고 있다. 이 과학미래소설들은 과학과 기술의 성장과 발전이 문명의 풍요를 만들어내겠지만 정작 인간의 역사는 비극적인 종말을 고할 것이라고 경고하고 있는 것이다.

왜 이런 상반된 시각이 나오는가. 이 흥미로운 질문에 대한 대답이 도식적이지 않기 위해서는 과학과 예술 간의 보다 깊은 대화가 필요할 것이다. 그러나 《매트릭스 3》에서 시사되고 있는 자유와 운명의 싸움처럼, 미래 전망에 있어서 예술과 과학의 인식론적 대립이 쉽게 해소될 것 같지는 않다.

근래에 내가 다른 측면에서 흥미롭게 보고 있는 것은, 과학과 기술이 예술 속으로 스며들어가는 삼투현상에 대해서이다. 나는 원고지에 육필로 쓰던 것에서 컴퓨터 자판을 두드려 문건을 작성하는 것으로 바꾸면서, 글쓰기의 행태와 글의 형태가 과연 변할 것인지, 변한다면 어떻게 변할 것인지에 관심을 가졌었다. 직업적인 문필가들에게서 큰 변화를 짚어보기에는 빠를지 모르지만, 일반 대중들의 글쓰기, 가령 메일이나 댓글을 보면 그 변화가 잘 보인다. 문장이 짧아지고 가벼워지고 거칠고 속도감 있는 문체로 변하고 있음이 벌써부터 확인되고 있는 것이다. 사실이 이렇다면 이 현상은 구텐베르크가 인쇄술을 발명한 이후, 즉 어휘가 표준화되고 문장이 정확해졌으며 문체가 공용화한 근대적 문자생활의 정착 이후 새로이 일어나는 거대한 변화의 전조가 될지도 모른다. 필기도구의 변화와 용지의 비용, 다시 말하면 지식의 창조, 보존, 전수의 경비가 문필 작업의 태도와 방식을 은근히 변화시키고 있음이 확인되는데, 컴퓨터에 의한 새로운 글치기(나는 전에 원고지에 쓸 때는 글을 쓴다고 했지만 타자로 칠 때는 '글치기'라고 표현한다) 도구가 문자 행위 속으로 미끄러져 들어와 정착하게 되면 창작문학의 형태도 적지 않게 변모할 것이 분명하다.

어울림 : 과학과 예술의 삼투

과학기술의 새로운 문물들이 예술의 다른 분야들에 미치는 영향은 문학보다 더 과감하고 도전적이다. 예컨대 음악에서는 신시사이저를 비롯한 새로운 악기들의 개발과 컴퓨터를 이용한 새로운 음향의 합성·변주·녹음·재현 기술들이 종래의 음악 연주 개념을 바꾸어놓았다. 또한 백남준은 이 단계를 훌쩍 뛰어넘어 전자기술을 응용한 비디오아트의 새로운 장르를 창조함으로써 세계 예술사의 엄청난 비약을 성취했다.

　　과학기술의 발전을 가장 효과적으로 도입함으로써 새로운 진전을 이룩한 것은 영화이다. 과학기술에 의해 새로이 개발된 예술장르인 영화는 그럼에도 과학문명이 인간 운명에 몰고 올 비정한 힘들을 향해 의혹의 시선을 던지고 있다. 그러면서도 그 작품들의 기술적 부문을 바로 첨단의 과학적 조작에 의지하고 있다. 컴퓨터가 생기지 않았다면 미래의 암울한 세계를 이끄는 과학기술 문물에 대한 예술가들의 비판이 덜 강경했을지도 모른다. 그 비판들은 컴퓨터기술이 가능했기에 더욱 날카롭고 강렬할 수 있었던 것이다.

우리는 여기서 단순한 글쓰기로부터 고도의 테크닉을 활용하는 영상제작에 이르기까지 과학기술이 그 예술작품을 즐기는 독자와 관객들이 미처 알아챌 수 없도록 엄청난 힘을, 그러나 아주 슬그머니 삼투해 들어오는 기지를 발견한다. 과학기술의 첨단 능력들이 발휘하는 효용성과 능률성은 당연히 예술작품의 형태와 질을 변화시키고 그 성과를 고조시키며, 더 나아가 우리의 정서적 내면을 재조정한다. 가령 《괴물》에서 얻을 기술적 재치와 《타짜》에서 느낄 재미의 성격은, 과학적 호기심과 본능적 쾌감이란 조금 다른 방향으로 관객의 감수성을 유인할 것이다. 마셜 맥루언(Marshall Mcluhan)은 같은 정보도 그 입수통로가 핫미디어인가 쿨미디어인가에 따라 다른 정서적 반응을 얻는다고 분간했지만, 영화에서 얻는 재미도 과학적 상상력을 유발시키는 쪽과 전래의 삶의 열정을 확인해주는 쪽으로 우리의 인식과 정서를 상반되게 유인해갈 것이다.

지난 세기의 전자문명 도입, 컴퓨터와 CD 등의 개발과 확산의 생활화가 새로운 예술장르들을 만들어냈고, 과학기술이 제공하는 창작기법들은 그 작품들을 더욱 정교하고 사실적으로 혹은 환상적이며 상징적으로 만들어냈다. 과학과 기술이 뒤에 숨고 밑에서 움직이며 일구어온 이러한 예술의 발전과 변화들은, 결국 예술의 개념과 방법론 자체까지 수정하도록 만들고, 그리하여 삶의 감각과 세계의 인식, 그리고 존재론적 감수성을 변화시킨다. 과학과 기술이 예술을 바꾸고, 그것을 통해 세상과 인간을 바꾼 것이다.

이 변화의 연쇄 고리에 과학의 거대한 위력이 숨어 있다. 그 위력은 현대적 문명에 대한 압도적 영향력을 행사하면서, 바로 과학기술의 권력에 대한 예술적 비판까지도 과학기술로 수행하도록 함으로써 예술의 기술화에 성공한다. 이것은 결국 예술과 예술적 상상력을 과학적 패러다임으로 귀속시키는 일일지도 모른다. 80년 전에 발터 벤야민 (Walter Benjamin)은 《기술복제 시대의 예술작품》에서 '아우라(aura) 를 상실'한 세계의 예술적 세속성을 지적했는데, 지금의 우리는 아마 도 그 반성조차 의식하지 못할 과학 편재시대의 예술 기술화 자리에 와 있는 듯하다. 이런 상황에서 예술창작 과정 속으로 휘어들어오는 과학기술의 침투와 그것의 창작적 수용이 어떻게 예술의 장인정신과 아름답게 화해하며 상생할 수 있을지 예술가들은 고심해야 할 것이다.

나는 여기서 좀 엉뚱한 에피소드를 소개하고 싶다. 화학자 프리드 리히 케쿨레(Friedrich August Kekulé)는 벤젠 분자구조 형태 해명에 몰두하던 어느 날 잠시 졸다가 뱀이 자기 꼬리를 물고 있는 꿈을 꾸었 다. 꿈에서 깨어난 그는 그 분자구조가 링 상태로 되어 있음을 깨달았 다. 아마 우리의 소설가 박상륭 씨라면 제 꼬리를 물고 있는 뱀의 모 습에서 불교적 윤회의 이미지를 발견했을 것이다.

쿼크이론을 발표해 1969년 노벨물리학상을 수상한 머레이 겔만 (Murray Gell-Mann)은 케쿨레의 이 일화를 소개한 후 자신도 잘못 뱉 어낸 말 속에 오히려 진리가 숨어 있음을 확인하게 된 과정이었다고 고백하였다. 그리고 바로 그런 과정을 19세기에 헤르만 폰 헬름홀츠 (Hermann von Helmholtz)가 말한 '포화', '부화', '해명', 그리고 여 기에 앙리 푸앵카레(Henri Poincaré)의 '검증'을 덧붙여 진리발견의 네 단계로 설명하고 있다. 즉 하나의 문제에 대한 모든 관심과 사유의 집중이 포화상태에 이르면, 그것이 어떤 형태로든 부화해서 하나의 달 걀이 어미 품에 오래 안긴 끝에 깨어나듯이 돌연한 진리 해명의 알을 깨게 되고, 그런 후 사후검증으로써 진리를 확인하게 된다는 것이다.

겔만이 설명하는 과학적 난제의 이 같은 해명 과정은, 놀랍게도 예술가들의 창작 과정과 거의 일치하고 있다. 조세희 씨가 《난장이가 쏘아올린 작은 공》의 한두 구절을 쓸 때 밤새 네댓 잔의 커피를 마시고 두 갑의 담배를 피워댔던 것처럼, 예술가들은 하나의 정확한 이미지를 찾아내기 위해 몇 날 며칠을 쉼 없이 자신의 내면 속에서 꿈틀거리며 방황하고 싸우고 껴안다가 어느 순간 문득 폭발하듯이 튀어나오는 이미지를 포착하여 언어와 영상으로 형상화함으로써 예술창조의 극적인 계기에 도달하는 것이다.

함께함: 과학의 발견과 예술의 창조

몇 권의 시집을 낸 시인이기도 한 1981년 노벨화학상 수상자 로알드 호프만(Roald Hoffmann)은 과학적 발견이나 예술적 창작이 "집중력, 객관성, 간결한 표현으로 장인기질을 발휘하는 창조적 행위"라는 공통성을 지적하면서, 그 차이는 다만 "과학이 하나의 답을 찾는 것에 비해 예술은 많은 답이 있는 문제에 몰두하는 것"일 뿐이라고 설명한다. 내게 이런 과학지식을 가르쳐준 《과학의 정열》(이숙연 옮김, 다빈치, 2001)의 편자 앨리슨 리차드(Allison Richard)는 "과학자는 창조적인 예술가에 더 가까워 천직으로 여겨야 한다"고 강조하면서 '초조, 애정, 절망, 매혹'이라는 예술가적 감수성을 과학자들에게 권고하고 있다.

과학자들에게 예술에서 이 같은 인간다움을 배우기를 권고한다면, 예술가들은 과학으로부터 무엇을 얻어올 것인가. 나는 앞서 과학과의 만남에서 예술가들이 드러내는 부정적 세계 인식을 진단하고, 예술에 틈입해와 그 예술을 변형시키는 과학과 기술의 힘에 경탄하며, 진리 또는 진실에 도달하는 내면적 과정의 유사성을 주목한 바 있다.

그렇기에 앞으로의 예술가들이 과학과의 만남을 통해 얻어 들여야 할 것은, 과학적 상상력을 통한 엄격함과 통찰력, 진리에의 진정성과 세계의 무한한 가능성 앞에서의 겸손함이 아닐까 생각한다. 그러한 과학적 인식과 태도가 과학기술이 창조해 내는 세계의 변화에 대한 예술가의 비판적 의지와 사유를 유효하게 만들 것이다. 과학이 예술 속으로 뛰어듦으로써 예술을 기술화하듯이, 예술은 과학의 발견술(heuristics)을 수용함으로써 과학의 성취 뒤에 숨은 오만을 폭로할 수 있을 것이기 때문이다.

이로써 예술적 창조와 과학적 발견의 태어남이 같은 자리에서 출발한다면, 과학자와 예술가는 그 결과 나타날 결론에서 다시 만나 그 책임을 함께 나누어 가질 수 있을 것이다. 과학이 러다이트(Luddite)를 결코 허용하지 않을 것이고, 더구나 과학기술의 위력이 인간의 인식과 사유, 삶의 감각과 실제, 예술창작의 개념과 수법에 전면적으로 작용할 것이기에, 책임의 공유라는 새로운 과제는 과학의 세기에 예술의 운명을 모색하는 예술가들에게 틀림없이 고통스러운 책무가 될지도 모른다. 공유해야 할 책임이란 아주 범박하게 말해서 지속 가능한 세계의 보존, 그리고 인간주의적 문화의 구성일 것이다. 미래를 향한 과학과 예술의 진정한 만남은 아마도 이 어려운 책무에서 그 입구를 찾아야 할 것이다.

예술, 진리, 과학적 인식

임홍빈 | 고려대학교 철학과 교수

Ⅰ

예술작품은 진리를 구현하고 있는가? 예술은 진리가 존재하고 표현되는 하나의 방식으로서 간주될 수 있는가? 철학의 역사만큼이나 오래된 이 문제를 다시 거론해야 할 이유는 무엇인가? 이 같은 물음을 추적하려는 시도는 마치 먼지와 거미줄을 뒤집어쓴 채, 아무도 거들떠보지 않는 폐광의 갱도를 헤집고 들어가는 것과 크게 다르지 않은 것처럼 보인다. 백남준이 남긴 말 가운데 "예술은 사기다"라는 언급은 오늘의 주제를 풀어가는 데 적절한 단초로 이해된다. 예술이 본질적으로 허구의 세계와 관련한다는 인식은 너무도 자명해서, 더 이상의 논의를 필요로 하지 않는 것처럼 보인다. 허구로서의 예술이란 관점은 예술과 진리라는 주제의 설정을 의심스럽게 만들기에 충분하다.

그러나 적지 않은 미학자들이나 예술가들은 예술이 독특한 방식으로 존재하는 세계나 인간에 관한 진정한 이해를 바탕으로 허구 속의 진리를 표현할 수 있다고 주장한다. 예술이 나름대로 고유한 진리의 내용을 함축한다면, 그것은 분명 과학이나 철학이 의존하는 개념체계나 수학과 같은 상징체계는 아닐 것이다. 독일 고전철학의 대표적 사상가인 헤겔(G. W. Friedrich Hegel), 20세기 현대철학사상에 가장 큰 영향력을 끼친 인물 가운데 하나인 하이데거(Martin Heidegger), 한때 작곡가로서의 길을 걸었던 아도르노(Theodor Adorno), 그리고 최근에는 미국 철학자 넬슨 굿맨(Nelson Goodman) 등이 대표적으로 예술작품이 고유의 세계인식을 함축한다고 주장한다. 심지어 헤겔은 진리가 가상(der Schein)을 통해서 드러나는 것(scheinen)은 필연적이라고 말함으로써 가상으로서의 예술이 인간정신의 본질적 표현이자 실현방식이라는 관점을 지지했다. 이 같은 관점은 오늘날 쾌감을 불러일으키는 취미의 관점에서, 혹은 정서적 만족감의 차원에서만 예술을 이해하는 입장에 대해 비판적일 수밖에 없다.

사람들은 예술에 대해 단순한 감성적 만족 이상의 관심을 보인다. 왜 우리는 허구나 환상의 세계에 속한 예술작품에 대해 반응하거나 혹은 적극적인 관심을 갖는가? 존재하지 않는 것에 대한 믿음이나 잘못된 믿음이 심리적 실재로 작용하는 것처럼, 허구로서의 예술작품에 대한 인간의 집요한 관심은 인간의 자기오해, 자기기만의 한 방식인가? 예술작품의 비실재성에도 불구하고 역사 이전의 시기부터 발견되는 개별 문화권을 초월하는 예술작품의 보편적인 위상은 실로 흥미로운 현상이 아닐 수 없다.

허구에 대한 체험은 종종 일상성의 세계를 넘어서는 초월의 체험으로 규정할 수 있을 것이다. 신화적 세계관이 지배하던 시기를 제외한다면, 예술을 통한 초월의 체험은 종교적 초월과 달리, 그 어떤 규범적 질서나 인격적 권위의 절대성을 전제하지 않는 내재적 초월이다. 내재적 초월은 허구가 단순히 환상적인 비실재 세계로의 이행이 아니라 실재와 중첩된 교직의 방식으로 관련하는 실재와 닮은 허구, 혹은 허구를 통한 유사-실재의 체험과 같은 양상을 지닌다는 것을 의미한다. 예술의 세계에서는 자연적인 세계 이해의 방식이 통용되지 않지만, 그렇다고 우리가 경험하는 인간과 세계에 대한 인식과 전혀 무관한 환상적 허구가 예술작품의 세계를 대표한다고 보기도 어렵다. 우리는 환상적 허구와 인간의 자기이해와 관련된 가상적 허구를 구별함으로써 비로소 '허구를 통한 진리의 표현', 혹은 '허구 속의 진리'란 표현에 실체성을 부여할 수 있다.

그런데 허구를 통한 진리는 인식적 가치를 지니는가? 예술작품은 설명적 지식이나 명제화된 인식의 차원을 지향하지 않는 한에서 현상세계에 대한 정보의 축적과 전달, 지식의 객관적 검증/반증 등이 가능한 과학적 인식과 양상을 달리한다. 이 점에서 예술은 본질적으로 인간의 자기이해/자기표현의 한 방식으로 간주되기도 한다. 즉 칸트의 언급대로 그것은 인간 자신의 지적 차원과 상상력의 유희적 연관 속에서 전개되는 사건으로 볼 수도 있다. 물론 예술작품은 일정한 형식적 질서와 원리의 객관적 타당성에 근거한 세계 인식의 한계에 대한 인식을 일깨움으로써 세계 자체의 모호성, 불가해성에 대한 감수성을 촉발시키기도 한다. 그러나 이 같은 대안적인 세계 이해의 가능성이 항상 작품의 미학적 성질에 의해서 열리는지는 불투명하다. 즉 허구를 통한 진리가 작품 자체만의 고유한 미학적 성질로부터 비롯한다고 보기는 어렵다. 이제 나는 예술의 진리내용이 미적 주체와 작품 사이에 전개되는 과정을 통해서 드러난다고 주장할 것이다.

Ⅱ

예술의 진리는 가상의 전개과정에서 작품에 대한 해석과 경험의 한복

판에서 발생하는 사건이다. 진정성을 지닌 작품일수록, 그 작품과의 만남으로 전개되는 미적 체험은 매번 특별할 수밖에 없다. 마치 사랑하는 사람과의 만남이 매번 새롭고, 새로운 발견으로 인도하는 것처럼, '동일한' 작품과의 대화는 거듭되는 경험에 의해 지루해지거나 복제가 가능한 경험의 방식으로 반복 재생산되는 것이 아니라 매번 새롭게 탄생한다. 이런 의미에서 예술과 진리의 연관은 다른 인식활동과 달리, 특정 대상에 대한 정보나 지식을 지속적으로 제공하는 방식과 무관한 것으로 이해되어야 한다.

따라서 예술을 통한 인식은 인식주체와 대상의 관계가 아니라, 작품과 미적 체험의 주체 사이에 전개되는 반복 불가능한 사건으로 이해된다. 여기서 작품은 분석적 사유의 대상으로 설정되는, 즉 실험이나 객관적 관찰의 대상으로 물상화되는 어떤 실체가 아니라, 미적 경험의 '참여자'로서의 위상을 지닌다. 따라서 탁월한 작품일수록 미적 주체의 능동적인 해석을 요구하는 참여자로서의 고유한 생명력을 지니게 되는 것이다. 작품의 해석은 미적 주체로 하여금 인식능력의 모든 계기들을 동원할 것을 요구하지만, 진정한 예술작품 자체의 이 같은 특성은 제한된 인간적인 표현이나 비평가의 명제로 가시화되는 해석의 한계를 자인하도록 요구한다.

예술의 체험이 단순히 인간의 감성에 의존해서 이루어진다는 견해 역시 의심스러운 주장이다. 나는 진리가 작품에 정태적인 실체의 양태로 구현되어 있다고 보지 않는다. 진리는 진정한 작품에 대한 우리의 적극적인 참여와 해석에 의해 전개되는 일회적 사건으로 그 모습을 드러내기 때문이다. 바로 그 같은 이유로 인해 예술가의 의도는 작품을 통해서 완전히 구현되고 소진되어 버린다고 보기 어렵다. 따라서 현대 미학에서 논의되었던 지향적 오류(intentional fallacy)의 문제는 작품의 자기 준거성이 강조되고, 작품이 지칭하는 외부세계와의 연관이 해체되어 갈수록 더욱 중요해진다. 그렇다고 해서 작가/예술가의 의도가 작품의 형성 과정에 대한 이해에 불필요하다는 극단적인 주장에 동의할 필요는 없다. 단지 작가의 의도는 물리적 실체로서의 작품을 구성하는 하나의 계기일 뿐이다. 작품의 온전한 의미는 종종 고도의 감성과 상상력, 이성 등을 수반한 미적 주체의 참여에 의해서 전개되는 해석의 사건에 의해 드러나기 때문이다. 만약에 진리개념을 감추어진 것을 들추어내는 작업으로 이해할 수 있다면, 현대예술의 작품들일수록 그 추상적인 자기준거성과 예술언어의 다양성으로 인해 보다 집요한 지적 노동을 요구한다. 이는 예술이 미적 주체의 지적 노동과 섬세한 감수성의 적극적 개입을 통해서만 스스로의 세계를 열어 보인다는 측면에서 정당한 요구로 이해된다.

Ⅲ

예술의 진리성에 대한 또 다른 반론은 그 같은 주장이 근대의 상징체계가 전개되는 방식에 대한 일반적인 인식과 배치된다는 전제를 깔고 있다. 역사 속에서 전개된 담론체계와 이에 상응하는 제도들의 자율성을 염두에 둔다면, 예술과 진리를 함께 묶어 논하거나, 예술작품이 진리의 내용을 함축한다는 주장 등은 시대착오적인 발상에 지나지 않는다는 비난이 제기될 수 있다. 예술작품은 기껏해야 그 고유의 표현적 특성이나 의미심장한 형식의 특이성, 혹은 그 생산과정이나 미적 체험의 과정에서 요구되는 상상력의 차원을 통해 이해되는 것으로 전제되어 왔던 것이다. 그렇다면 예술의 진리는 단지 상징체계들 간에 존재하는 차이들을 간과한 일탈적 발상에 지나지 않는가?

　사물들의 세계에 대한 인간의 다양한 해석들이 엄격하게 그 설명력의 정도와 형식적 유형이 보이는 차이에 따라 분리되지 않았던 주술적 세계는 더 이상 우리들의 세계가 아니라는 것이다. 사물들에 대한 앎과 외경심, 표현의 힘에 의한 존재와의 직접적인 교감이 하나의 통합적인, 혹은 아직 분화되지 않는 세계해석의 전형적인 방식으로 존재하던 시기는 이미 과거의 경험으로, 혹은 역사 이전의 원초적 체험으로만 남아 있을 뿐이다. 그 결과 수천 년에 걸친 인류의 자기계몽 과정은 세계해석의 다양한 방식들이 분화되고 나아가서는 개별적인 의미체계들이 고유의 문법에 의해 작동하기 시작한 과정으로 이해된다. 즉 인류사의 획기적 전환으로 간주되는 근대는 바로 예술과 기술, 과학, 철학, 종교 등이 제각기 자율적으로 작동하는 상징의 질서로 재편되고, 나아가 개별적인 상징체계의 문법이 고유의 제도화된 질서로 등장하는 역사의 특이한 단계로 이해되고 있는 것이다.

　따라서 그 대상이 무엇이든 실재의 세계에 관한 검증 가능한 객관적인 진리는 오직 개별 과학에 의해서만 생산된다는 실증주의가 근대화의 정점인 20세기 초반에 팽배했던 것은 당연한 역사적 귀결이다. 그러나 과학적 인식이 반드시 인식 대상이 되는 실재의 세계를 전제해야 하고, 이론적 인식은 실재의 질서를 그대로 반영한다는 관점은 오늘날 더 이상 받아들여지기 어렵다. 더구나 특정한 이론의 유용성이 이론 자체의 인식론적 참이나, 이론이 서술하는 실체의 존재 자체를 전제한다고 볼 수 없다는 것이다. 우리는 과학적 설명의 모형이나 개념의 체계가 도입되는 과정에서 이미 '허구'가 일정한 의미를 지닌다는 점을 간과하기 어렵다. 과학적 인식의 내부에서도 실제로 그 존재 자체가 확증되지는 않지만 일정한 설명적 가치를 지닌 쓸모 있는 개념이나 이론적 모형들이 설정될 수 있는 것이다. 이러한 점에서 '허구'

는 과학적 인식 자체의 구성에 이미 항상 관여해 왔다고 볼 수 있다. 다만 우리는 과학적 지식의 유용성을 근거로 과학적 허구와 비과학적 허구가 구별되어야만 한다고 주장할 수 있을 것이다.

　예술을 통해 자연과 사회에 내재하는 역학관계나 원리들에 대한 지식을 확보할 수 있다고 믿는 사람들은 거의 없을 것이다. 설혹 재현적 가치를 추구하는 예술행위나 작품들이 과학적 인식과 동일한 목표를 추구하는 듯이 보이는 경우에도, 우리는 그와 같은 사태들이 과연 작품 자체의 미학적인 특성에서 연유한 것인지에 대해 의심할 권리가 있다. 감성에서 연유하는 은유나 상징들을 통한 세계이해가 개념과 수리적 질서 같은 정연한 기호의 의미에 의해서 대체되거나 지양될 수 있다는 과학주의의 견해에 동조할 수도 있다. 최소한 이 점에서 현대의 과학적 세계관의 우월성에 대한 확신은 플라톤주의의 한 변형으로 이해될 수 있을 것이다.

　그러나 분명한 사실은, 은유나 다양한 상징들이 세계를 이해하고 포착하는 또 하나의 다른 가능성인 한에서, 예술 역시 과학적 세계이해의 방식에 의해서 일방적으로 수렴될 수 없다는 것이다. 결국 개념과 직관, 표상, 감성 등의 사이에 인식론적 위계질서가 성립한다는 견해 자체는 특정한, 그 근거가 불확실한 형이상학에 기대지 않는 한, 성립될 수 없다는 것이다. 서로 상이한 매체와 정신의 차원을 전제한 세계이해의 방식들이 일련의 선형적인 발달단계 속에서 정렬될 수 있다는 생각 자체는 이제 전통적인 형이상학의 오류에 지나지 않는다.

　일견 예술의 진리는 예술작품들에 의해서 드러나는 감성적 매체의 특정한 가능성들에 의존하고 있는 것처럼 보이지만, 작품의 구성과 해석의 과정에서 세계이해의 다양한 차원들, 가령 예술가의 실천적인 의지나 세계 인식의 동기 등이 이미 관여한다는 사실은 잘 알려져 있다. 즉 표현의 진정성에 대한 예술가의 관심만이 작품의 구성에 관여하는 것은 아니다. 두말할 나위도 없이 하나의 작품 속에 다양한 관점들과 '언어들', '세계관들'이 구현될 수 있는 것이다.

마지막으로 우리는 예술의 진리내용이 언어에 대한 다원주의적 관점에 의해서만 뒷받침될 수 있다는 점을 강조해야 할 것이다. 먼저 예술작품을 일종의 '언어'로 간주할 때, 우리는 의사소통과 지칭적 질서의 의미세계를 전제하는 언어와 표현적 가치를 추구하는 언어를 구별해야 할 것이다. 우리는 심지어 현대예술 자체의 내부에서도 언어 다원주의가 지배적인 경향임을 알 수 있다. 오늘날 현대예술이 보이는 언어의 다양화나 추상화 현상은 언어와 실재의 연관이 해체되는 일련의 과정과도 맞물려 있지만, 예술의 내부에서조차 의사소통의 문제가 제기되는 이유는 무엇보다 현대예술을 지배하는 다원주의적 언어관에서 연유한다. 예술의 진리내용은 단순히 명료한 의미론적 질서에 의존하지 않을 뿐만 아니라, 근본적인 의미에서 그 어떤 설명적 가치를 우선적으로 추구하지 않기 때문이다. 오히려 과학과 달리 예술에서 표현되는 진리의 내용은 예외 없이 표현의 형식에 대한 실험적인 시도와 긴밀하게 결부될 수밖에 없다.

반면에 과학자가 탁월한 수사력으로 자신의 연구결과를 기술하거나 일반 대중들에게 설명할 수 있다고 해서 그 같은 자질이 곧 과학적 탐구자로서의 평가와 직결되지는 않을 것이다. 다만 보다 간결하고 아름다운 수식에 매료된 과학자가 우연히 은폐된 자연의 또 다른 얼굴과 마주하게 된다면, 그는 이미 인간적인 정신의 총체성을 체화하고 있는 것이다. 이 순간 우리는 종종, 항상 그렇지는 않지만, 과학과 예술, 철학이 모두 동일한 인간적 정신의 표현이라는 것을 경험하게 된다.

음악의 과학적 실체

– 서양음악을 중심으로

이여진 | 이화여자대학교 작곡과 교수

1912년은 서양음악사에서 하나의 획을 긋는 중요한 해이다. 이는 곧 스트라빈스키(Igor Stravinsky, 1882~1971)의 《봄의 제전*Le Sacre du Printemps*》, 드뷔시(Claude-Achille Debussy, 1862~1912)의 《유희*Jeux*》, 그리고 쉔베르그(Arnold Schöenberg, 1874~1951)의 《달의 피에로*Pierrot Lunaire*》가 작곡된 해이다. 즉 그동안 바로크시대 이후 고전과 낭만을 통해 고수되어 오던 규칙적 박자는 《봄의 제전》으로 인해 불규칙한 박자로, 폐쇄형식(closed form)은 《유희》로 인해 개방형식(open form)으로, 그리고 조성(tonality)은 《달의 피에로》로 인해 무조성(atonality)으로 대변혁을 가져옴으로써 과거와의 결별(*fin de ciecle*)을 통한 20세기의 새로운, 소위 현대음악을 잉태하는 바로 그런 역사적 의미의 한 해인 것이다.

이러한 새로운 개념들은 20세기 음악의 기반을 이루면서 1931년 바레즈(Edgard Varese, 1883~1965)는 13인의 타악기 연주자를 위한 《이온화*Ionisation*》에서 불규칙한 박자의 극치와 함께 새로운 음향의 추구로까지 발전을 시키는가 하면, 1953년 세나키스(Iannis Xenakis, 1922~2001)는 《메타스타시스*Metastasis*》(1953~4)를 통해 르 코르뷔지에(Le Corbusier, 1887~1965)의 '필립스 관(Pavillion Philips, 1958)' 건축 양식을 음악적 모델로 삼음으로써 그때까지 음악에서 상상할 수 없었던 새로운 음악 형식을 탄생시켰다. 또한 1924년 쉔베르그에 의해 최초로 정립된 도데카포니(dodecaphony),[1] 즉 12음 기법을 1952년 불레즈(Pierre Boulez, 1925~)가 《구조 I *Structure I*》에서 총열화(total serialization)로 발전(?)시킴으로써 음도(pitch) 외의 음악요소들, 즉 리듬(rhythm), 강약(dynamic), 아티큐레이션(articulation)까지를 서열화(serialize)하여 이를 통해 작곡의 자동화(automatization)를 이루었다. 절대음악(absolute music) 작곡개념상 상당한 문제[2]를 지닌 이 기법에서 음악 요소들의 원자화(atomization)는 그러나 1960년대 초반 맥스 매튜스(Max Mathews, 1926~)에 의해 MUSIC 5로 명명된 컴퓨터를 통한 음 합성 과정에서 음을 구성하고 있는 각각의 모두 다른 요소들의 분리된 개별적 입력 방식을 예시라도 하는 듯하다.

제2의 불의 발견이라 일컬어도 과히 손색이 없을 컴퓨터는 이제 우리 삶의 구석구석에까지 파고들어 한시도 없어서는 안 될, 우리 생활에서 가장 중요한 자리를 이미 확보하였다. 음악에서 컴퓨터는 불과 40년 남짓한 짧은 시간에 20세기 최고의 '건반악기'로서 그 위세를 과시하고 있다. 컴퓨터라는 악기는 우리가 감지할 수 있는 최저음부터 최고음까지 막대한 음역을 생성할 수 있으며, 우리 인간의 능력으로는 가능치 않은 미세한 리듬 분할을 할 수 있으며, 우리 청각이 감지할 수 있는 가장 여린 소리로부터 우리의 고막을 실제로 터트릴 수 있는 막강한 크기의 음량까지 출력 가능하며, 거의 무한대의 음의 분할을 통한 미분음[3]을 조정할 수 있으며, 우리가 상상할 수 있는 어떤 새로운 음색[4]도 창조 가능한 만능의 새로운 악기인 것이다.

이 같은 컴퓨터는 이것이 지닌 각각의 음악 요소들에 대한 엄청난 기능적 확장과 막강한 능력 그 자체로서 중요한 것도 사실이지만, 이를 통해 이제 작곡가들은 음의 새로운 진행에 따른 창작만이 아닌 그 특정한 작품을 위한 그들이 상상하는 새로운 음색 또한 구현할 수 있게 됨으로써 이전 작곡가들이 당시 기존의 악기에 의존, 즉 예를 들어 피아노라면 피아노라는 자신이 만들어내지 않은 기존의 음색에 오직 음들만을 새롭게 작곡한 데 반해 이제는 음뿐만이 아닌 가상의 악기 또한 작품마다 새롭게 고안해낼 수 있게 됨으로써 그동안의 반쪽이 아닌 완전한 의미의 창작으로서의 음악 작품을 탄생시킬 수 있게 된 데 그 진정한 가치와 중요성이 있다고 하겠다.

[그림 1]

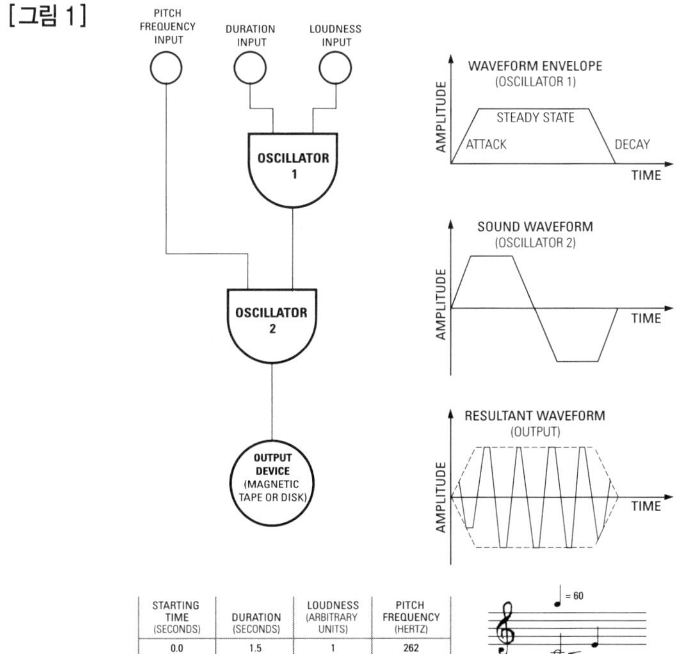

STARTING TIME (SECONDS)	DURATION (SECONDS)	LOUDNESS (ARBITRARY UNITS)	PITCH FREQUENCY (HERTZ)
0.0	1.5	1	262
2.0	.25	5	325

파형(wave form)의 계속적인 샘플(sample)들을 나타내는 일련의 숫자를 효율적으로 생성할 수 있도록 설계된 MUSIC 5의 기본 개념은 [그림 1][5]과 같다.

이제 작곡가들은 단원발전기(unit generator)들을 다양한 방법으로 연결시킴으로써 자신만의 독특한 음악적 기능과 음색의 컴퓨터 악기와 이에 따른 악보를 동시에 창조해낼 수 있게 되었다. 이는 컴퓨터 출현 전까지만 해도 전혀 상상조차 할 수 없었던 작곡 개념과 작곡 방법의 일대 혁명으로서 그 가능성의 막대한 범위와 한계마저를 현재로서는 추측조차 하기 어려운, 참으로 경이할 만한 비약적 성취인 것이다.

음 합성기법으로는 각각의 배음(partials)들을 이들 각각의 독립된 주파수(frequency)와 이들의 포락선(envelope)과 함께 각각 합성한 후 이들을 모두 합쳐 합성음을 만들어내는 부가 합성(Additive Synthesis) [그림 2],[6] 필터(filter)의 병렬(parallel) 또는 일련(cascade) 연결을 여

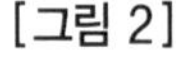 [그림 2]

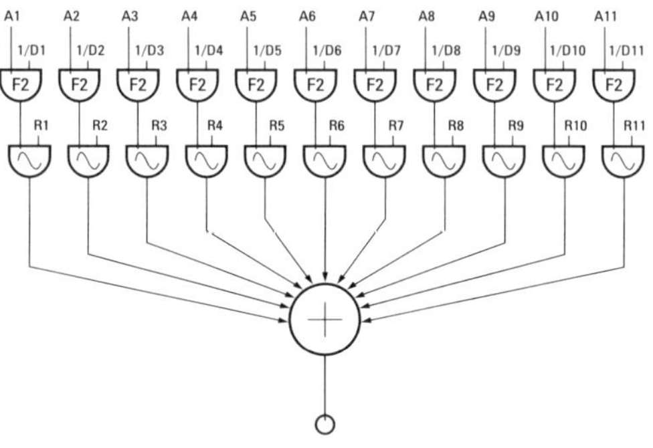

Amplitudes		Durations		Frequencies	
A1	AMP	D1	DUR	R1	FREQ*.56
A2	AMP*.67	D2	DUR*.9	R2	FREQ*.56+1
A3	AMP	D3	DUR*.65	R3	FREQ*.92
A4	AMP*1.8	D4	DUR*.55	R4	FREQ*.92+1.7
A5	AMP*2.67	D5	DUR*.325	R5	FREQ*1.19
A6	AMP*1.67	D6	DUR*.35	R6	FREQ*1.7
A7	AMP*1.46	D7	DUR*.25	R7	FREQ*2
A8	AMP*1.33	D8	DUR*.2	R8	FREQ*2.74
A9	AMP*1.33	D9	DUR*.15	R9	FREQ*3
A10	AMP	D10	DUR*.1	R10	FREQ*3.76
A11	AMP*1.33	D11	DUR*.075	R11	FREQ*4.07

러 다른 방법으로 조작하여 얻는 감가 합성(Subtractive Synthesis)[그림 3],[7] 변조 오실레이터(modulating oscillator)와 운송 오실레이터(carrier oscillator)를 연결하여 얻는 주파수 전조 합성(Frequency-Modulated Synthesis)[그림 4][8] 등이 있다.

성문(glottis)의 유사 주기적 진동(vibration)에 의한 유성음(voiced)을 버즈발전기(Buzz generator)로, 마찰음(fricative)과 파열음

[그림 3]

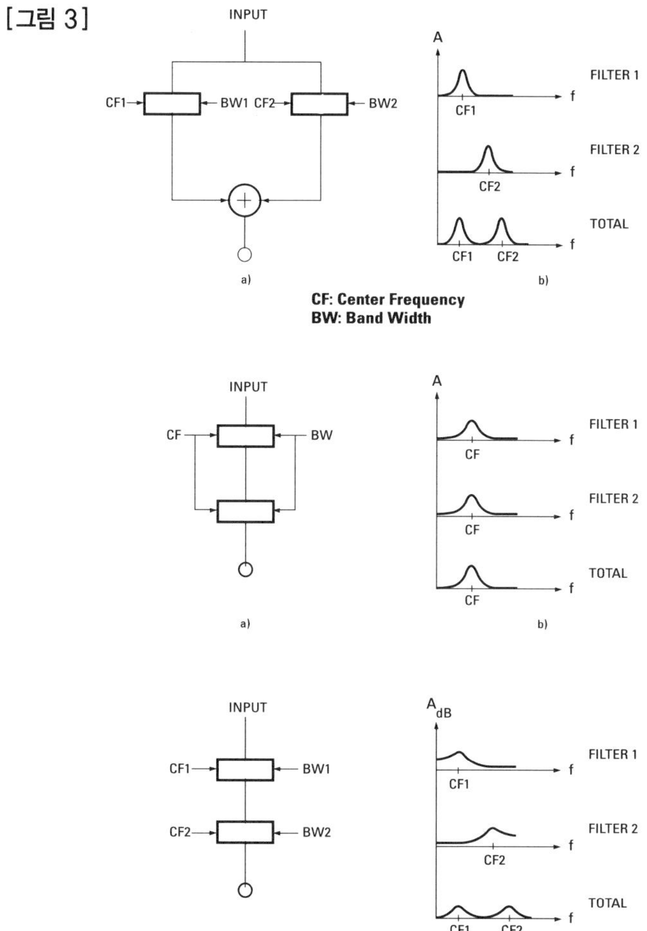

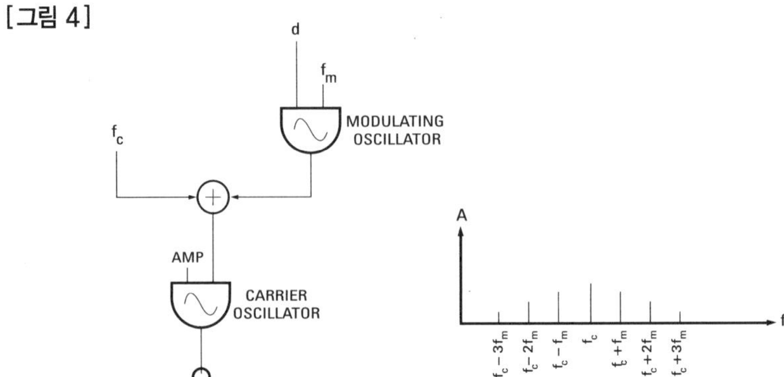

(plosive)의 무성음(unvoiced)을 랜드발전기(Rand generator)로, 그리고 언어신호를 각각의 분절에 따라 일련의 분음 분포로 하는 포먼트 추적(Formant Tracking)과 언어 파형의 이전 값에 의해 미래 값을 예측하는 통계학적 분석방법인 선적 예측 부호(Linear Predictive Coding)를 통해 분석된 음성의 음도, 속도, 진폭, 그리고 공진(resonance) 구조를 조작하여 얻는 언어 합성(Speech Synthesis) 기법을 예로 들 수 있다[그림 5].[9]

Fundamental, partial, amplitude, frequency, envelope, wave forms, oscillator, buzz generator, rand generator, band-pass filter, band-reject filter, all-pole filter, coefficient, formant 등 이상에서 언급된 과학적 용어들은 그러나 컴퓨터 음악 작곡에서 사용되는 필수 개념[10]의 극히 일부에 지나지 않는다.

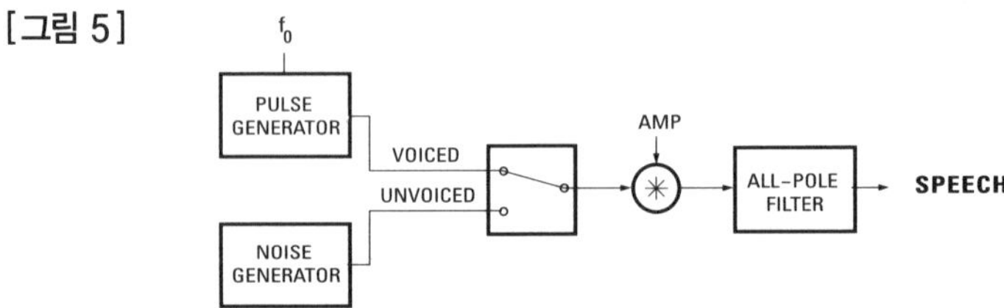

그렇다면 음악에서 통상적으로 우리가 생각하는 음악이론 외의 타 학문, 더 구체적으로는 과학과 연관된 학문들은 갑작스럽게 현대에 와서, 그것도 오직 컴퓨터 음악에만 적용되는 현상일까?

앞서 언급한 작곡가들 중 세나키스는 건축물을 모델로 삼은 음악으로부터 한걸음 더 나아가 수학적 임의선택(randomness)을 음악작품에서의 음 가치로 전환한, 일명 스토캐스틱(Stochastic) 음악을 통해 우연성을 논리화하는 노력을 기울였는가 하면, 12음 음악은 밀턴 바빗(Milton Babbitt, 1916~)에 의한 체계화를 거치면서 set theory, 즉 수학에서의 소위 집합이론이 이제 음악이론화되어 하나의 중요한 음악분석이론으로 자리 잡게 되었다.

이 같은 수학적 음악작품들은 기계적 냉혈 작품일 것이라는 우려와는 반대로, 예를 들어 바르톡(Bela Bartok, 1881~1945)이 사용한 피보나치 수열(Fibonacci Series)에 의한 후기 작품들, 한 예로 《현악기, 타악기, 첼레스타의 음악*Music for Strings, Percussion, and Celesta*》(1936)에서 헝가리 음악의 정신과 예술성은 그의 초기 마자르(Magyar) 민속음악의 소재를 직간접적으로 응용한 작품들에서보다도 오히려 훌륭히 표출되어 있는 것이다.

앞서 세나키스가 '필립스 관'을 수학적 모델로 《메타스타시스》를 작곡했다는 것 역시 사실 서양 음악사를 통해 볼 때 그리 놀랄 만한 사건도 아닐지 모른다. 왜냐하면 이미 15세기 듀파이(Guillaume Dufay, 1400~1474)는 피렌체의 산타마리아 델 피오레 대성당(Santa Maria del fiore)의 수학적 비율을 그의 모테트(Motet) 《이제 장미꽃이 피었네 *Nuper rosarum flores*》에서 사용하였고, 이 같은 사례는 이 외에도 상당수 존재하고 있기 때문이다. 사실 중세와 르네상스 시대에 비율(proportion) 이론은 음정과 음가는 물론 작품 구조에 이르기까지 음악적 사고의 중심에 있었다고 해도 과언이 아닐 것이다. 예를 들어, 팅토리스(Johannes Tinctoris, 1435~1511)의 《음악의 비례*Proportionale Musices*》(1473~4)[11]에 언급된 불균등 비율(inequality proportion) 외에 성립 가능한 비율은 무려 총 304종류에 이른다. 중세와 르네상스 시대의 이 같은 수학적 비율은 세나키스뿐만 아니라 엘리엇 카터(Elliott Carter, 1908~)의 소위 박자 전조(metric modulation)[12]에서 역시 새롭게 부활한다.

그렇다면 이 같은 수학적 개념의 음악적 수용은 중세에서 최초로 이루어진 것인가?

중세의 모든 음악이론은 전적으로 고대 그리스 음악을 기초로 발전된 것이다. 이제 잠시 서양음악의 시원으로 돌아가보자.

비율 2:1이 옥타브(octave)라는 피타고라스(Pythagoras, B.C. 570~B.C. 500)의 정의는 한마디로 서양음악의 기초가 과학적 사고, 즉 수학에 기초하였음을 단적으로 증명한다고 하겠다. 비율 2:1의 옥타브와 비율 3:2의 순정(pure) 5도를 기초로 한 소위 피타고라스 음계(Pythagorean scale) 외에도 우리에게 순정율(Just) 음계로 알려진 프톨레미(Ptolemy, 100~170)의 온음계적 합조(Diatonic Syntonon), 또는 피에트로 아론(Pietro Aron, 1480~1550)의 중간음율(Meantone Temperament) 등 수십 여 종류가 넘는 각기 다른 음계 체계가 당시 이론적으로 계산되고, 실험되고, 그리고 실제로 사용되었던 것이다.

그 유명한 바흐(J. S. Bach, 1685~1750)의 《평균율*The Well-Tempered Clavier*》 역시 당시까지 사용되었던 중간음율로는 3개의 올림표(sharp)와 내림표(flat)가 초과 사용된 작품을 건반악기로는 연주가 불가능하다는 이론적 모순을 극복한 Equal Temperament, 즉 평균율 체계로는 모든 가능한 24개의 다른 조(key)들의 작품이 연주 가능하다는 것을 최초로 증명한 역사적 불멸의 작품인 것이다. 실상 중간음율과 평균율 조율에 의한 완전 5도 음정의 차이는 불과 3센트(cents)[13]에 불과하므로 일반 청중이 그 미세한 차이를 알아듣기란 거의 불가능함에도 불구하고 수학 법칙이 그러하듯 음악 법칙과 이론들에서도 역시 한 치의 오차도 허락되지 않는 것이다. 뿐만 아니라 평균율 조율에서 옥타브를 동등하게 12등분 한다는 것은 $\sqrt[12]{2}$ 라는 당시로서는 고난도의 수학적 해결을 요구하는 것이었던 것으로 당시 가장 첨단의 수학적 비율이 서양음악의 기초 기본 자료인 음계(scale)로서 현재까지도 사용되어 오고 있는 것이다. 그럼에도 불구하고 이제 와서 우리는 어떤 이유에서 음악은 수학과는 전적으로 무관하다고 여기게 된 것일까?

현재까지도 일반인들에게 서양음악의 기준이 되는 고전(Classic)과 낭만(Romantic) 음악의 두 기본 이론인 대위(Counterpoint)와 화성(Harmony) 역시 기본적으로는 3화음(triad)의 조합에 의한 진행으로 이루어진다. 즉 숫자저음(figured bass)으로 일컬어지는 $\frac{5}{3}$, 6, $\frac{6}{4}$, 7, $\frac{6}{5}$, $\frac{4}{3}$, $\frac{4}{2}$ 등등은 저음(bass)으로부터 다른 성부들의 음정관계를 숫자로 정확히 나타낸 것들이다. 그리고 이 같은 숫자저음만을 바흐나 코렐리(Arcangelo Corelli, 1653~1713) 등 당시 작곡가들은 사용하였던 것이다. 그러나 현대식 집단 교육이 발달하면서부터 숫자저음의 중요성보다는 으뜸음(Tonic)이니, 딸림음(Dominant)이니 하는 음의 기능적 용어가 무자비하게 무차별적으로 음악이론을 지배하게 됨으로써 실제로 그 근원을 이루는 수학적 개념은 마치 음악에서 배제된 듯한, 내지는 전혀 상관도 없는 것처럼 착각되기 시작한 것이다. 그러하기에 처음 12음 음악이 등장하였을 당시부터 지금까지도 이 12음 음악에 대한 여러 저항감 속에는 도데카포니가 지닌 12로 인해 숫자가 이와는 무관한 음악 영역을 침범했다는 낯선 인상 때문인 것 역시 쉽게 간과할 수만은 없는 이유 중 하나일 것이다.

이 시점에서 우리는 동서양을 망라하여 모든 전문 음악서적에서 한결같이 주장하는, 20세기 음악은 과연 과거 전통음악의 부정과 붕괴의 결과로 초래된 것인가에 대한 논리와 정당성에 대해 질문하지 않을 수 없겠다.

앞서 요약적으로나마 살펴본 바와 같이 컴퓨터 음악에서의 수학과 물리 법칙의 사용은 말할 것도 없고 서양음악의 원천 자료인 음과 음정, 선법과 음계는 물론 음들의 조합과 진행 등 이 모든 것들은 결국 수학적 비율과 조합, 그리고 물리적 현상들의 조화로운 음악적 변신의 결과인 것이다. 그리고 컴퓨터만이 기계인 것이 아니라 피아노며 기타 모든 전통 악기들 역시 실인즉 기계적 산물에 불과하다. 뿐만 아니라 음악이 우리의 정신세계를 반영하는 것은 분명한 사실이지만 이를 형성하는 원천 자료와 진행의 원리는 서양음악의 시작부터 현재까지 한결같이 수학과 물리에 그 바탕을 두어 온 것이다. 그러하기에 그리스 시대의 콰드리비움(Quadrivium)에서도 수학, 기하학, 천문학과 함께, 그것도 첫번째 서열 수학 바로 아래에 음악이 중세의 4학(學)으로 자리하고 있었지 않은가!

다시 말해 고대, 중세, 르네상스와 그리고는 시대를 건너뛰어 20세기 컴퓨터 음악에만 이 같은 과학적 논리들이 존재하고 고대, 중세와 현대의 중간에 위치한 고전과 낭만 시대의 음악에서는 갑자기 과학적 지식이 모두 사라져 이와는 전혀 무관한 것들로 구성된 음악이라는 것은 결코 받아들일 수 없는 망상에 불과한 것이다. 그러하기에 과거 전통음악의 붕괴나 파괴가 아닌 끊임없는 연속적인 발전과 확장의 결과 20세기 음악이 탄생되었고, 이들 서로가 공유하는 기초 학문이 바로 그동안 우리 기억 속에서 잠시 잊혀졌던 수학이요, 물리학임을 우리는 20세기 음악, 특히 컴퓨터라는 이름의 악기를 통해 새삼 재확인하는 분명한 계기가 되었다는 주장인 것이다.

많은 이들은 수학적, 과학적, 그리고 분석적 접근은 예술적이지 않을 것이라고들 쉽게 말해버리지만, 예를 들어 별자리를 더 많이 아는 이가 그렇지 못한 이보다 저 밤하늘의 아름다움을 보다 더 만끽할 것은 너무도 자명한 사실일 것이다.

이제 21세기에 들어선 우리 음악이 해결해야만 할 앞으로의 여러 과제들 중 두 가지만을 요점적으로 지적하고자 한다.

그 첫번째는 앞으로의 음악 전문교육에 관한 것이다. 최근 들어 일부 대학에서 진행되고 있는 통합 과정을 보면서 안타까운 마음을 넘어 커다란 실망과 좌절을 느낌은 왜일까?

예술이라는 명제 하에 음악과 미술, 심지어는 의류의상까지를 통폐합하여 교육하겠다는 주장이다. 우리가 눈으로 《운명 교향곡》을 들을 수 없고, 귀로 《게르니카 *Guernica*》를 볼 수 없으며, 미학과 철학 기타 학문들이 중요하지 않아서가 아니라 미술 또는 인문대학의 교과과정이 음악대학의 음악교과를 결코 대치하여서도, 할 수도 없는 것이다. 괴테(J. W. von Geothe)의 《파우스트 *Faust*》 가운데 "Those who do not know the technique of its craft, never be a master over its spirit"라는 명언을 상기한다. 즉 예를 들어 피아노를 한 번이라도 배워본 사람이 그렇지 못한 사람보다 피아노 작품과 연주에 대해 보다 깊이 이해할 수 있고, 감상할 수 있고, 평가할 수 있듯이 실제 "그 기술(technique)을 모르는 자는 그 예술품(craft)에 담긴 정신 또한 결코 정복할 수 없다"는 말이다. 형이상학(Metaphysics)은 어디까지나 형이상학일 뿐 그 이상도 이하일 수도 없을 것이다. 따라서 음악과 미술이

만나는 지점은 청각과 시각이 서로 뒤바뀐 새로운 인조인간을 만들어
내는 것이 아니라 이들 두 학문의 가장 저변의 기초를 이루는 기본 과
학 영역에서인 것이다. 음악대학의 진정한 개혁은 청각 외 다른 감각
을 요하는 타 예술 학문과의 통합이 아니라 기초 과학학문 분야와 접
목된 음악교육으로 전환함으로써 과거 100여 년 넘게 반복해온 모방
과 답습으로부터의 과감한 탈피일 것이다. 그렇게 하기 위해서는 음악
이론 외에 음악과 관련된 수학, 물리학, 컴퓨터 프로그래밍(progra-
mming), 공학, 음향학, 심리음향학(Psychoacoustics) 등의 기초 과학
관련 교과목들이 필수적으로 전문 음악교육[14]에 시급히 도입되어야만
할 것이다.

아인슈타인(Einstein)의 상대성원리가 발표된 후 우리의 모든 사고
를 더 이상 뉴턴(Newton)의 개념만으로 묶어둘 수 없듯이 음악에서
또한 컴퓨터 악기로 인해 더욱 자명해진 과학적 이론과 논리와 이들의
응용과 발전의 음악적 수용과 활용으로부터 컴퓨터를 직접 사용하든
안 하든 간에 그 어떤 형태의 음악도 이제 이로 인한 변화를 외면할 수
만은 없는 것이다. 성 아우구스틴(St. Augustine, 354~430)이 《음악론
De Musica》에서 "숫자의 절대적 원칙이 없다면 우주는 카오스(chaos)
로 돌아갈 것"이라고 언급한 것처럼 음악에서의 아름다움은 형이상학
그 자체가 아니라 신의 모습을 닮은 형이상학적 실체인 것이다.

세계가 하나 되는 지구촌에서 서양음악이 우리와는 무관한 외국
음악으로만 치부되는 국제적 어리석음보다는 (과연 그렇다면 불교 역
시 그 오랜 세월 우리의 국교일 수 없었을 것이다) 어쩌면 위기로 다가
선 지금이 오히려 우리가 그들을 처음으로 앞설 수 있는 유일한 좋은
기회일지도 모른다는 생각을 해본다. 만일 우리의 음악교육 과정과
체계가 서양의 그들보다 한발 앞서 옳은 방향으로 과감한 개혁을 단행

할 수 있다면 말이다. 왜냐하면 절대음악(absolute music)의 역사는 인류의 지적 역사로서 한 치의 오차도 있을 수 없는 진실만이 허락되는 진리 추구의 결과이기 때문에 가장 지적으로 앞선 것들만이 가장 값진 문화로서 인정될 수 있기 때문이다.

두번째는 이처럼 급속히 발전하는 음악예술의 사회적 수용에 관한 것이다.

요즘 서울은 물론 주변의 크고 작은 도시마다 경쟁적으로 세우는 오페라 전용 극장을 위시한 대규모 연주 홀을 보게 된다. 1948년 1월 한국 최초로 오페라 《라 트라비아타*La Traviata*》를 고(故) 이인선 선생이 상상하기 힘든 악조건을 무릅쓰고 실연한 데 대한 존경은 단순히 그가 나의 선친인 이유에서 뿐만이 아니라, 당시 오페라를 통해 총체적 종합예술의 최초 상연이라는 범주를 넘어, 서양의 현대 문화를 대대적인 규모로 일반에게 체험할 수 있게 함으로써 당시 우리 의식의 현대화에 지대한 영향을 광범위하게 끼쳤기 때문이다. 그럼에도 불구하고 2006년 이 시점에 와서 당시로서는 너무도 절실했던 거대한 연주 홀 건립에 부정적인 것이다.

모든 연주 방식과 이를 위한 편성, 특히 악기는 그 시대의 음악을 반영한다. 바로크시대의 하프시코드(harpsichord)는 당시 이론을 대표하는 대위의 각 선율들을 독립적으로 나타내기에 적합했으며, 고전시대의 화성에 기초한 여러 음들로 구성된 화음들을 위해 하프시코드와는 비교할 수 없이 강력한 음량의 피아노가 출현되면서 이들 연주 장소도 자연스럽게 자그마한 어느 귀족의 응접실로부터 실내악 연주홀(recital hall)로 확장되었고, 낭만시대에 이르러 호모포니(homo-phony)가 절정에 이르자 커다란 오케스트라와 오페라를 위해 대규모 연주 홀과 전용 오페라 극장이 건립되었다. 다시 말해 이같이 100명,

200명 단원을 요구하는 대 편성 작품과 오페라는 낭만시대의 유물인 것이다.

수년 전 필자는 합창단 인원만 무려 1000명을 동원한 베토벤 (Beethoven)의 《9번 교향곡》 연주를 서울에서 관람한 적이 있다. 이 같은 엄청난 투자에 비할 만한 새로운 문화적 체험을 조금이나마 한 것인지 너무도 나 자신 의심스러웠다. 경제적 부담을 제외한다손 치더라도 그보다 더 중요한 것은 21세기 음악은 고도의 음악적, 기교적, 음향적 정교함을 절대적으로 요구하는 방향으로 발전하고 있다는 사실이다. 100명, 200명의 연주자들에게 한결같이 동일한 수준의 고도의 기술을 요구한다는 것은 결코 가능치 않은 것으로 그 결과 소규모 편성의 실내악 위주의 창작품들로 발전하여 이들만이 생존 가능해질 것이다.

이 같은 현상은 음악에서뿐만 아니라 21세기의 모든 분야에서 대동소이하게 전개되고 있다. 예를 들어, 현대전이 대규모 군대로 치러야 했던 과거의 전쟁 방식으로부터 첨단장비로 무장된 소규모의 정예부대의 신속함으로 대치되고 있듯이 말이다. 라 스칼라(La Scala)며, 뉴욕 메트로폴리탄 오페라 하우스(New York Metropolitan Opera House)며, 파리 오페라 하우스(Paris Opera House)들은 이제 찬란했던 그들 문화의 박물관으로서 현재 그들이 처한 어마어마한 재정적 어려움에도 불구하고 힘들게 버텨내고 있는 것이다.

이 역사적 도전과 도약의 시점에서 우리에게 필요한 연주 홀이란 모든 특수 첨단장비를 갖춘, 어느 좌석에서도 최상의 음향전달이 가능한, 그리고 그 음향의 범위가 기존 오케스트라(c. 27.50~ 4,186Hz[15])의 그것을 훨씬 초월한 인간의 청각이 감지할 수 있는 최대 범위(c. 20~20,000Hz)가 허락되는 비교적 작은 규모로서 음악 예술이 그러하듯 과거 답습적 반복으로부터 탈피하여 한발 앞선 창의력에 의해 건축된 다기능적 장소이어야만 할 것이다.

수학 또는 물리 법칙 그 자체가 결코 음악일 수는 없으나 음악의 기본 구성 재료와 법칙들은 실제로 그리고 역사적으로 과학 특히 수학과 물리 법칙에 근거하여 창조되어 왔으며, 수학과 물리 법칙에 한 치의 오차나 거짓이 있을 수 없듯이 음악에서 역시 그 모든 것들은 진리이어야만 한다. 그러하기에 모차르트(Wolfgang Amadeus Mozart, 1756~1791)라는 이름의 한 작곡가는 음악으로 우리 온 인류를 구원할 수 있었고, 또한 그 구원은 앞으로도 이 지구가 끝나는 날까지 계속될 것이다. 왜냐하면 아름답다는 것은 오직 진실 그 자체이기 때문이다.

주(註)

1. 12음 음악과 관련된 용어들은 다음을 참조. 이여진(1995), 《음악용어 사전: 12음 음악 언어》(서울: 음연).
2. 이여진(2004), 《창작과 분석》(서울: 음악춘추사) Vol. III, 제5장 Total Serialization(총 열화), pp. 325-351.
3. Eugene Lee(이여진)(1997), "A Notational System for Third-Tone Music," *Organised Sound*, Vol. 2, No. 3(Cambridge University Press, U.K.), pp. 213-223.
4. Eugene Lee(이여진)(2000), "Some Aspects of Third-Tone Music," *Sonus*, Vol. 20, No. 2(Cambridge, MA, U.S.A.), pp. 37-56.
5. Max Mathews(1969), *The Technology of Computer Music*, M.I.T. Press(Cambridge, MA.).
6. Jean-Claude Risset(1969), *Introductory Catalogue of Computer Synthesized Sounds*, Bell Telephone Laboratories(Murray Hill, N.J.).
7. Charles Dodge and Thomas A. Jerse(1985), *Computer Music*, Schirmer Books (N.Y.) p. 163.
8. ibid., p. 107.
9. ibid., p. 208.
10. 이여진(1991), 〈전자와 컴퓨터 음악실을 위한 기자재와 그 구성에 관한 분석적 연구 및 이를 통한 교육과 전문연구 활용방안에 관한 연구〉, 《음악예술논단》 Vol. I(이화여대

음악예술 연구회), pp. 47-108.

11. Johannes Tinctoris(1475), *Proportionale Musices*, trans. by Albert Seay, (Colorado: Colorado Spring College Music Press), 1979.

12. Metric modulation이란 하나의 박자(meter), 또는 템포(tempo)로부터 공통의 음가(duration), 또는 맥박을 유지하면서 다른 박자나 템포로 변환(transition)하는 것을 뜻한다. 이여진, 《음악용어 사전》, p. 211.

13. Cent란 음정의 표기법으로 반음(semitone)은 100cents, 따라서 옥타브(octave)는 1200cents가 된다.

14. 이여진(2003), 《창작과 분석》(서울: 음악춘추사), Vol. I, 서문.

15. Hz는 Hertz의 약자로, 1초간의 진동수를 뜻한다.

과학기술과 시각예술, 어떤 관점에서 볼 것인가

성완경 | 인하대 예술체육학부 교수

여러분이 받아보신 발제 자료집의 마지막 부분이 제 발제인데, 이 책의 두께를 두껍게 만드는 데 결정적 기여를 했고 또 이를 통해 심포지엄의 무게를 만드는 데도 결정적 기여를 하지 않았을까 생각합니다. 그러나 이 무게와 두께 때문에 여러분들이, 더 지루하고 숨이 막힐 거라고 벌써부터 너무 걱정하실 필요는 없습니다. 저는 굉장히 짧게 요령 있게 요약해보겠습니다.

먼저 제가 얘기를 시작하는 동안에 잠깐 아까 컴퓨터에 부탁드렸던 것을 틀어주시면 고맙겠습니다. 여러분이 보시게 될 이미지는 지금 광화문에서 청와대 들어가는 길 100미터쯤 가서 좌측에 있는 대림미술관에서 전시하고 있는 〈컴퓨터와 아트〉입니다. 입구에 광고전단 같은 컬러엽서하고 한 페이지짜리 인쇄물을 가져다났으니까 관심 있으신 분은 이따가 보셔도 되겠습니다. 비교적 내용이 있는 좋은 전시입니다.

그런데 그 전시 출품작 가운데 루크 뒤부아(R. Luke DuBois)라는 사람이 만든 〈아카데미〉라는 제목의 작품이 있습니다. 지난 1927년부터 시작된 미국의 영화상으로 아카데미상이라고 있지 않습니까? 영화라고 하면 대개 길이가 한두 시간 가까이 될 텐데, 2002년까지 75년 동안의 수상작품들을, 1분 길이로 똑같이 동일한, 말하자면 시간적이나 외형적이나 미적 발전 그런 모든 것들을 동일한 조건과 명령으로 1분으로 코딩시켜서 평균적인 표음성 기법 프레임 안에서 매우 단축된 스냅 샷으로 보인 것입니다. 그 각각은 매우 짧게 축약한 것이지만 전체를 보면 지난 75년간의 영화 주제와 스타일, 기술상의 변천을 한눈에 느낄 수 있습니다. 그 점이 아주 신기합니다. 디지털 편집이라는 발전된 기술이 영화를 어떻게 '다룰' 수 있는지, 곧 어떻게 축약해서 새로운 재현물로 다시 제시할 수 있는지를 보여주는 사례라고 하겠습니다.

이것은 달리 말해 디지털기술이 시간을 어떻게 다루는가의 문제 혹은 시간을 어떻게 축약하거나 재창조하는가의 문제라고도 할 수 있을 것 같습니다. 과거에 없던 새로운 재현 형식이자 시간을 보여주는 새로운 방식이라는 점에서 루크 뒤부아의 이 작품은 많은 것을 생각하게 합니다. 이 작품을 단지 시간의 기계적 축약이라고만 보시지 말기 바랍니다. 그것은 문화(혹은 영화)의 특정한 재현 형식이자 그것을 바라보는 작가의 해석 방식 내지 선택을 함축하고 있습니다. 그것이 무엇이라고 여기서 단정하지는 않겠습니다만 당연히 어떤 은유를 포함하고 있는 것이라고도 할 수 있습니다.

발제집에 실린 두툼한 두께의 제 글도 사실은 더 다기하고 복잡한 큰 변화들의 축약이기도 합니다. 물론 기계적인 축약은 아니고 그 많은 변화를 바라보는 틀을 제시하려고 노력했습니다. 뒤부아의 〈아카데미〉를 또한 그 은유로 받아들여도 좋겠습니다.

제가 이제 말씀드릴 일은, 말하자면 이런 골격을 한번 생각해봤습니다. 이 두꺼운 볼륨을 관통하는 기법이 뭐냐 하면 우선은 현재 상황을 한번 보는 것입니다. 현재 상황에서 보면 대체로 과학기술을 이용한 예술작품은 대단히 매력적이고 첨단유행적인 느낌을 주고 그래서 우리의 눈길을 더욱 끄는 경향이 있습니다. 그런데 미디어아트나 테크놀로지아트 전시에서만 그런 것이 아니라 사실은 우리 일상문화가 그렇지 않습니까? 핸드폰 광고부터 주택광고, 자동차광고 등 모든 일상문화와 최첨단 과학기술이 우리한테 일정한 권위라고 할까 기대, 이런 것을 불러일으키는 그런 문화 속에 우리는 살고 있습니다. 말하자면 과학기술이라는 것은 대단히 멋지고 미래적인 향기를 그 자체가 갖고 있고 우리를 어느 정도 취하게 하는 그런 게 있습니다, 도취하게 하는, 아우라가 있는, 독특한 그런 것을 갖고 있다는 것입니다. 과학기술 문화라는 것은 우선 외양부터가 감각적으로 우리를 현혹시키는 경향이 있습니다.

그래서 미술전시든 일상문화와 미디어 속에서든 우리가 그것을 볼 기회가 많이 늘고 있고, 일단은 그런 현상부터 주목해 보는 것이 좋은 방법일 수 있을 것 같아요. 지금 이 순간에도 서울시립미술관에서는 서울국제미디어아트 비엔날레가 열리고 있습니다. 그리고 광주와 부산에서는 각각 광주비엔날레, 부산비엔날레가 열리고 있는데, 그 작품 중 약 3분의 2정도가, 아니면 절반이 넘는 작품들이 미디어아트 계열의 작품입니다. 그만큼 미디어아트 계열 작품, 테크놀로지 베이스의 작품이 오늘날 예술의 주류언어가 되어 있고, 그런 언어를 쓰지 않으면 국제적인 작가로서 전시기회를 얻는 데나 경력관리 면에서 좀 불리하다고 할 정도로 그런 작품이 지배적입니다. 사실 회화나 조각 작품은 그런 비엔날레에서 보기가 거의 어려워진 것이 지금의 현실입니다. 이것이 하나의 현실로 우리가 쉽게 보면서 관찰해 볼 수 있는 일입니다.

그런데 잘 들여다보면, 그 안에서도 주종을 이루는 것이 있습니다. 오늘 갑자기 생긴 것이 아니라 엄밀히 얘기하면 지난 한 40년 동안의 발전 궤적 속에서 볼 수 있는 것입니다만, 주종은 대체로 이른바 비디오를 베이스로 한 작품들입니다. 사실 비디오라는 것은 그 자체가 우리의 일상환경으로 너무나 익숙한 텔레비전과 짝을 이루는 것입니다. 텔레비전의 메타텔레비전이 비디오라고 할 수 있습니다. 문화평론, 문화적 담론으로 전환시킬 수 있는 비디오라고 할까요. 짧게 얘기하면 그렇게 얘기할 수 있을 것 같아요. 그런 비디오베이스 작품이 상당히 주종을 이루고 있는데, 물론 그것을 보이는 방식은 싱글채널 비디오, 비디오 설치, 또 대화형 비디오 곧 인터렉티브한 것도 있고 아카이브 식으로 찾아가면서 볼 수 있는 것도 있고 여러 가지 방식이 있습니다마는 크게 말해 제가 비디오베이스 작업이라고 뭉뚱그려 얘기하는 것이 있다는 것이지요. 이것은 한편 영화와 텔레비전 이런 영상산업과도 일정한 연관이 있는 큰 덩어리로 보시면 되겠습니다.

또 한 가지 줄기라면, 컴퓨터 베이스드 테크놀로지, 컴퓨터공학적인 기술공학 작품, 미디어작품이라고 하겠습니다.

저 자신부터 일상을 돌이켜보면 저는 컴퓨터를 좋아합니다. 저는 컴퓨터의 초보자를 조금 벗어난 한 중급 정도 수준의 사용자라 하겠는데, 아까 누가 '글 쓰는' 것에서 '글 친다'고 말씀하신 것처럼 저도 컴퓨터를 그렇게 쓰고 있습니다. 나아가 인터넷 메일과 검색, 디카 사진 관리, 동화상 다운로드받기 등 그런 수준으로 컴퓨터를 활용하고 있습니다. 그런데 저는 말이지요, 간단한 초보적 기능인 것 같습니다만, 방대한 양의 원고가 클릭 한 번으로 복사가 되는 그 자체에 대해서 지금도 정말 신기하고 이상한 감정을 느끼곤 합니다. 이것은 제 글쓰기의 방식, 곧 원고 쓰는 방식을 크게 바꾸어놓았습니다. 끊임없이 수정하고 그것을 즐기며 쓴다 할까요? 디카 사진에 대해서도 같은 얘기를 할 수 있습니다. 저는 디카를 늘 휴대하고 다니는데, 하루에 수백 장씩 사진을 찍고 그것을 컴퓨터에 저장해 다시 보고 분류하는 데도 아주 많은 시간을 들이고 있습니다. 디카는 펜처럼 익숙한 시각적 기억의 저장도구이자 심미적 즐거움의 수단으로서 제 생활에서 매우 큰 비중을 차지하고 있습니다. 저는 사진들을 ACDSee란 프로그램으로 저장해서 보는데, 아무리 어둡게 찍힌 사진도 클릭 한 번으로 '포토샵'되어 전혀 새로운 '회화적 사진'으로 재탄생하는 그 효과에 너무 얼이 빠져 폭 빠져 있는 상태입니다. 원래 회화를 전공했고 사진 이미지도 무척 좋아하는 저로서는 이건 정말 놀라운 신천지입니다. 아무튼 지금 컴퓨터, 정보기술, 인터넷, 가상현실, 대화형 방식 이런 것들은 너무나 광범위하게 사용되고 있고 우리 일상의 일부가 되었습니다. 예술가들 또한 그것을 다양한 방식으로 이용하고 있습니다.

그래서 더욱 완벽하고 사람을 끌어들이고 혹은 가상세계를 만들어내고 하는 그런 차원이나 더욱 정교하고 복잡한 그런 것에 이르기까지 컴퓨터 기반의 테크놀로지 아트는 미디어아트의 매우 강대하고 방대한 두번째 줄기를 만들고 있다고 얘기할 수 있습니다.

만약 여기에 한 가지 덧붙여 세번째 주목할 현상을 얘기한다면 아까 컴퓨터 얘기에서의 마지막인 가상현실, 대화형 그런 것들이라고 하겠습니다. 그리고 그것들이 만들어내고 있는 더욱 놀랍고 현기증나는 변화입니다. 이것에 대해서는 많은 논의가 있어야 될 텐데 적어도 최근의 관심이 여기에 많이 집중되어 있는 것은 사실입니다. 조금 전에 말씀드린 서울시립미술관에서의 미디어아트 비엔날레만 보더라도 전시회 전체가 '두 개의 현실'이라는 큰 주제 밑에 리얼리티와 버추얼 리얼리티 문제, 곧 현실과 가상현실의 문제를 주축으로 구성되어 있습니다. 그리고 부대행사로 열린 심포지엄의 주제도 '가상성'에 초점을 두고 있습니다. 지금 우리 주변의 많은 문화이론, 담론, 논의들도 이런 주제들, 곧 가상성이나 인터렉티비티 등의 주제에 관심을 보이고 있는 것을 우리가 알고 있습니다.

제가 줄여서 얘기한 것인데 이것도 좀 장황한 것이라면 더욱 짧게 요약해 말씀드리겠습니다. 우선 지금 현실에서 많은 기술공학 베이스의 작품들, 곧 과학기술을 활용한 작품들을 볼 수 있다는 것이고 그것들이 대단히 매혹적이라는 것입니다.

두번째 제가 얘기할 사항은 이런 것입니다. 우선 앞서 현상이 그렇다는 것을 일단 주목해봤는데 그러나 '과학과 예술의 만남'이라는 논의 주제는 우리가 예술 속으로 더 많은 과학기술적 수단을 끌어들이고 활용하는 문제만으로 시야가 한정되어서는 안 될 것이라는 점입니다. 그래서 제가 두번째로 꼭 말씀드리고 싶은 것은 이런 것들의 뿌리가 무엇인가에 대한 성찰이 필요하다는 것입니다. 저는 특히 여기서 예술적 측면에서의 뿌리에 대하여 말씀드리고 싶습니다.

아까 앞선 발제자들께서 그런 것의 철학적 측면에서의 관찰이라든가 폭넓은 언급을 해주셨는데 제가 여기서 뿌리라고 얘기하는 것은 특히 20세기 예술사에서 이런 과학 예술의 발전 경로에 관련된 여러 중요한 뿌리가 있다는 것입니다. 이를테면 미래파, 구성주의, 다다, 플럭서스(Fluxus), 키네틱 아트 등 선행 예술 사례들이 있고 그 예술가들이 그런 과학기술적 컨셉트나 방법론을 어떻게 무슨 계기로 갖게 되었는지, 어떻게 사용했는지 등에 대해 구체적으로 우리가 주목하면서 배울 것이 있다는 것이지요.

또한 이런 뿌리들이 당시의 어떤 시대적 분위기, 어떤 사회적인 분위기를 반영하고 있는지, 또 어떤 기술적인 문제나 의미적인 차원을 함축하고 있는지 이런 것을 제대로 보는 일이 매우 중요하다고 봅니다. 쉽게 얘기하면 당시 사회의 주류의 흐름에 대해서 상당히 비판적으로 문제제기를 하거나 또는 기존의 방식이 아닌 방식으로 상당히 유희정신을 가지고 경계를 넘나들며 놀았던 사람들의 방대한 성좌들이 있는데, 그들이 사실은 이런 미디어아트의 중요한 뿌리이자 특히 그 중요한 예술적 원천이 된다는 것입니다. 이 점을 잘 들여다보는 것이 중요하다고 저는 생각합니다.

그래서 이것을 설명하기 위해 발제문에서 저는 (1)우선 20세기 예술적 상황의 변화를 세 가지 단계로 설정하여 설명하고자 했고, (2)그 다음에는 한 덩어리는 비디오아트의 발전 궤적, (3)또 다른 한 덩어리는 컴퓨터 테크놀로지에 기반한 예술의 발전 궤적, 이렇게 크게 세 덩어리로 제 발제 텍스트를 구성하여 설명드리게 되었습니다.

이 가운데 첫번째 뿌리에 관해서는 다다(Dada)나 마르셀 뒤샹(Marcel Duchamp)이나 플럭서스 등 20세기에 선행했던 여러 아방가르드적인 모험들이 어떻게 이런 과학기술과 만났는지를 잘 꼼꼼히 보는 것이 중요합니다. 그것을 잘 보면 사실은 그 만남이 단순한 것이 아니라 그 속에 사회학적인 차원도 있고 정치적인 차원도 있고 또 어떤 의미적인 차원, 가치의 차원 이런 것들이 다 결합되어 있는 것을 관찰할 수 있다는 것입니다.

20세기 이래 적어도 세 차례 현대미술은 테크놀로지의 수용을 통하여 의미 있는 심대한 자기변신을 이뤄왔습니다. 미국의 문화이론가 핼 포스터(Hal Foster)는 기술 변동과 문화 변동, 그리고 그것의 세계사적 의미에 주목하여 20세기 들어 새로운 예술표현과 예술개념은 세 차례 강력하게 대두되었으며, 이 시기마다 예술의 내용과 표현형식, 그리고 예술개념이 심대하고 의미심장한 변혁을 보여주었다고 말합니다. 또한 이 시기마다 예술 자체의 변화만이 아니라 예술이 사회적·정치적·경제적 현실, 그리고 문화 지형에 대하여 갖게 되는 그 관계방식도 새롭게 대두되었다고 주장합니다. 그 첫 시기는 1910~1930년대, 그 둘째 시기는 1960년대, 그리고 그 셋째이자 마지막 시기는 1990년대입니다. 과학 기술의 발전과 관련하여 살펴보면, 이 세 시기는 각각 이미지의 재현방식 내지 이미지-정보의 소통형식을 새롭게 규정하게 될 영화, TV 및 비디오, 컴퓨터 및 멀티미디어 등 이미지 내지 정보와 연관된 과학기술 매체의 혁신에 구조적으로 연관되어 있습니다. 도식화하면 이렇게 됩니다.

-1910~1930년대: 사진 및 영화 중심 → 기계복제시대의 예술
-1960년대: 텔레비전, 비디오 중심 → 대중매체시대의 예술
-1990년대: 컴퓨터, 멀티미디어 중심 → 정보화시대의 예술

보시는 것처럼 1910년대에서 1930년대는 사진 및 영화 중심이었고, 1960년대는 텔레비전과 비디오 중심이었으며, 1990년대는 컴퓨터 멀티미디어 중심이었습니다. 그리고 그 각각은 기술복제시대의 예술, 대중매체시대의 예술, 정보화시대의 예술에 대응합니다. 마지막 무슨 시대라 한 것은 일종의 문화적 화두를 제시한 것입니다. 이와 같

은 역사적인 단계적 발전을 얘기하는 것이 이 글의 두번째 구조입니다. 여기에서는 특히 방금 앞서 말씀드렸듯이 예술과 과학기술의 만남이 어떤 사회학적인 차원, 정치적인 차원, 또 의미와 가치의 차원을 함축하고 있는지를 설명하는 데 초점을 두었습니다.

그다음에 거기에 이어서 그 가운데 큰 덩어리, 아까 말씀드린 줄거리처럼 비디오아트라는 덩어리를 한 번 보고, 그다음에 또 한 가지는 컴퓨터아트 곧 디지털시대의 예술이란 덩어리인데, 이 두 가지에 각각 절반 정도씩 할애해서 얘기했습니다. 디지털시대의 예술에 대한 논의의 마지막 부분은 그것이 오늘의 예술 환경을 어떻게 바꾸고 있는가, 디지털기술이 바꾸고 있는 것은 참 여러 가지 상황이 있지만 그중의 한 가지로 미술관의 변모라는 그런 측면을 중심으로 살피고 있습니다. 시간이 짧아 세세한 설명 못 드리는 것이 유감입니다. 자세한 얘기는 발제문을 읽어주시기 바랍니다.

우선 제 얘기의 큰 구조를 이렇게 소개하면서 마지막으로 제가 한마디 짧은 이야기로 과학기술과 시각예술의 관계를 보는 시각을 제안해 보겠습니다.

독일 칼스루헤(Karlsruhe)에 있는 미디어테크놀로지 센터(ZKM)가 전 세계 미디어 아트의 가장 중요한 미술관이자 교육기관, 연구기관으로 유명합니다. 몇 년 전에 거기서 〈퓨처 시네마〉, 곧 '미래의 영화'라고 하는 중요한 전시가 있었는데, 그 전시회 전체는 디지털 출현 이후에 영화가 어떻게 다른 단계로 발전해 나갔는가를 짚어보기 위한 것이었습니다. 그 전시의 기획자이자 총괄 디렉터로서 전시회 카탈로그로 나온 방대한 책자의 공동 에디터이기도 했던 피터 바이벨(Peter

Weibel)이 재미있는 말을 했어요. 그 사람이 전달하고자 하는 핵심적
인 메시지는 이런 것입니다.

영화는 20세기라는 이미지시대의 왕좌를 차지하는 예술입니다. 20
세기 문화예술의 핵심적 영역이 영화인데, 그 영화의 핵심은 할리우드
적인 영화산업적 방식으로, 이것은 과학기술을 이용해서 표준화시켜
마치 냉장고처럼 동결시켜 사용하는 방식입니다. 성공을 거둔 기존처
방을 극대화하기 위해 영상산업은 기술적 프로세스와 표현적 실험들을
동결하려는 경향을 띤다는 것이지요. 그것이 값싸고 대량으로 만들고
많은 사람들의 취향을 한꺼번에 만족시키는 방식이기 때문에 동결시키
는 것이지요. 곧 사회적·경제적 필요 때문에 그렇게 된 것입니다. 시
나리오부터 모든 미적인 효과를 동결시키는 방식으로 접근하고 그렇게
풀어갑니다. 이것이 할리우드 영화산업의 일반적인 경향입니다.

그런데 흥미로운 것은 디지털테크놀로지가 나오면서 개인적 사용
방식, 곧 동결시키는 방식 대신 이와 다른 보다 자유롭고 독립적인 창
작들이 나오면서 상황이 달라지고 있다는 것입니다. 디지털 미디어가
독립적이고 표현적이고 개인적인 디지털 영화의 진화를 돕는 적절한
교두보를 제공하고 있다는 것입니다. 이것이 이 시대의 가장 놀라운
현상이라고 피터 바이벨은 얘기했는데, 바로 거대한 테크놀로지 전체
혹은 그것에 기반한 사회 전체가 바뀌어나갈 수 있는 기회가 생기고
있다는 것입니다. 이 논지는 많은 토론과 검증을 요하는 것입니다만,
그러나 영화산업과 신기술과 예술가의 상호관계에 대한 피터 바이벨
의 이러한 시각은 대단히 흥미로운 것이고, 오늘 우리 논의 주제와 관
련하여 매우 중요한 시사점을 함축하고 있다고 보고 싶습니다.[1]
두번째로 제가 얘기하고 싶은 것은 테크놀로지와 예술의 관계에서 중
요한 것은 유희라는, 논다는 개념이라는 점입니다. 저는 진정한 과학

자와 예술가 사이의 공통점이 하나 있다면 억누를 수 없는 호기심과 유희정신이라고 봅니다. 그것이 둘의 공통분모입니다. 진정으로 훌륭한 예술가들은 유희정신이 충만한 사람들이었습니다. 과학자들도 역시 그러했습니다.

그래서 앞서 얘기했던 세 가지 덩어리(역사/비디오/디지털)와 피터 바이벨을 인용하여 영화산업과 개인적 생산의 관계에 대하여 언급하면서 말씀드렸던 '개인적 생산의 중요성 문제', 그리고 마지막으로 말씀드렸던 '유희정신의 중요성', 여기에 예술과 과학의 실질적이고도 굉장히 촉각적인 어떤 것이, 이 문제의 현재와 미래를 짚어볼 수 있는 화두가 숨어 있지 않나 이렇게 말씀드리면서 애기를 마치겠습니다.

주(註)

1. "글로벌라이제이션의 양상 중 하나는 전 지구적으로 새로운 시장을 창출하고 비용을 최소화하며 이윤을 극대화하기 위한 기술적 표준의 세계적 네트워크의 발전과 생산, 유통, 광고의 표준이다. 영상산업도 이런 경제적 압력(세계시장에 배급되는 영화제작 비용의 엄청난 상승)으로부터 자유롭지 않다. 물론 이런 생산비용의 증가가 새로운 디지털 테크놀로지에 대한 투자를 북돋우는 측면이 있기는 하지만 전체적으로 봐서 글로벌라이제이션의 대가는 표준화이다. 성공을 거둔 기존처방을 극대화하기 위해 영상산업은 기술적 프로세스와 표현적 실험들을 동결하려는 경향을 띤다. 디지털 미디어는 이와 반대로 독립적이고 표현적이고 개인적인 디지털영화의 진화를 돕는 적절한 교두보를 제공한다. 새로운 전문가 계층—과거에 예술가라고 불리었던 개인들—이 대자본에 의해 지탱되는 영화산업의 동질성에 대해 도전하기 위하여, 그리고 할리우드의 혁신적이고 내러티브적이고 표현적인 성취들과 경쟁하고 그것들을 넘어서기 위하여 그들 자신의 기술적 능력을 발전시켰다. 이 책은 놀라운 사실을 증거 한다. 즉 거대산업의 기술공학적, 이데올로기적 장치(아파라투스)도 개인들에 의해 바뀔 수 있다는 사실 말이다"(Peter Weibel, Preface, *FUTURE CINEMA: The Cinematic Imagery After Film*. exhibition catalogue, edited by Jeffry Shaw and Peter Weibel, published by ZKM and The MIT Press, 2002).

과학기술, 예술을 만나다

사 회　과학과 예술이 만나는 양상에 대한 김병익 위원장님의 기조강연에 이어 미학, 음악, 미술 분야의 주제발표를 들었습니다. 이제 토론을 시작하겠습니다. 우선 앉으신 순서대로 토론에 초대한 분들을 소개하겠습니다. 먼저 KAIST 컴퓨터공학부의 양현승 교수님, 서울대학교 전기공학부의 성굉모 교수님, 부산 영산대학교 학부대학의 김용석 교수님, 연세대학교 정치외교학과의 김기정 교수님, 사비나미술관의 이명옥 관장님, 그리고 그 옆에 아트센터 나비의 서승택 학예실장님이십니다. 먼저 김용석 교수님께 부탁드립니다.

예술은 과학이 아니라 기교다

김용석　기조강연에서 제기된 문제와 연관하여 예술과 과학의 관계에서 드러난 두 가지 쟁점에 대해 논하고자 합니다. 첫째 문제는 예술가의 입장에서(여기에는 ‘학예’ 라는 넓은 관점에서 인문학자의 입장도 포함된다) 볼 때 '예술과 과학의 인식론적 대립'이 쉽게 해소될 것 같지 않다는 전망에 관한 것입니다. 그러나 오늘날 과학-기술의 발달에 따라 변화하는 삶의 현실을 제대로 파악하기 위해서는, 예술과 과학(또는 인문정신과 과학)의 대립을 '인식론적'인 것이라기보다는 '윤리적 전망에서의 대립'이라고 보는 것이 필요합니다.

이런 윤리적 전망의 대립은 흔히 과학-기술의 발전에 대해 비관적인 태도를 보이는 경향으로 나타납니다. 문제의 핵심은 인문정신과 그 영향을 받은 학예 분야가 '윤리적 관성'을 갖고 있다는 것입니다. 현대의 인문정신은 변화하는 세상에 맞춰 새로운 윤리학을 개발하지 못하고 있습니다. 세상의 문제를 판단할 수 있는 윤리학이 개발되기 전에 과학-기술이 너무 빨리 달아나버린 셈이지요. 그래서 적지 않은 인문학자들이 과거의 윤리적 기준에 맞춰 현대 과학-기술의 발달과 그 성과에 대해 '야단치는 자세'를 갖게 되었습니다. 이는 인문학자들이 반성해야 할 부분입니다.

물론 윤리를 새로 개발하는 것은 엄청나게 어려운 과제입니다. 더구나 과거의 윤리학은 주로 사회·정치철학적 차원에서 개발된 것입니다. 즉 인간관계에서 일어나는 일로부터 발달한 것입니다. 그런데 오늘날의 윤리학에는 문화철학적 차원이 필요합니다. 인간관계뿐만 아니라 인간관계에 개입하는 물질적 성과 때문에 윤리의 문제가 크게 불어나버렸기 때문입니다. 다시 말해 과학-기술이 만들어낸 성과가 인간관계에 개입하여 윤리적 문제를 일으키게 된 것입니다. 오늘날 심각한 문제가 되고 있는 생명윤리와 사이버윤리가 그 좋은 예가 됩니다. 인문학자들이 이런 과제를 소화해내지 못한 탓에 관성적으로 과학-기술에 대해 비관적인 입장을 갖게 되었습니다. 그런 윤리적 관성은 극복되어야 합니다.

둘째 문제는 과학-기술과 예술의 상호관계에서 '과학과 기술이 예술 속으로 스며들어가는' 현상에 대한 것입니다. 오늘날의 현상은 과학-기술이 예술에 침투했다기보다는 예술이 과학-기술을 받아들여서 활용했다고 하는 편이 더 맞을 것입니다. 과학-기술이 예술 속으로 뛰어들었다기보다는 예술가들이 현대 사회에서 특별한 '아우라(Aura)'를 갖게 된 과학-기술을 적극적으로 도입했다고 보는 것이 더 맞으리라고 생각합니다. 더욱이 여기서 문제가 되는 것은 그냥 과학-기술이 아니라 아주 빠른 속도로 '일상화' 되고 '대중화' 되고 있는 첨단 과학-기술입니다. 또한 이와 연관하여 예술가들이 "과학기술의 창작적 수용이 어떻게 예술의 장인정신과 아름답게 화해하여 상생할 수 있을지 고민해야" 한다는 입장은 일리가 있지만, 여기서도 예술 및 과학-기술의 특성에 대한 성찰이 필요합니다. '장인정신' 은 예술에만 속하는 것이거나 독점적인 것이 아니기 때문입니다.

과학은 고대 그리스에서부터 발달한 철학적 사고의 전통과 오래 전부터 있었지만 르네상스 때 꽃을 피웠던 장인정신을 바탕으로 한 숙련된 기술(이를 합쳐 '장인적 솜씨' 라고 표현할 수도 있다)이 합쳐져서 오늘날의 수준으로 발달해 왔습니다. 철학적 사고는 과학에 '개념' 을 제공했고, 장인적 솜씨는 '도구' 를 제공했습니다. 철학적 사고를 바탕으로 하는 개념 개발과 장인적 솜씨를 바탕으로 하는 도구의 개발은 과학-기술 발전의 핵심입니다. 그래서 과학혁명을 개념에 의한 혁명으로 파악할 수도 있지만, 도구에 의한 혁명으로 파악할 수도 있는 것입니다. 예를 들어, 코페르니쿠스의 이론을 관찰로 증명했던 갈릴레오의 혁명은 망원경이라는 도구 덕분에 가능했습니다. 인간은 개념과 도구로 '작품' 을 만들었습니다. 이 점에서 예술과 과학-기술은 뭔가 공유하고 있습니다. 이는 임홍빈 교수님이 발표한 '예술, 진리, 과학적 인식'의 주제에 연결됩니다.

끝으로 이에 대한 청중의 이해를 돕기 위해 간단히 언급하고자 합니다. 임홍빈 교수님도 인용했듯이 백남준 선생님이 "예술은 사기다"라고 한 말은 유명합니다. 그렇다면 예술작품은 진리를 구현할 수 없다는 말일까요? 이런 혼란은 백남준의 말 대신 피카소의 말을 인용하면 해소될 수 있습니다. 피카소는 "예술은 우리로 하여금 진리를 알 수 있게끔 해주는 기만이다(El arte es la mentira que nos permite conocer la verdad)"라고 했습니다. 여기서 스페인어 'mentira'는 '사기'라고 번역해도 됩니다. 그렇다면 예술작품은 임 교수님의 표현대로 '허구를 통한 진리'를 가능하게 해주는 역할을 하는 셈입니다. 그런데 이와 연관하여 허구성은 과학적 탐구에서(특히 가설과 연구 모델 설정에서) 어떤 역할을 할까요? 이에 대해서는 다음과 같은 명제를 '생각의 화두'로 남겨두고자 합니다. "예술은 허구로서 완성되고, 과학은 허구에서 출발합니다."

인간 미래를 위한 과학과 예술의 만남

김기정 좀 색다른 얘기를 듣고 싶어 사회과학을 전공한 저를 초대해 주신 것 같은데, 저로서는 머리에 쥐가 날 정도로 많이 배우는 기회가 되었습니다만 내용의 절반은 제대로 이해하지 못해 다소 막막합니다. 우리는 흔히 과학과 예술의 만남을 이항대립적으로 구분합니다. 이를테면 증명을 통해서 진리를 발견하고 증명을 통해 다시 이를 변경할 수 있는 것이 과학의 영역이라면, 증명할 수도 없고 증명이 필요 없는 허구 속의 진리를 추구하는 것이 예술의 영역입니다. 예술 영역의 외연을 넓혀나가는 데 과학기술이 차용되었다는 점에 대해서는 충분히 이해할 수 있습니다. 또한 예술 영역의 내용이나 표현방법에서 과학기술이 응용되었다는 것과 예술적인 자극이나 영감이 과학기술을 발전시키는 데 일익을 담당했다는 것도 널리 알려진 사실입니다. 그리고 몇 분 토론자께서 궁극적 진리에 도달하는 과정의 유사성을 언급한 것처럼 창의적인 노력과 고통이 병행된다는 점, 또한 직관이 작동해야 한다는 점과 어느 단계에 이르러서는 논의의 도약이 있어야만 창조에 이를 수 있다는 점에서는 예술과 과학기술이 충분히 공통점을 가지고 있다고 봅니다.

국제정치학을 전공한 사회과학자로서 저는 좀 색다른 생각을 했습니다. 그것은 '권력'과 '과학', 그리고 '예술'의 삼각관계가 벌이는 애증(愛憎)의 관계입니다. 5500년의 문명사에서 인류는 끊임없이 폭력과 전쟁을 경험해 왔습니다. 인간은 왜 전쟁과 폭력으로부터 자유롭지 못하고 그것을 계승하면서 살아왔는가?

유명한 극작가인 조지 버나드 쇼(George Bernard Shaw)는 제1차 세계대전을 목도하면서 쓴 희곡 《상처받은 집*Heartbreak House*》에서 권력과 예술의 분열현상을 제시하고 있습니다. 권력은 그 속성상 대립, 분열, 그리고 적(敵)이라는 개념이 자리 잡고 있고, 이에 따라 지배, 파괴 같은 논의들이 핵심으로 간주됩니다. 그러나 예술, 또는 넓은 의미의 문화는 창조, 통합, 소통 등과 같은 속성을 내재하고 있습니다. 권력과 예술이 서로 공존하면서도 소통하지 못하고, 건널 수 없는 강을 사이에 두게 되면 폭력과 전쟁의 문제는 피할 수 없는 하나의 숙명처럼 나타나게 된다는 것입니다. 다시 말해 문화예술계가 권력의 전횡이라는 이데올로기를 변화시키거나 제어하지 못하고, 권력이 창조와 평화와 통합을 추구하는 문화예술 영역에 관심을 갖지 않으면 끝

없는 갈등을 경험하게 된다는 것입니다.

미국의 시인 로버트 프로스트(Robert Frost)가 타계했을 때 당시 미국 대통령 존 케네디(John F. Kennedy)가 그의 장례식장에서 읽었던 추모사에 다음과 같은 구절이 있습니다. "시(詩)는 권력을 통해서 오염된 인간의 마음을 정화시키는 마지막 도구이다." 이것은 권력과 문화가 그 융합점을 어떻게 찾아야 하는가를 암시해주는 말입니다. 물론 예외도 있었죠. 예술의 정치화나 정치의 예술화가 그런 경우였습니다.

그렇다면 과학기술은 권력과 어떤 관계일까? 과학기술은 권력과 예술의 분열관계 속에서 어떤 위치에 놓여 있을까? 과학기술이 우리의 물질적 삶을 풍요롭게 만들어주었다는 사실에 대해서는 이견이 없을 것입니다. 지난 200년 동안 과학기술은 놀랍도록 발전했습니다. 하지만 물질적 번영과 기술적 진보가 가져온 또 하나의 결말은 상상을 넘어선 살육과 야만이었습니다. 5500년 인류 문명사에서 전쟁이 일어나지 않았던 해는 292년에 불과합니다. 지난 천 년 동안 전쟁으로 희생된 사람이 1억 8000만 명 정도인데, 그중 85퍼센트가 지난 200년 동안에 희생되었고, 79퍼센트인 1억 3500만 명이 20세기에 일어난 전쟁으로 희생되었습니다. 전쟁의 기계화와 가공할 파괴력을 지닌 무기를 만드는 데 제공되었던 과학기술의 결과였습니다. 살육의 도구가 되어버린 과학기술에서 우리는 권력에 종속되어버린 과학기술을 발견합니다. 더구나 오늘날 대량 살상무기가 여전히 인류의 삶을 위협하고 있는 상황에서, 과학기술의 방향성과 규범성에 대한 의문을 제기하지 않을 수가 없습니다.

그런 의미에서 권력을 사이에 둔 과학과 예술의 만남은 단지 표피적인 기술의 차용이나 소통이 아니라, 인간 사회가 분열과 갈등, 그리고 극한의 대립으로 치닫지 않도록 하는 인간의 미래사회에 대한 규범성의 틀 속에서 이루어져야만 합니다. 즉 인간 사회의 미래를 고려한 만남이어야 한다는 뜻입니다. 예를 들어 우리가 아직도 해결하지 못하고 있는 평화의 문제, 삶의 질 향상의 문제, 그리고 미래의 사회상 같은 것에서 내용의 규범성을 염두에 두고 이루어져야만 진정한 소통과 통합이 가능할 것입니다. 예술이나 과학기술에 종사하는 모든 사람들이 인간과 사회, 그리고 권력의 문제에 민감한 관심을 가지고 삼각관계를 만들어나갈 때 지금까지 우리가 경험했던 것보다 조금 나은 미래를 가질 수 있지 않을까 생각합니다.

과학과 예술의 진정한 만남을 위한 사회적 지원

이명옥 저는 과학과 관련된 전시를 한 경험과 《명화 속 과학 이야기》라는 책을 출판한 인연으로 과학계와 손을 잡게 되었고, 여기에도 초대된 것 같습니다. 이덕환 교수님이 저를 소개할 때 제가 '미술관과 갤러리는 다르다'고 강력하게 주장했다고 했는데, 사실 미술관은 갤러리와 달리 상업공간이 아니라 교육적 기능을 가진 비영리 공익기관입니다. 그러므로 관람객이 매우 중요합니다. 그런데 여러분들도 잘 알다시피 1년에 한 번도 가지 않는 곳이 미술관입니다. 그래서 미술관 관장으로서 어떻게 하면 많은 사람들이 미술관 문턱을 드나들 수 있을까 고민한 끝에 다른 분야와의 접목을 시도해야겠다고 생각했습니다. 그러면서 미술과 과학에 대한 상관관계를 연구했죠. 그 덕분에 미술계 사람들만이 아니라 다른 분야의 사람들까지 미술관을 찾게 되었습니다.

먼저 성완경 교수님께 여쭙겠습니다. 새로운 과학적 요소를 반영한 미술들이 새로운 트렌드 혹은 패션이 되고 있다고까지 말씀하셨는데요. 사실 교수님의 지적처럼 큰 비엔날레나 미술관들이 지금 앞 다투어 과학적 요소를 반영한 최첨단의 미술들을 선보이고 있습니다. 거기에는 그럴 만한 계기가 있겠지만 좀 걱정스러운 부분도 있습니다. 보통 우리는 내용과 형식이 완벽한 조화를 이룰 때 미술이라고 부릅니다. 예를 들어 예술가들의 감정, 사상, 생각이 어떤 철학적인 형식의 틀과 완벽하게 조화를 이룰 때 우리는 미술이라고 합니다. 그래서 내용은 풍부하지만 형식과 조형어법을 갖추지 못하거나, 형식은 세련되어 있지만 내용이 빈약할 경우에는 미술작품이라고 하지 않습니다.

그런데 19세기 들어 예술가들이 과학에 눈을 뜨게 되면서, 세상을 화폭이나 조각으로 재현해 온 기존 미술의 전통이 진리가 아니라는 사실을 깨닫게 되었습니다. 아인슈타인의 상대성이론이 등장하면서 기존의 과학적 진리가 무너진 것과도 같았습니다. 피카소가 대표적이었는데, 그는 어떤 내용에 대한 새로운 해석을 새로운 과학적 이론들을 반영한 실험적인 형식기법을 통해 보여주고자 했습니다.

문제는 요즘의 예술가들이 과학적 요소나 기법을 반영하지 않으면 예술성을 인정받기 어렵다는 강박관념에 빠져 있다는 점입니다. 사실 실험과 혁신, 그리고 새로운 것을 창조해야 하는 예술가들은 언제나 그런 강박관념을 느끼기 마련입니다. 그래서 문제가 생기기도 하는데, 작품 활동을 훌륭하게 하던 예술가들이 자신의 정체성을 잃어버리는 경우를 종종 봅니다. 실제로 우리 예술계에도 그런 우려가 현실화되고 있습니다. 예를 들어 과거의 예술가들은 내용을 표현하기 위해 형식을 도입했지만, 요즘의 예술가들은 '형식을 위한 형식'을 찾기 위해 실험적인 기법을 미술작품에 도입하고 있습니다.

그런데 우리 미술계에는 2005년부터 좀 특이하게도 구상미술의 회귀라고 해서 그 최첨단 미술과 상반되는, 이른바 '촌스럽다'고 여기던 구상미술이 다시 유행하기 시작했습니다. 지난 여름에 우리 미술관에서 전시된 '6개 방의 진실'을 비롯해 국립현대미술관과 여러 미술관들에서도 이런 구상미술, 즉 쉽게 관객한테 다가설 수 있는 작품을 전시하고 있다는 미술계의 분석이 있었습니다. 그 이유 가운데 하나는 너무나 최첨단으로 가고 있는 것에 대한 반발이 예술가들에게 전통적 미술에 대한 향수를 불러일으켰다는 것이고, 다른 하나는 사이버 세계로 갈수록 실제의 물성에 대한 관객들의 욕구가 예술가들에게 반영되었다는 것이었습니다. 성완경 교수님은 첨단과학을 반영한 새로운 조형어법의 흐름을 긍정적으로 보셨는데, 이러한 예술가들의 반대적인 작업에 대해서는 어떻게 생각하시는지요.

그 다음에 디지털미술관과 미디어미술관이라는 해외미술관들의 다양한 사례를 언급했는데, 외국과 달리 우리나라는 국공립미술관과 사립미술관 가운데 78퍼센트가 사립미술관입니다. 이렇게 사립미술관의 비중이 높지만 정부의 지원조차 없는 사립미술관으로서는 입장료 외에는 아무런 수입이 없기 때문에 재정적으로 아주 열악합니다. 결국 비영리 공익기관의 기능을 위해 최첨단 작품을 전시하고 싶지만 현실적으로 불가능합니다. 과학적 요소를 반영하는 뉴미디어아트는 실제로 제작비가 많이 들뿐만 아니라 일반인들이 소장하기조차 어렵습니다. 그렇기 때문에 정부나 과학계의 재정지원이 필요한 것입니다.

2005년 겨울에 저희는 과학문화재단의 지원을 받아 KIST와 함께 '아티스트 프로젝트'라는 전시를 했습니다. 과학자와 예술가의 공동기획으로 프로젝트를 진행하는 최초의 전시였는데, 그때도 예산 문제가 가장 어려웠습니다. 과학적 원리나 요소를 반영하고 접목시키는 예술작품들을 전시하고 싶지만 늘 예산이 발목을 잡기 때문에, 우리 나라 미술관에서 디지털미술관이나 미디어미술관을 반영하기는 당분 간 어렵지 않을까 생각합니다. 그 점에 대해 구체적인 대안이 있으면 함께 답변해주시면 고맙겠습니다.

새로운 미디어아트를 위한 기구가 필요하다

서승택　이명옥 관장님께서 좋은 말씀을 해주셨기 때문에 저는 약간 분야를 좁혀서 말씀을 드리고, 오늘 여러 발제자분들의 내용을 제 나름대로 이해하여 질문을 드리겠습니다.

　　통계자료를 보면 우리나라 대부분의 사람들에게 미술관이 낯설다는 결과가 있습니다. 미술관 중에서도 미디어아트를 다루는 저는 그게 무엇이냐는 질문을 받을 때가 많습니다. 그때마다 저는 "백남준 선생 아시지요?"라고 말씀드리고서 "그거 비슷한 거랍니다"라는 아주 불명확한 설명을 하곤 합니다. 상황이 이렇게 열악함에도 많지 않은 세월을 산 저는 앞으로 살아갈 시대에 대해 흥미를 느끼는데, 저의 부모님이나 삼촌 세대와 달리 저희 세대는 미디어가 탄생되고 사멸(死滅)되어 가는 과정을 지켜볼 수 있었습니다.

　　그것이 과연 어떤 의미를 가지는가에 대해서 늘 생각하는 편인데, 오늘 이여진 교수님의 발제를 들으면서 수수께끼 하나가 풀렸습니다. 이여진 교수님께서 어떻게 음악과 과학기술이 만나는가를 조목조목 설명해주시면서, 기존의 작곡가들이 일정한 음색을 가진 악기를 가지고 어떤 음정의 조합과 리듬과 화성을 만들 것인가를 궁리했다면, 현대 과학기술의 도움을 받은 작곡가들은 악기 자체를 재창조한다고 말씀하셨거든요. 그것을 들으면서 우리가 살고 있는 시대의 상징성이 무엇인가를 깨닫게 되었습니다.

저 같은 경우는 흑백TV에서 컬러TV로 넘어오는 것을 봤고, 또 초기 게임기들을 플레이해 봤고, 컴퓨터의 발전 과정과 인터넷의 발전을 봐왔습니다. 저희 조부님 세대에는 달려오는 기차에 깜짝 놀란 영화와의 만남이 유일한 미디어의 충격이었을 것입니다. 우리 시대 이전의 예술들은 거의 다 고정된 미디어에 머물러야만 했습니다. 유화가 탄생하자 유화가 수백 년을 지배하고, 인쇄술이 발견되자 문자가 메시지를 전달하는 식으로, 미디어 자체는 고정된 상태로 수백 년 동안 그 장르의 전달방법이나 창작기술이 발전해 온 거죠. 하지만 지금 우리는 어떤 미디어가 탄생해서 그 미디어의 탄생 때문에 새로운 창작법이 발생되고, 그 창작법이 채 무르익기도 전에 또 새로운 미디어가 발생하는 이런 시대에 살고 있거든요. 그러니까 예술작품 자체가 전달하고 있는 메시지나 형상이나 이미지보다 미디어가 더 눈앞에 뛰어들어오는 그런 시대인 것 같아요.

《벤허》를 보았다는 사실보다 텔레비전을 보았다는 것에 깜짝 놀랐던 경험들, 어느 날 텔레비전처럼 생긴 도구를 클릭하자 그림이 변하는 것을 보고 받았던 충격들이 있습니다. 이렇듯 지금 우리는 미디어가 전달하는 콘텐츠 자체보다, 미디어가 우리에게 충격을 주고 우리의 인식을 변화시키고, 또 우리의 삶을 변화시켜서 앞으로의 삶을 조직해 나가는 전략을 변화시킬 수밖에 없는 그런 시대에 살고 있지 않나 생각합니다.

이런 문제들은 실용적으로나 윤리적으로, 또 문화적으로 구체적인 문제로 다가오는 것 같습니다. 저는 미디어아트 분야에서도 컴퓨터게임을 활용한 미디어아트를 제작하고 있는데, 우리나라에는 컴퓨터 게임계에 종사하는 굉장히 탁월한 프로그래머들이 많습니다. 예를 들면 리니지 같은 게임을 만들기 위한 분산처리기술 같은 경우는 우리나라가 세계 최고 수준입니다. 그런데 이런 프로그래머들은 수많은 동시접속자들을 분산처리할 수 있는 기술에만 관심이 있을 뿐이지, 자신이 그동안 경험하고 획득한 기술을 어떤 문화적인 의미로 사회에 터뜨려줄 수 있는지, 또 다른 실험은 불가능한지에 대해서는 아무런 관심이 없어요.

그들이 윤리적으로 잘못 판단해서 관심이 없는 것이 아니라, 관심을 돌려서 자기들이 했던 얘기를 고상한 말로 담론화시키고, 또 실험적인 작품을 만들어서 이것을 유통시킬 수 있는 공간이 현재는 없다고 판단을 하거든요. 그들은 지금 상업적인 게임회사에서 좋은 게임을 만들고 있죠. 생활인으로서 하루에 10시간 이상 프로그래밍을 하는 그들에게, 지금 당장은 비상업적이지만 문화적인 가치가 있고, 미래에 우리나라 국가경쟁력을 키워줄 수 있는 그런 실험을 하라고 요구하는 것은 실제로 너무나 힘든 일입니다.

한편으로 예술가나 디자이너들은 과학기술에 너무 무지합니다. 저는 좋은 미디어아트, 게임성이 있는 미디어아트를 만들기 위해 미술대학이나 멀티미디어 디자인과에 있는 연구실이나 학생들을 자주 만나는데, 지금 대학이나 예술계의 분위기는 엔지니어들이 볼 때 아주 초보적인 수준의 구현에도 깜짝 놀랍니다. 그렇기 때문에 엔지니어들을 부르지 않고 디자이너와 아티스트끼리 모여야만 신기하지, 엔지니어들이 오면 나는 저것을 대학 1학년 때 구현했는데 대체 뭐가 신기하다는 것인가라는 상황들이 벌어지게 되죠.

물론 이런 상황은 과도기적인 것이라고 생각합니다. 제가 제안하고 싶은 대안은, 과학기술 쪽에 계신 분들의 작업들이 어떤 기술발전

이나 또는 상업적인 가치나 과학연구 안에서 외부영역과 계속 매개시
켜 나갈 수 있는 그런 공간은 없는가라는 것을 계속 고민해주셨으면
좋겠다는 것입니다. 즉 구체적인 정부기구나, 우리가 흔히 하는 얘기
로 공적 영역으로 대표될 수 있는 그런 기구가 있었으면 좋겠다는 것
이죠. 또한 예술적인 비전이나 미래에 대한 상상력을 갖고 있는 미술
가들은, 자신이 지금 지속적으로 반복해서 창조해내고 있는 작품들이
과거의 미디어나 기술들이 어떤 시점에 있었을 때 외국에서 했던 것을
그대로 따라하고 있는 것은 아닌가 하는 자괴감이 들 때, 혹시 현재의
첨단기술들을 이해하지 못하고 또 그것을 철학적으로 소화하거나 예
술적으로 재생산하지 못하기 때문이 아닌가를 고민하면서 이런 것을
풀어낼 수 있는 장들을 추구해야 된다고 생각합니다.

성완경 선생님이 잠깐 언급하셨는데, 독일의 ZKM(Zentrum für
Kunst und Medientechnologie, 예술과 매체기술센터)이 나름대로 그런
역할을 해내고 있는 기관입니다. 그런데 ZKM 같은 경우는 칼스루헤
지역에서 공적 자금으로 만든 기관이고, 또 일본의 NTT 같은 데서 지
원하는 기관도 있죠. 외국의 경우에는 이런 공적 기관들에서 국가경
쟁력을 키울 수 있는 미디어아트를 실험할 수 있는데, 우리 현실은 전
통예술조차도 충분한 공적 예산의 지원을 받고 있지 못한 상태죠.

제가 종사하고 있는 미디어아트계에 대해 드리고 싶은 말씀이 있
습니다. 아까 성완경 선생님이 소개해주셨듯이 미디어아트 비엔날레
라는 행사가 서울시립미술관에서 진행 중에 있습니다. 이번에 그 행
사를 총지휘하시는 마노비치 씨가 쓴 《뉴미디어의 언어》라는 책에서
제가 핵심이라고 생각한 문장이 있습니다. "과거에 아방가르드(avant
garde)였던 것이 뉴미디어 시대에는 일상이 된다." 그 얘기는 과거 아
방가르드 아티스트들이 아주 특정한 비전을 가지고 어렵게 알아냈던

특이한 실험기술과 생산방식이, 유연하고 다양한 실험들을 할 수 있는 디지털미디어 시대의 도구 속에서는 누구나 할 수 있는 것으로 변한다는 것이지요. 즉 과거에는 실험적인 예술을 보고 멋있다고 생각하며 그 예술의 감수성에 감동을 받는 관중이 많지 않았어요. 그런데 지금은 누구나 그와 유사한 작품을 스스로 만들고 감상할 수 있게 되거든요. 결국 미디어가 빨리 변하면서 대중들의 감수성이 급속도로 변한다는 얘기는, 오늘 우리가 미디어아트 실험에 투자해서 생산해내는 디자인과 산업적인 생산물들이 앞으로 10년, 빠르면 5년 뒤에는 미국이나 유럽이나 일본이 생산하는 생산물들과 다를 수 있는 어떤 기반이 된다는 것을 의미합니다.

상호 협력해야만 하는 과학기술과 예술

사 회 서승택 실장님이 바라는 역할을 하는 기관이 지금 KAIST에 있습니다. 양현승 박사님이 소개를 해주셔야겠네요.

양현승 반갑습니다. 오랜만에 과학문화재단 행사에 참여하게 된 것을 뜻깊게 생각합니다. 사회자께서 언급하신 것처럼 KAIST의 문화기술대학원이 설립되어 문화예술과 인문사회, 또 첨단과학의 융합을 통해 새로운 기술과 가치를 창조하는 그런 역할을 담당하고 있습니다. 상세한 내용은 저희 홈페이지를 통해서 보시면 될 것 같습니다.

오늘 과학기술과 예술의 만남에 대한 얘기를 하면서, 사실 다 아시겠지만 '예술과 기술(art and technology)'이라고 하는 이슈가 이제 뭐 새삼스러운 얘기는 아닙니다. 이미 서구에서는 30여 년 전부터 이러한 이슈가 화두가 되어 왔고, 또 그런 행사를 전문적으로 하는 학회나 기관들이 많이 설치되어 있습니다. 국내에도 문화예술계 쪽에서는 미술관이나 갤러리를 통해서 그런 행사들이 많이 진행되고 있고, 또 과학기술계에서도 특히 미디어라든지 HCI(Human Computer Interface)라든지 VR(Virtual Reality) 관련 학회를 하는 경우에 '미디어아트와 기술(media art and technology)' 관련 전시회를 겸해서 하는 경우가 많습니다.

여러분들께서 깊이 있는 얘기를 해주셨습니다마는, 저는 간단히 예술과 기술에 대한 경험을 통해서 제가 얻은 내용과 느낌을 말씀드리고자 합니다. 저는 이른바 첨단과학이라고 하는 인공지능, 로보틱스, 가상현실, 뇌과학 이런 쪽을 연구하고 있습니다. 지난 10여 년간 나름대로 성과가 있어서 주요 과학기술 전시회 등에 참여할 기회가 많았습니다. 그런데 그런 과정에서 과학기술에 관심이 있는 분들 외에, 특히 예술 쪽에서 새로운 기술에 대한 관심 또는 그러한 기술을 자기의 작품 활동에 연결시키고자 하는 분들이 많아 적지 않은 경험을 했습니다. 그러나 아직도 저는 예술 쪽에서 기술의 의미가 무엇인지에 대해서 심도 있게 느끼고 있다고 생각하지 않습니다.

과학과 예술의 만남이라는 화두는 어떻게 보면, 과학기술계 쪽에서는 21세기 들어서면서 기존의 전문화된 과학기술 분야에서 융합이라고 하는 새로운 패러다임으로 시도되고 있습니다. 그래서 이른바 정보기술, 바이오기술, 나노기술이 융합되고 있습니다. 머티리얼(material)과 라이프와 디바이스의 기술이 통합되는 거기에 이른바 인지기술(cognitive technology)이 통합되는 그런 추세입니다. 제 관점에서 보는 예술의 과학기술에 대한 영역이라고 한다면, 거기에 인간의 감성(emotion)을 중심으로 해서 새롭게 생성되는 기술들이 다섯번째로 가미되는 것에 대한 관심이 높아지고 있다고 해석을 하고 있습니다. 이른바 과학기술은 환원주의(reductionism)에, 예술은 전일주의(holism)에 기반을 둔 분야라고 할 수 있습니다. 그러나 이제 과학기술은 전문화·세분화되는 과정에서 새로운 기술을 창조해내는 것에 한계를 느끼고 있습니다. 그러한 한계를 돌파하기 위해서 예술뿐만 아니라 인문·사회과학의 지식을 기반으로 새로운 돌파구를 마련해보려는 시도가 이루어지고 있습니다.

제가 지난 7,8년 동안 여러 가지 첨단기술을 개발하면서 볼 때 예술 쪽에서 과학기술, 이른바 첨단과학기술을 가져다가 새로운 툴 또는 재료로 사용하고자 하는 시도가 많았습니다. 제 자신도 제가 개발한 기술들을 어떤 관점에서 보고 있는지 등에 많은 관심이 있었습니다. 역시 시각의 차이가 있었고, 그런 차이를 통해서 제가 배운 것도 많이 있습니다. 결론적으로 예술 분야에서는 새로운 기술을 가져다가 새로운 툴로 사용하는 경우가 많이 있습니다. 하지만 반대로 예술을 통해서 과학기술이 어떻게 진보할 것인지에 대한 인식은 상당히 부족합니다. 결국 과학과 예술의 만남은 양 분야의 상호작용이 아니라 아직도 상당히 일방적으로 이루어지고 있다고 느낍니다.

제 경우를 예로 든다면, 저는 로봇을 만들면서 인간형 로봇을 만들게 되었는데, 그 과정에서 기술적인 부분은 구현할 수 있었지만 결국 인간에게 보여주는 표현 단계에서는 굉장히 한계를 느꼈습니다. 물론 공학자들이 그런 표현을 충분히 잘 할 수가 없고, 또 단순한 형태에 대한 이슈만이 아니라 인간과 어떻게 상호작용할 것인가에 대한 부분에서 많은 한계를 갖게 되기 때문에 이른바 산업 디자이너하고 일을 하게 되는 것이 대부분의 추세입니다. 하지만 저는 한 단계 더 나아가서 인간형 로봇이라고 하는 것도 '하나의 움직이는 조각품이다,

모바일 조각이다' 라는 관점에서 키네틱 아티스트(kinetic artist) 또는 조각가와 작업을 하게 되었습니다. 그 결과 저는 일반적인 산업 디자이너가 만드는 그런 형태에 비해 이러한 작업이 훨씬 더 인간적인 모습을 표현하는 데 가까웠다는 결론을 가지고 있습니다.

그 외에도 2002년 광주비엔날레와 예술의 전당, 2004년의 쌈지 스페이스 등 여러 곳에서 예술 관련 행사에 관계되어 많은 경험을 했고, 그 과정에서 과학기술이 항상 빠르고 정확하고 편리함 등을 추구하는 데 비해서 아티스트의 관점은 굉장히 다르다는 것을 느꼈습니다. 그리고 그것이 결국은 인간에게 유익한 기술을 만드는 과정에서 과학기술자들이 많이 참고해야 되는 부분이라고 생각했습니다.

종합적으로 지금 얘기하고 있는 과학기술과 예술의 관계를 다음과 같이 말씀드리고 싶습니다. 우리의 뇌에는 좌뇌와 우뇌가 있고, 그 각각의 역할이 다릅니다. 즉 한 부분은 논리적이고 분석적인 사고 기능을 담당하고, 다른 쪽은 직관적이고 감성적인 기능을 담당합니다. 그리고 여기에 두 개의 뇌를 연결시켜주는 뇌량(腦梁)이라는 신경섬유 다발이 있습니다. 그런데 이 뇌량이 훼손되는 경우에는 인간의 정신 행위가 종합적으로 이루어지지 못한다는 사실이 실험적으로 증명되었습니다. 지금까지 인간이 이룩한 모든 문명적인 성과는 이와 같은 좌뇌와 우뇌의 협력에 기원한다고 해도 과언이 아닙니다. 결국 좌뇌와 우뇌를 연결하는 뇌량의 상호작용은 굉장히 필수적인 것입니다. 마찬가지로 과학기술과 예술의 만남도 필연적입니다. 앞으로 과학기술과 예술에 대한 상호작용과 협력에 대한 문제가 지속적인 화두가 되기를 바랍니다.

어려서부터 예술적 소양을 길러주어야 한다

성굉모　제 전공은 음향학입니다. 소리의 과학입니다. 20여 년 전에 귀국해서 줄곧 서울대학교 음악대학에서 음악음향학을 강의하기 때문에 저는 공학, 즉 과학기술과 예술의 만남을 몸소 실천해 왔습니다.

저희 대학원생들은 모두 공과대학 대학원생입니다. 소리를 전공하는 음향학 대학원생들인데 입학할 때는 음악과 음악적인 소양을 절대 보지 않습니다. 그러나 일단 입학한 후에는 소리를 연구하는 사람이 악기 하나는 연주할 수 있어야 한다고 강제로 악기를 다루게 합니다. 하지만 그것만으로는 부족합니다. 그래서 연말에 교수와 모든 학생들이 가족들을 모아놓고 콘서트를 엽니다. 그렇게 해서 학생들에게 의무감도 심어주고, 혼자 연습할 때와 무대에 섰을 때의 느낌이 그만큼 다르다는 것, 또 아무리 연습이 된 것 같아도 무대에 올라가면 정신이 없어지는 경험도 하게 합니다.

음대에서 20여 년 강의하는 동안 과학기술과 예술, 좁은 의미에서는 음향학과 음악의 만남에서 가장 큰 장애는 언어소통의 문제였습니다. 우리는 같은 한국 사람인데 전혀 다른 언어를 씁니다. 이여진 교수님이 발표하신 내용 중에서 전자악기음 합성하는 방법 가운데 회로구성도(block diagram)가 뭔지 많은 분들이 아마도 모르실 것입니다. 하지만 저는 더 이상 말씀을 안 하셔도 회로 구성도가 아주 명확하게 머리에 들어옵니다. 이것은 소양이나 머리가 모자라서 모르는 것이 아닙니다. 너무나 오랫동안 다른 세계에서 살았기 때문입니다. 아까 임홍빈 교수님께서 말씀하신 대로 이것은 문과, 이과, 예체능으로 나누는 고등학교 교육의 문제입니다. 문과학생이 미적분학을 공부하고 싶어도 제공되지 않습니다. 이러한 교육은 구시대의 유물입니다. 이 자리에 여러 관계자들, 교육 관련 인사도 계신데 이런 문제는 21세기형 교육이 아니라고 봅니다.

또한 대학의 교양교육에서도 문제가 있습니다. 물론 서울대학의 경우에는 아주 다채로워졌습니다만, 이제까지는 대학의 교양교육이 이공계 학생에게 인문사회나 예체능 소양을 길러주는 데 중점을 두었던 것으로 압니다. 그런데 이제는 그 반대 방향이 더 중요하게 되었습니다. 즉 인문사회 및 예체능계 학생에게 이공계적 소양을 길러주는 데 더 힘을 써야 한다는 것입니다. 다행히 컴퓨터나 인터넷 등은 미술대나 인문대 학생들도 잘 활용합니다. MP3도 잘 듣고 다닙니다. 그래서 이 문제는 제도적인 벽을 무너뜨리면 쉽게 가능하리라고 봅니다.

여러분들의 말씀처럼 이제는 종합화·융합화 시대가 되었습니다. 지금 KAIST에 문화기술대학원이 있는데 그것이 공대 소속입니까? 어느 소속입니까? 이런 식으로 소속화시키면 발전이 없습니다. 벽을 허물어야 됩니다. 제가 다른 대학의 음대 실용음악대학원에서 강의를 하는데 그 학과이름이 음악공학전공입니다. 그러니까 이름이 벌써 융합화되었습니다. 잘 하고 있습니다.

언젠가 출장을 갔다 오다가 공항에서 한국문학 하는 교수님을 만났습니다. 그분께서 개화기 연극이나 창의 고음반을 연구하려고 하는데, 음질개선이나 잡음제거를 해줄 수 있느냐고 물었습니다. 그래서 제가 얼마든지 해드릴 수 있으니까 연구팀에 넣어달라고 했습니다. 연구팀에 넣어주지 않고 공짜로 서비스하는 것은 생색이 안 나서 안 됩니다. 이제는 과학재단이나 학술진흥재단에서도 이렇게 혼성팀으로 연구과제가 나온 것을 우선해준다든가 그러면 좋은 방향으로 나갈 것 같습니다.

그러나 과학과 예술의 만남, 공학과 예술의 만남은 어려운 문제입니다. 이것을 잘 해결하는 나라가 앞으로 여러 면에서 우위에 서리라고 봅니다. 선진국에서는 이미 공과대학에서 예술과 공학의 만남을 많이 하고 있고, 우리나라에서도 KAIST에서 아주 선진적으로 잘 하고 있습니다.

오늘 이 행사는 과기부에서 과학기술의 대중화, 생활화의 일환으로 개최하는 시리즈가 될 것 같습니다. 반대로 예술을 하시는 부서에서도 예술의 대중화, 생활화가 필요하다고 봅니다. 그런데 예술의 대중화, 생활화가 되려면 개인적인 취향이나 소양이 반드시 필요합니다. 개인적인 취향이나 소양은 거저 만들어지지 않습니다. 악기 하나를 연주하기 위해서도 수많은 시간을 연습해야 됩니다. 레슨을 받고, 어려서부터 집에서 시켜야 됩니다. 그런데 우리나라의 잘 나가는 분들은 너무나 바빠서 후세들에게, 아들딸에게, 조카에게 그런 모범을 보이지 않습니다.

문화 선진국이라고 하는 유럽 각국에는 마을마다 윈드앙상블이 있습니다. 자기 할아버지도 자기 삼촌도 나가니까 어린아이들은 '아, 나도 클라리넷 들고 트럼펫 들고 거기 나가야지, 사람은 그렇게 살아야 하나보다' 하고 생각합니다. 즉 음악이 생활의 일부가 되어 있는 것입니다. 우리나라는 이러한 문화가 전혀 없습니다. 개인적 취향이나 소양이 있어야만 엔지니어가 예술을 이해하고 사랑할 수 있습니다. 그리고 이것은 대여섯 살부터 시작되어야 합니다. 무엇보다도 중고등학교에서 문과, 이과, 예체능의 구분을 없애야 합니다. 어려서부터 예술적 소양을 길러주는 사회가 되어야 된다고 말씀드리면서 제 느낌을 마무리하겠습니다.

미래지향적인 예술 지원

사 회 지금까지 기조강연과 세 분의 주제발표, 그리고 여섯 분의 토론을 모두 들었습니다. 이제 질문을 하실 차례입니다. 먼저 성완경 선생님의 답변을 듣고 진행하겠습니다.

성완경 이명옥 관장님의 질문은 굉장히 흥미로웠습니다. 19세기에 과학기술을 소화한 훌륭한 혁신적 작품들이 정말 많았죠. 이를테면 우리가 많이 얘기하는 세잔느의 경우도 그렇지 않습니까? 또한 조형예술상의 중요한 혁명들은 20세기 초반에 다 이루어졌다고 봅니다. 그때 과학적인 세계관이라든가 이런 것들도 많이 작용을 했고요. 그런 것에 비해 요즘 테크놀로지아트나 미디어아트 하는 사람들을 보면, 자기를 홍보하는 데 유리하니까 겉멋으로 하는 느낌이 없지 않아 있고, 과학기술을 활용한 작품은 많이 있지만 좋은 작품은 그렇게 많지 않아서 10년 전이나 지금이나 그렇게 큰 차이도 없는 것이 사실입니다.

한편 요즘은 많은 일반 비(非)예술가들이 기술적 공학으로 예술적인 것을 즐길 수 있는 환경이 발달했습니다. 그 결과 이러한 것들이 많이 뒤섞여서, 예술과 비예술이 어느 정도 매혹적인 과학기술을 기반으로 예술과 유사한 것을 만들어내기 때문에 이런 것들이 전반적인 소음처럼 주변에 깔리는 애매한 상태가 되어버렸습니다.

예술에서 패셔너블한 작품을 추구하는 것 말고도 과학, 공학 쪽의 산업에서도 이른바 잉여로서의 과학기술, 즉 핸드폰을 더욱 얇게 만들고, 쓸데없이 3D로 동화상을 활용하며 정신을 헛갈리게 하는 과대잉여기술도 있습니다. 레프 마노비치(Lev Manovich)의 지적처럼 과거에 아방가르드였던 것이 지금은 모두 일상이 되었습니다. 마노비치의 또 다른 중요한 지적은 참으로 위대한 조형예술상의 혁명들은 20세기 전반기에 있었고, 지금은 그것을 재탕해서 쓰는 단계라는 겁니다. 사실 건축이나 타이포그래피나 음악이나 모든 조형예술 분야에서 발생한 혁신들이 이제는 컴퓨터 속으로 들어와 있습니다. 결국 마노비치는, 옛날 아방가르드는 지금 컴퓨터 속에서 구현되는 소비품으로 되어 있고, 지금의 진짜 아방가르드는 오히려 컴퓨터의 인터페이스나 프로그램의 기획자, 설계자로서 그 소프트웨어를 만들어서 다른 사람들이 이것을 쓸 수 있게 해주는 사람이라고 봅니다.

이명옥 관장님께서 미디어아트나 테크놀로지아트에 대한 지원이나 환경이 아쉽다고 말씀하셨는데, 확실히 미디어아트 센터 같은 제도적 장치를 좀 더 집중적으로 연구해 볼 만합니다. 또 프로젝트 심사를 통한 사전 지원을 제도화시킬 필요도 있을 것 같습니다. 최근 2년째 시행되고 있는 미술은행제도에서 미디어베이스 아트에도 일정한 쿼터제를 해서 그쪽에도 좀 지원이 가게 한다든가, 외부 영역과 잘 매개해주는 공적 기구가 있었으면 좋겠다는 그런 말씀도 다 연관된 얘기가 아닌가 생각합니다.

사실 이런 정책에 대한 지원이 없었던 것은 아니지만, 그 방식들이 너무 거칠고 좀 야만적으로 혁명적이었습니다. 그 좋은 예가 문화산업을 지원하는 방식입니다. 이제는 그런 단계를 넘어서 훨씬 더 유연하고 고도의 상상력에 관계된 과학기술과의 융합으로 국가정책이 진행되어야 한다고 봅니다. 단지 아트프로젝트에 대한 지원만이 아니라 실제 교육환경에서부터 바뀌어야 할 겁니다. 실제로 시민문화가 발달하고 지역문화가 활성화하면서 문화의 민주화는 상당한 진전을 이뤘습니다. 하지만 비예술로서의 문화 향유자들을 위한 지원이 단순히 이것저것 편성적으로 배치해놓는 수준이거나 내용이 진부해서 상당히 돈이 낭비되고 있다고 봅니다. 이것을 좀 더 집중시켜서 탁월하고 밀도 있는 예술, 또는 정말 미래지향적인 예술을 제대로 지원하는 새로운 판짜기라고 할까, 이런 제도적인 고민을 좀 해야 될 때가 되었다는 생각을 말씀드립니다.

새로운 패러다임의 시대

이광영 저는 30년 동안 사이언스 저널리즘 쪽에서 일하고 8년 정도 대학에 있다가 이제 다 그만두고 봉사활동을 하고 있습니다(현 대한암협회 부회장). 우리가 사이언스를 '과학'이라고 합니다만 이것은 잘못된 번역입니다. 원래 사이언스(science)라는 말은 라틴어 'scire', 즉 '안다'는 말에서 출발한 것이거든요. 그런데 19세기에 이것을 일본사람들이 '과학(科學)'이라고 번역한 거죠. 결국 사이언스는 '안다'는 의미입니다. 알아가는 것입니다. 한편 테크놀로지(technology)는 그리스어의 'techne'에서 나온 것인데, 어원적인 의미에는 예술과 의술 등 모든 것이 포함됩니다.

오늘 여기서 과학기술과 예술의 만남이라고 하는데, 과학기술이 산업혁명 이후 엄청난 발전을 했고, 그 결과 같은 과학기술계 안에서도 전문용어들이 커뮤니케이션이 안 됩니다. 이 문제는 앞으로 더욱 커질 겁니다. 앞으로 100년 후에는 현재 과학기술의 1000배로 발전할 것이라는 계산들을 합니다. 한번 상상을 해보십시오. 100년은 빨리 지나가는데 현재 과학기술의 모든 수준이 1000배로 증가하는 그런 상황을 우리가 어떻게 대처할 것인가. 지금 보면 미세세계인 물리의 기본, 물질의 기본이 무엇인지를 우리는 몰라요. 우주에 관해서도 빅뱅이론 등이 있지만 이것도 하나의 이론이지 입증된 것이 아닙니다.

우리가 4차원의 세계를 얘기하지만 스티븐 호킹(Stephen W. Hawking)은 우주가 11차원의 세계라고 했어요. 이것이 무슨 얘기인지 이해하십니까? 아까 양현승 교수님과 특히 서울대학의 성굉모 교수님께서 퓨전 얘기를 하셨어요. 저도 강하게 그것을 공감하면서 주장하고 싶습니다. 지금 우리가 정보사회로 들어서서 패러다임이 바뀌지 않습니까? 패러다임이 새롭게 바뀔 때 국가가 어떻게 대처하느냐에 따라서 국가의 위상이 달라집니다. 저는 지금의 정보사회 다음에, 과학기술과 문학과 예술의 퓨전이 새로운 패러다임 변화를 가져오지 않겠는가 생각합니다. 그런 의미에서도 오늘의 모임이 상당히 의미가 있다고 보고, 정부가 이렇게 세미나만 할 것이 아니고 전적으로 정책을 세워서 미래를 대비했으면 좋겠다는 말씀을 드립니다.

젊은이들이여, 호기심과 유희정신을 가져라

오영석　안녕하십니까? 저는 경희대학교 우주과학과에 재학 중인 학생입니다. 오늘 「과학기술, 예술을 만나다」라는 포럼에 참가하기 위해서 과학문화재단과 과학기술부 사이트에서 정보를 얻기 위해 굉장히 많은 노력을 했습니다. 여러 토론자 선생님들께서 말씀하셨는데 과학기술이나 예술에 대해서 대학생들이나 어린이들, 청소년들을 위해 어떤 식의 활동을 할 수 있는지 여쭤보고 싶습니다. 그리고 선생님들께서는 어떻게 대학생들로부터 이런 관심을 이끌어낼 수 있다고 보시는지 궁금합니다.

성굉모 제가 서울대학에서 12년 이상 합창단 지도교수를 하고 있고, 또 과거에 아마추어 색소폰 앙상블을 만들어서 3년 이상 단장을 한 경험이 있습니다. 지금도 젤로스윈드앙상블이라고, 단원이 90명 정도 되는 앙상블에서 베이스클라리넷을 불고 있는데 그 가운데 한 40퍼센트가 전공자고 60퍼센트는 아마추어입니다. 거기에 대학생들이 많이 나오고, 여고생들도 나옵니다. 하지만 요새 대부분의 대학생들은 취업이나 학업이나 경제적으로 직접 도움이 안 되는 일은 하지 않습니다. 현재 각 대학에 학생서클이 많이 있습니다. 그러니까 학생들이 전공을 떠나서 문화예술과 접할 수 있는 기회는 현재도 제공되고 있습니다. 학생들이 안 하는 것입니다. 저희 집 애가 삼성전자 엔지니어로 근무하는데 피아노를 전공자 못지않게 친다는 얘기를 들었습니다. 그런데 매일 밤 12시에 들어오고, 주말에도 공장에 가느라 시간이 없습니다. 결국 피아노를 칠 수가 없는 거지요. 그러니 대학 시절에 문화예술과 접했다고 해도 현실적으로 이를 지속시키는 게 쉽지 않습니다. 그럼에도 학생들은 젊은이로서 호기심과 유희정신을 가져야 됩니다. 앞선 세대들이 후속 세대에게 모범을 보이고, 젊은이들이 호기심과 유희정신으로 새로운 것을 시도할 때 격려를 아끼지 않아야 한다고 봅니다.

우리 역사 속에서 배우는 과학기술과 예술의 만남

전충헌 저는 산업 콘텐츠 현장에서 한 10여 년 뛰어왔습니다(코리아디지털콘텐츠연합). 오늘 여러 선생님의 고견을 잘 들었는데, 과학기술과 예술의 만남에 대한 산업 쪽의 좀 더 절실한 필요성을 말씀드리려고 합니다. 잘 아시겠지만 최근 삼성의 이건희 회장이 창조경영을 강조하셨습니다. 제가 말씀드리는 것은 삼성의 문제만이 아니라 현재 넛-크래커(nut-cracker) 상황에서, 그리고 대(對)중국 경제 위기상황에서 전반적인 경제의 성장 동력을 잃어가고 있는 우리 기업의 환경과 본 주제가 어떤 연관성이 있어야 되는가라는 부분입니다. 그래서 기업가 입장에서의 창조경영의 방법론을 우리가 창출해낼 수 있는 모티브나 토양이 우리 사회에 마련되었으면 하는 생각입니다. 그러기 위해서는 원천적으로 우리 스스로의 자신감 같은 것이 필요하다고 생각합니다. 지금까지 우리는 짧은 기간 동안 경제발전을 하면서, 일본이나 미국 등 선진국의 모델들을 열심히 답습하고 모방해 왔습니다. 그리고 심지어는 예술 쪽에 계신 분들조차 모방을 해 온 경향이 적지 않다고 생각됩니다.

그런데 우리 역사의 사례들은 없는 것인가를 생각할 때, 과학기술과 예술의 만남에 대한 좋은 사례, 우리 선조들의 창조적 정신을 발현시킨 뚜렷한 사례들이 결코 적지 않다고 봅니다. 그래서 이런 자리에서 그런 부분들도 강조가 되는 담론이 이루어졌으면 하는 아쉬움이 또한 있습니다. 예를 들면 고려청자 같은 것이 과학기술과 예술의 대표적인 만남이라고 볼 수 있습니다. 동서양의 문화를 우리가 받아들이고 그것을 보다 창조적으로 창출시킨 결과이지요. 그 고려청자가 가지고 있는 역사적 함의에 대해서 우리가 반성할 부분은 반성하고, 그 구조적인 환경에서 우리 스스로 배출했던 창조적 문화전문가들이 어떻게 되었는가, 그리고 지금 이 디지털 환경에서는 어떻게 되고 있는가 하는 부분들을 성찰하면서 새로운 방법론을 찾아가는 귀한 자리가 되었으면 하는 바람입니다. 차후에는 한국과학문화재단에서 그런 부분을 좀 더 심도 있게 나누었으면 합니다.

임홍빈 '아름답다'는 말 자체의 어원을 간단히 말씀드리겠습니다. 그것은 원래 서양에서는 '훌륭하다, 아름답다, 쓸모 있다'와 같은 맥락에서 출발했고, 공자도 아름답다는 것과 훌륭한 행위를 같은 맥락에서 사용했습니다. 그러니까 질서나 대칭적(對稱的)인 것, 혹은 균제미(均齊美) 등에 대한 기본적인 관심은, 과거 고전적인 예술 활동에서나 과학에서 상당히 중요한 비전 같은 그런 역할을 했다고 생각합니다. 따라서 미래사회에서도 그와 같은 접합, 혹은 융합이 여러 다양한 차원에서 전개될 수 있으리라고 봅니다.

성완경 미(美)도 과학처럼 실질성과 효율성을 가질 수 없을까를 말씀하셨는데, 혹시라도 여기서의 미가 예술과 등식관계로 이해되어서는 안 된다고 봅니다. 저는 그 점을 좀 환기시키고 싶어요. 예술은 때로 미와 관계없을 수도 있습니다. 오히려 자본과 과학기술, 마케팅과 문화산업과 관광산업에 의해 관리되고 조절되는 사회 전체가 무차별적으로 미를 이용하는 경향에 있고 이런 현상이 오늘날 점점 더 일반화되고 있는 것이 무얼 뜻하는가를 주목해볼 필요가 있습니다. 예술은 오히려 빈터나 공터 같은 쓸모없음과 훨씬 관계 있으며, 주류의 일반적인 가치에 대해서 성찰의 공간을 새로 만들어내고 하는 그런 중요한 기능이 여전히 있다는 점이 주목되어야 할 것입니다. 그래서 모든 예술이 다 미에 관계되고, 혹은 그것이 유용성으로 실험되면서 과학과 만날 수 있다는 도식은 문제가 있을 수 있다고 봅니다.

사 회 아마 몇몇 선생님들께서는 오늘 모임이 좀 방향성이 없지 않은가, 보다 좁은 주제에 집중하면 더 좋지 않겠는가라고 생각하실지도 모르겠습니다. 하지만 아시다시피 과학기술부에서 처음 시도하는 것이므로 탐색과정이라고 생각을 해주십시오. 이번에 세 번의 포럼을 마치면 결과를 논의할 것입니다. 그래서 내년에도 이런 행사가 계속 된다면 그때는 조금 더 좁은 범위의 심도 있는 논의가 가능하리라고 생각합니다.

오늘 「과학기술, 예술을 만나다」라는 자리를 마련했는데 참 어렵 게 준비했습니다. 끝까지 함께해주셔서 감사드리고, 과학기술과 예술 이 추구하는 목적이나 방법 등에 상당한 공통점이 있다는 사실을 확인 한 것 같습니다. 오늘 긴 시간 동안 대단히 감사합니다.

社 03 술

과학기술, 사회를 만나다

다양한 분야들이 서로 교류하면서 새로운 가치를 창조하는 지식과 기술의 융합시대에 과학기술과 새로운 학문영역의 교류의 장으로 마련한 '새로 보는 과학기술'의 제3회 「과학기술, 사회를 만나다」 포럼이 2006년 12월 4일 한국프레스센터 기자회견장(19층)에서 개최되었다. 서울대학 김광웅 명예교수의 기조강연에 이어 서울대학 이승훈 교수, 고려대학 이기수 교수, 서강대학 김학수 언론대학원장의 주제발표가 있었다. 이어서 진행된 토론에는 한양대학 김창경 교수, STEPI 민철구 부원장, 연세대학 김문겸 공대학장, 세창법무법인 김현 대표변호사, 조선일보 김영수 산업부장 등과 200여 명의 참석자들이 함께했다. 주제발표와 토론은 서강대학 이덕환 교수가 사회를 맡아 진행했다.

기조강연

과학기술, 사회·사회과학을 만나다

—메타과학으로 아름다운 미래사회 만들기

김광웅 | 서울대학교 명예교수

관계기술도 중요하다

2006년 12월 2일, 카타르 도하에서 개최된 제15회 아시안게임 개막식에서 '미래의 도시'가 연출되는 것을 보았다. 온갖 기계로 가득 차 에너지가 넘치는 미래도시를 보면서 해양에 떠 있는 물방울 도시나 부양도시, 혹은 나노튜브로 쏘는 3만 8000킬로미터의 엘리베이터를 타고 가 실험 같은 것을 할 수 있는 우주도시를 연상했다. 그러한 도시가 실현된다면 지금 한창 걱정거리인 땅값과 아파트값 같은 부동산 대책을 그리 염려하지 않아도 될 것이다.

제레미 리프킨(Jeremy Rifkin)이 말하는 소유의 시대가 가고 접속

※ 이 글은 2006년 12월 4일 과학기술부와 한국과학문화재단 주최로 프레스센터에서 개최된 제3회 「과학기술, 사회를 만나다」 포럼에서 발표한 것이다. 형식상, 그리고 시간상의 제약으로 짧게 요약하였고, 내용을 뒷받침하기 위한 원본이 필자의 홈페이지(www. finegovt.com) 자료 게시판에 수록되어 있다.

의 시대가 오면 문제는 더 간단해진다. 하지만 그런 도시나 그런 시대가 아니더라도, 우리 사회는 과학기술의 발달로 더 많은 변화를 겪게 될 것이다. 예를 들어 도시에 움직이는 보도가 만들어지고, 고속도로는 스마트화가 되어 교통원리가 딴판이 되는 그런 사회를 맞을 것이다. 지금과는 전혀 다른 사회가 되어 인간도 완전히 개조되는 시대를 맞을 가능성이 매우 높다. 이것이 과학기술이 가져올 미래사회이다.

미래사회에 관한 이야기를 하자면 한이 없다. 상상력을 더 펼치면, 미래사회에서는 휴대폰이나 랩탑 같은 것은 다 필요 없고 카드 하나로 생활이 가능한 시대가 되리라고 한다. 또한 자정기능이 가능한 유리와 시멘트로 건물청소가 저절로 될 뿐만 아니라, LCD 모니터들이 서서히 사라지는 대신 종이처럼 얇고 부드러운 실내조명 겸용의 커튼 버전이 출시되어 OLED(Organic Light Emitting Diode) 시대가 열릴 것이다. 2040년쯤 되면 원숭이 지능에 버금가는 제4세대 로봇이 우리 주변에 득실거리는 그런 사회가 될 것이라고도 예측한다.[1] 1970년대 한국미래학회가 당시 과학기술처의 도움으로 '서기 2000년의 한국'이라는 연구용역을 할 때만 해도 이런 상황을 상상하지 못했다. 1998년 '과학화 정부론' 보고서를 쓸 때만 해도 이런 사회를 연상하기가 쉽지 않았다.

지금까지도 과학기술은 사회와 인간을 엄청나게 바꿔놓았다. 이러한 변화는 앞으로도 계속될 것이다. 정부, 기업, 대학, 언론, 교회, 노조 등 사회의 각 기관을 바꿀 것이다. 앞으로 우리 사회를 구성하고 발전시키는 기본 요소는 기술과 이들을 엮는 관계기술(RT: Relations Technology)일 것이며, 그 밑바탕에 과학이 있다는 것은 누구나 아는 사실이다.

여기서의 기술은 나노기술(NT), 바이오기술(BT), 정보기술(IT)

등을 말하는 것이고, 관계기술은 이들을 엮는 인지(Cogno), 디지그노(Designo), 시학(Poetics) 등을 말하는 것이다. 다른 모든 기술 중에서 관계기술이 제일 중요하다. 이것은 과학이 사회의 도움을 받을 수밖에 없는 현실을 말하고 있는 것이다. 과학끼리도 그러하겠지만 과학과 사회, 과학과 인간이 연결되어야 과학이 빛을 발한다.

과거에도 그랬지만 '관계'는 매우 중요하다. 《양자적 자아*Quantum Self*》의 저자 다나 조하르(Danah Zohar)는 21세기의 주제어로 '다양한 개체'와 이들 간의 '관계'를 역설한 바 있다. 2006년 10월 서울대학교 60주년 기념 학술대회에서 발표한 필자의 논문 〈미래의 학문, 대학의 미래〉에서 학문의 융합과 통섭, 그리고 대학편제의 재편성(인지과학대학, 생명과학대학, 융합공과대학, 인간정보과학대학, 우주과학대학 등) 등을 강조한 것도 모두 이런 변화의 원칙에 기초한 것이다.

과학기술은 이미 우리 사회와 사회과학에도 깊숙이 들어와 있다. 일상생활이나 직업 활동에서도 과학적으로 사고하고 행동하지 않으면 커다란 모순을 낳는 것처럼 백안시될 정도다. 그래서 사회과학도들도 애써 과학적이려고 노력한다. 그것은 달리 말하면 합리주의적 사고와 행동을 고취하려는 것이라고 이해하면 될 것이다.

합리주의의 한계, 상대주의도

그럼에도 이런 사고와 행동이 우리 사회가 안고 있는 모든 문제를 다 해결해주지는 못한다. 비록 합리주의적 사고가 옳고 자연주의적 사고가 문제의 정곡을 파고들지만 상대주의 역시 무시할 수 없다. 파울 파이어아벤트(Paul Feyerabend)는 《자유사회에서의 과학*Science in a Free Society*》에서 자유사회에서는 합리성보다 상대주의를 존중하고 싶어 한다고 주장한다. '자유사회'에서는 힘이나 권위가 아니라, 참여자라면 누구나 똑같은 권리로 값지다고 생각하는 아이디어와 적절하다고 생각하는 절차에 따라 문제를 해결한다. 즉 전문가가 따로 있다는 것을 인정하지 않으려고 하는 것이다. 가능한 신축적이 되어야 전통은 존중하되 스스로 정당하다고 믿는 합리주의(self-serving rationalism)의 좁은 소견에서 벗어날 수 있을 것이라고 믿는다. 과학 내지는 합리주의의 독점적 권위를 인정하지 않으려는 속셈이 있는 것이다. 이것은 김환석의 '과학적 시민권' 입장과 일맥상통한다.

과학을 하는 분들이 또 주목해야 할 것은, 토마스 쿤(Thomas Khun)의 제자이고 파이어아벤트의 동료인 래리 로던(Larry Laudan)의 지적이다. 그는 《실증주의와 상대주의를 넘어서*Beyond Positivism and Relativism: Theory, Method, and Evidence*》에서 "실증주의는 여러 형태의 인식론적, 그리고 방법론적 상대주의에게 자리를 내주었다"고 말한다. 쿤과 파이어아벤트, 그리고 후기 비트겐슈타인, 후기 윌러드 콰인(Willard Quine), 후기 폴 굿맨(Paul Goodman), 로티 등 이들 후기실증주의자들은 "이론이란 객관적으로 비교될 수 없으며, 동시에 결정적으로 반증될 수도 없고 과학적 대안을 가져다주는 이론 선택의 인식론적 법칙 같은 것도 없다. ……과학철학의 향방은 새롭게 과학적 합리성과 과학적 진보의 과제로 방향을 돌리고 있다"는 견해를 피력한다. 또한 임레 라카토스(Imre Lakatos)는 "과학에서 진리는 퇴조되었다"고 말한다.[2]

전일적 사고, 그리고 메타과학으로 가야

양(陽)보다는 여성/수렴/반응/협동/직관/종합인 음의 중요성을 환기하는 전일주의(holism) 입장의 프리초프 카프라(Fritjof Capra)도 눈여겨볼 필요가 있다.[3] 그에 의하면, 직선적이면서 단편적인 합리주의 사고가 과학적 지식을 발전시켜 온 것이 사실이지만, 이젠 거기에 곡선의 전일적 사고(지금의 복잡계 과학과 통하는)를 보태야 할 때가 되었다는 것이다.

장회익은 한걸음 더 나아가 "자연과 사회 그리고 이 안에 속하는 일차적 실체들을 대상으로 하는 체계적 지식을 과학이라고 부른다면, 다시 과학과 이것이 빚어낸 문명자체를 대상으로 하는 한 차원 높은 새로운 종류의 지식을 우리는 메타과학이라고 부를 수 있을 것이다. 따라서 이 시대가 요구하고 있는 정신적 도약은 바로 과학을 발판으로 하여 메타과학으로 올라서는 도약을 의미하며, 이는 인류가 과학기술 문명의 노예가 되지 않고, 문명의 주인이 되기 위해 감당해야 할 불가피한 요청이라 할 수 있다"고 지적한다.[4] 이는 소련의 과학사상가 투르킨(V. F. Turchin)이나 루드비히 폰 베르탈란피(Ludwig von Bertalanffy), 그리고 카프라와도 비슷한 견해이다.

일반적으로 '과학한다' 고 하면 정량분석 없이는 인정을 받지 못한다. 그러나 이것은 프랙탈 이론에서 말하는 자기 상사성(self-similarity)을 모르고 하는 말이다. 칸트의 순수이성과 실천이성은 둘로 나뉘지만 순수에는 실천이, 실천에는 순수가 함께 자리 잡고 있다. 정성에는 정량이, 정량에는 정성이 자리 잡고 있는 것이다. 보는 것과 보이지 않는 것, 설명할 수 있는 것과 설명할 수 없는 것이 함께 뒤섞여 있다. 이것은 시카고대학의 사회학자 앤드류 애벗(Andrew Abbott)의 말이다.

자아에까지 스며든 과학

과학기술은 사회와 사회과학을 만나 이미 이들 속에 스며들어 용해되어 있다. 컴퓨터, 의사소통, 인터넷, 디지털, 유비쿼터스, 사이보그 등 여러 혁명으로 환경, 행동, 정신, 신체 등에 변화가 온 지 오래이다. 미래사회가 '네트워크 사회', '신축적 사회', '사이버 사회', '자아중심적 사회' 등으로 불리는 것도 모두 과학기술이 우리의 몸, 우리의 정신, 우리의 자아, 그리고 우리의 사회에 스며들었기 때문이다. 그러나 이들 만남과 용해가 좋은 것인지, 나쁜 것인지 판단이 서지 않을 때가 있다. 질 들뢰즈(Gilles Deleuze)가 말하듯이 의사와 청진기처럼 좋은 만남일 때도 있고, 반대로 사람과 독처럼 나쁜 만남일 때도 있다. 나쁜 만남은 칼테지안-뉴터니안 패러다임(Cartesian-Newtonian Paradigm) 이후 과학기술이 인간을 더 기계로 만들고, 나아가 영화 《매트릭스》 3부작에서 보듯이 컴퓨터 시스템을 유지하기 위해 인공자궁 속에서 인간을 철저하게 사육하는 상황을 연출한다. 미래 무정부주의를 부각시킨 영화 《브이 포 벤데타 *V for Vendetta*》를 보면, 앞으로 과학기술이 보다 더 발전한다 해도 인간사회가 안고 있는 고민(질병, 빈곤, 범죄, 불평등 등)을 얼마나 덜 수 있을지 회의할 수밖에 없다. 그래도 우리가 원하는 '자유사회', '여유 있는 사회' '아름다운 미래사회'를 만들겠다는 일념은 숭고하다.

복잡계 과학으로

사실 우리는 지금까지 과학적으로 사고하고 과학적 지식을 얻기 위해

지나친 단순화의 위험을 무릅쓰고 인간의 사고양식을 모형화하여 고찰하였다. 즉 인간은 사물을 이해하는 데 그 대상의 성격을 양태와 실태라는 이중적 구조로 파악하고, 이 양자의 내용을 논리적으로 결합시킴으로써 그 이해의 영역을 넓혀 나간다는 하나의 기본적 전제 아래서 고찰한 것이다. 그러나 실제의 사고과정은 이렇게 단순한 모형으로 엄격하게 정형화시키기 어려운 점들을 포함하고 있으며, 또 정형화된 사고과정의 논리체계도 우리가 제시한 모형적 설명보다는 훨씬 복잡한 구조를 지니고 있음이 사실이다. 그런 의미에서 이제 복잡계 과학적 사고를 존중할 때가 되었다. 한 방향이 아니라 쌍방향으로, 그리고 비선형과 공진화, 자기조직화와 소산 등 예전에는 생각하지 못했던 변화를 인정하지 않으면 안 되게 되었다.

인간은 사물과 현상을 (1)관찰하고, (2)느끼고, (3)상상하고, (4)꾸미고, (5)적용하고 실천한다. 이 과정에는 무의식이 개입되고 편견과 경험이 보태진다. 이 일련의 과정이 얼마나 과학적인가 또는 비과학적인가를 가리는 일과 이들 간의 균형을 유지하는 일이 매우 중요하다. 존 나이스비트(John Naisbitt)가 최근의 《마인드 세트*Mind Set*》에서 '하이테크, 하이터치 간의 균형'을 강조한 것도 같은 맥락의 이야기이다.

융합의 길로 가다

사회과학도 이제 예외 없이 융합의 길을 걷고 있다. 인문과학의 위기도 따지고 보면 인지과학을 비롯한 융합의 아이디어에서 멀어져 있기 때문이다. 뇌, 마음, 그리고 슈퍼컴퓨터로 가능해진 인지과학의 지평을 넓히고, 분과학문의 벽을 헐어 융합학문으로 가능한 길을 모색할 때가 되었다. 융합학문의 예를 몇 가지 들면 격세지감부터 느끼게 된다. 융합은 명칭만으로도 이미 우리의 상식을 넘어섰다. '천문생물학', '바이오물리학', '법률전문회계학', '신경정신약리학'. 이쯤 되면 융합학문의 실체를 쉽게 느낄 수 있다. 나노기술 때문에 다학제성(다제성, multidisciplinary)은 더욱 가속화된다. 물리학자가 화학식을 외워야 하고, 기계공학자는 박테리아를 관찰해야 하며, 화학자는 전자공학을 단련해야 하고, 재료과학자는 양자역학을 열심히 공부해야 한다. 직업인은 르네상스 시대로 회귀하는 듯 변호사이면서 극작가이고, 음악을 연주하는 그런 인간상이 보편화된다. 이러한 다제성 때문에 많은 석학들이 2020년이나 2030년에는 물리, 화학, 생물, 전자 재료, 기계 등 학제 간의 경계가 모호해지거나 무너지고, 나노과학기술이라는 한 분야로 대통합을 이룰 것이라고 전망한다.[5] 이제 대학도 르네상스 시대를 재현하여 진정으로 유트라 패리아(다재다능한 인간)를 길러야 할 것이라는 점을 확인해야 한다.

미래세상

"태초에 우리가 도구(tools)를 만들었고, 그러고 나서 도구가 우리를 만들었다." 마셜 맥루언(Marshall McLuhan)의 말이다. 그런데 오늘날은 이렇게 말한다. "미래는 지금까지와 같은 세상이 아니다(The future ain't what it used to be)." 요기 베라(Yogi Berra)의 말이다. 레이 커즈와일(Ray Kurzweil)은 여섯 단계의 도약을 그리고 있다. 첫번째는 물리학과 화학의 시대로 원자구조에 관한 정보의 지배이다. 두번째는 생물학의 시대로 DNA 정보가 주종을 이룬다. 세번째는 뇌의 시대이며 뇌신경 패턴의 정보가 지배한다. 네번째는 기술의 시대로 하드웨어와 소프트웨어 정보가 주종을 이룬다. 다섯번째는 기술과 인간지능이 창발하는 시대로서 생물학의 방법(인간의 지능을 포함해서)이 해석학적으로 확대되는 인간 기술의 토대에 통합된다. 여섯번째는 우주가 잠에서 깨어나는 시대로 우주에 있는 물질과 에너지의 패턴이 지적 과정과 지식과 더불어 포화상태가 된다. 다시 말해서 비생물학적인 인간지능이 전 우주에 널리 퍼진다.[6]

과학과 기술이 이렇게 변하고 발전하면, 국가의 장래 장기발전 전략도 바뀌지 않을 수 없고, 동시에 어떤 국가를 구상하고 구성해 갈 것인가도 합의해야 한다. 그것은 현재와 같은 자본주의 선진국가 전략을 그대로 밀고 갈 것인지, 아닌지를 판단하는 것이다. 우리가 지금 해야 할 일 중의 하나는 미래 변화의 본질을 정확히 이해하는 것이다. 즉 미래에는,

1) 패러다임이 변한다. 즉 부분이 곧 전체가 된다(부분의 합이 전체가 아니다). 그리고 이원론이 아니라 일원론이 지배한다. 적과 동지, 진보와 보수 같은 이분법, 정성분석과 정량분석 같은 이분법 등이 아니다. 사고와 이념 등에서 이분법으로 나뉘면 나라 질서가 어지러워진다. 양자 패러다임으로 가야 한다는 뜻이다.

2) 다양한 개체가 존재한다. 그리고 이들 간에 '관계(RT)'가 형성된다.

3) 수직이 수평이 되고 네트워크로 연결되며, 네트워크는 네트런(netrun)이 되어 보다 역동적이 된다. 알버트 라즐로 바라바시

(Albert-Laszlo Barabasi)가 말하듯이 네트워크는 유비쿼터스 형이 가장 진보된 형태이다.

4) 단순계 과학의 시대가 복잡계 과학의 시대가 된다. (관료주의에서 거버넌스로, 즉 정부가 단독으로 해결할 수 없을 정도로 사회는 복잡해진다.)

5) 지본사회, 자본사회를 넘어 뇌본사회, 창조사회(코그노·디지그노 사회로, 정부는 아름다운 디자이너로서 RT의 역할만 한다)로 변화한다.

6) 우주공간/사이버공간으로 인간의 활동 영역이 무한대가 된다.

7) 세분, 정밀, 욕토(yocto, 10의 24승분의 1)의 세계가 된다. (제일 큰 수로는 10의 44승, 즉 재가 있는데 44승분의 1이 가능한지는 모르겠다. 참고로 큰 단위의 수는 억, 조, 경, 해, 자, 양, 구, 간, 정, 그리고 재이다)

8) 인공지능시대, 로보틱스로 간다.

9) 융합시대가 된다.

10) 아름다움을 디자인하는 시대로 변화한다.

우리가 원하는 자유사회, 여유 있는 사회, 아름다운 사회를 어떻게 만들 수 있는가? 이를 위해 해야 할 몇 가지가 있다. 즉 (1)사람을 규격화하지 않는다. (2)채우지만 말고 비우기도 한다. (3)코그노의 중요성을 인식한다. (4)디지그노의 참뜻을 이해하고 심미안을 갖고 사람과 사람을 엮으며 아름다움을 추구한다. (5)생태계를 파괴하지 않는다(Jared Diamond)—지구의 주인이 인간인가를 다시 한번 성찰한다. (6)과학적 인식만큼 찰나 포착(blink)이나 느낌도 존중한다. (7)융합의 지혜를 짠다. (8)복잡계를 있는 그대로 받아들인다. (9)확연성보다는 개연성으로 말한다. (10)법과 질서, 그리고 상대방을 존중하는 사회를 만든다–소강국가론.

이러한 상태를 공자가 《예기禮記》 제9장에서 말하듯 소강국가(小康國家)라고 해도 좋을 것이다. 김구와 덩샤오핑(鄧小平)도 이와 비슷한 표현을 했다. 서양과학과 합리주의 전통이 선택된 힘이 되어 사회를 지배하기보다는, 과학의 진실성과 과학윤리를 보다 선양하는 자세로, 훌륭한 과학을 넘어 보다 더 성숙한 메타과학이 '아름다운 미래사회'를 건설할 수 있도록 노력해 나갔으면 한다.

주(註)

1. 몇 가지 일상생활의 변화를 소개하면, (1) 지금 사용하는 휴대전화 대신 카드 한 장이 모든 기능을 대신한다. (2) 자동세척 유리와 자정능력이 있는 콘크리트가 개발되어 창문이나 건물 청소가 필요 없어진다. (3) 귀에 장착하는 음성인식 기능으로 동시통역이 가능해진다. 학교 건물은 없어지고 전자수업(e-learning)과 전자교사(e-teacher)가 보편화된다. (4) 제트기를 택시처럼 빌려 쓴다. (5) LCD 모니터들이 서서히 사라지고, 종이처럼 얇고 부드러운 실내조명 겸용의 커튼 버전이 출시되어 OLED 시대가 열린다. (6) 위성항법 시스템(GPS)이 보행자와 시각 장애인을 돕는다. 전자 눈이 시각 장애인의 새로운 희망이 된다. (7) 인공장기가 기적을 만들어낸다. 프랑스는 인공 심장, 영국은 의수의족, 독일은 인공 간과 폐 등을 특화한다. (8) 새로운 쓰레기 분쇄기가 모든 쓰레기를 재활용으로 바꾼다. 드럼세탁기에 세탁물을 넣듯이 먹다 남은 음식물 찌꺼기를 넣으면 팬케이크처럼 압축되어 방사된다. (9) 휘발유 자동차의 수명이 끝나고, 수소 연료전지의 보급으로 고속도로의 주유소가 문을 닫는다.

   –정부가 하는 일에 변화가 올 가능성이 높은 것은, 보도가 움직이고 고속도로가 스마트화해 일단 차가 진입하면 고속도로가 움직이므로 자동차 사고 같은 것은 상상하기 어려워진다. 따라서 고속도로 교통순찰대 같은 것이 필요할지 다시 생각해 보아야 한다.

   –3만 8000킬로미터 높이의 엘리베이터를 타고 하늘로 오르면 우주도시에 이른다. 무중무공해의 실험이 필요한 온갖 과학연구단지가 조성되는 것이다. 생명공학과 우주과학이 미래의 과학이 될 것이라는 예측이 틀린 말이 아니다.

   –물방울 도시 또는 부양도시가 바다 위에 뜬다. 거기에 새로운 도시가 형성되는 것이다.

   –인공지능의 발달은 인지과학과 맥을 같이한다. 뇌, 마음, 그리고 컴퓨터가 중심이 되어 과학의 세계를 이끌어간다. 그러므로 인지과학이 과학의 기초가 될 수밖에 없다는 이야기가 설득력을 얻게 된다. 나노(nano), 바이오(bio), 인포(info)와 함께 코그노

(cogno)의 힘이 발휘될 수밖에 없는 세상에 접어들었다. 거기에 디지그노(designo)까지 계산에 넣어야 한다. 아톰, 비트, 뉴런 등과 함께 에스테틱 아이디어와 뷰(aesthetic idea and view)가 기술의 요소들을 엮어가야 하기 때문이다. 미래는 관계기술(RT: Relations Technology)이 NT, BT, IT만큼 힘을 발휘하리라고 예측된다. 디자인이나 시(poem)가 관계기술의 역할을 한다는 것은 이미 잘 알려진 바다.

2. 김용준, 《과학과 종교 사이에서》(돌베개, 2005).

3. 프리초프 카프라, 이성범 · 구윤서 옮김, 《새로운 과학과 문명의 전환 *The Turning Point*》(범양사출판부, 1985).

4. 장회익, 《과학과 메타과학: 자연과학의 구조와 의미》(지식산업사, 1990).

5. 이정일, 〈앞으로 20년 후, 나노기술이 세상을 바꾼다〉, 《교양으로 읽는 과학의 모든 것》(미래M&B, 2006).

6. Ray Kurzweil, *The Singularity is Near*(Viking, 2005).

첨단기술과 경제학: 계량분석의 활성화와 효율적 기술투자

이승훈 | 서울대학교 경제학부 교수

과학기술과 인간생활

학문이 발전하면서 분화를 거듭한 결과, 서로 다른 학문 분야에 속하는 사람들 간에는 의사소통조차 제대로 이루어지지 못하는 시대가 되었다. 현대의 한국인은 십대 후반부인 청소년 시절부터 문과와 이과로 갈려 분야별로 다른 문물을 다른 시각으로 접하기 시작한다. 대학을 거쳐 사회생활을 시작하면 각 개인은 더 세분화한 학문과 생활의 영역으로 갈린다. 그러면서도 다른 한편으로 각 개인의 현실적 생활은 다양한 생활영역이 서로 조직적으로 협력하는 가운데 전개된다. 예컨대 과학기술과 사회제도의 혜택은 거의 모든 사람들에게 미치고, 농부가 생산한 식량을 소비하지 않는 사람이 없듯이 각 영역의 생산물은 그 영역보다는 다른 영역의 사람들이 주로 소비하는 사회적 분업의 틀 속에 얽혀 있다. 물론 개인으로서는 자신의 일만 열심히 하면 되고, 영역 간의 조직적 협력이 어떻게 이루어지는지 모르더라도 생활에 큰 지장을 받지 않는다.

　　과학기술은 인간 생활의 한 영역을 이루는 여러 분야 가운데 하나이다. 그러나 사회 전반에 끼치는 영향력에 있어서는 다른 분야가 감히 도전할 수 없을 만큼 중요한 분야다. 그럼에도 불구하고 과학기술 분야의 목소리는 인간 사회가 미래를 준비하는 의사결정 과정에서 그 중요성만큼 힘을 받지 못하고 있다. 생각해보자. 현대 과학기술의 업적인 PC와 인터넷은 인간 사회에 엄청나게 큰 편익을 제공하였다. 그러나 PC-인터넷 시대를 실현하는 데 필요한 자금과 노력 등 사회적 지원을 확보하는 과정이 결코 수월한 것은 아니었다.

　　전문성이 없는 비(非) 과학기술인들로서는 PC-인터넷 시대의 도래를 확신하기 어려웠고, 민주주의 의사결정은 다수의 뜻을 존중하는데 전문 과학기술인력이 다수였던 적은 한 번도 없었다. 성공하고 나면 PC-인터넷처럼 일반 사람들의 눈에도 엄청난 성과지만, 일을 준비할 때는 소수의 과학기술인들이 아무리 확신을 가지고 설득하여도 지지를 얻기 어려운 부풀려진 꿈이고 위험한 도박으로 보이기 십상이다. 지금 이 순간에도 우리의 미래생활을 획기적으로 향상시켜 줄 유망한 과학기술 사업계획들이 똑같은 어려움을 겪고 있을지 모른다. 과학기술계가 이러한 형태의 좌절을 거듭 경험한 탓에 오늘과 같은 모임도 준비된 것이 아닌가 한다. 우리 사회도 과학기술의 중요성에 대한 인식을 제고할 필요가 있다.

경제학과 자연과학

과학기술과 경제학의 만남의 역사는 경제학이 출범한 초기까지 거슬러 올라간다. 아담 스미스(Adam Smith)를 비롯한 초기 경제학자들의 시장균형 개념은 천문학의 역학적 균형 개념에서 비롯된 것이었다. 천체물리학 분야에서 아이작 뉴턴(Isaac Newton)이 성취한 획기적 업적은 당대 모든 학문 영역에 걸쳐서 지대한 영향을 끼쳤는데 경제학도 예외가 아니었다. 뉴턴의 역학체계는 엄밀한 분석 틀만으로도 획기적인 것이었지만, 여러 다른 학문분야에까지 역학적 균형 개념을 유추하여 설명할 수 있도록 기본 발상을 전환시킨 점에서도 엄청난 영향력을 행사하였다. 경제학의 시조인 스미스의 경제에 대한 관점도 뉴턴의 역학적 균형 개념의 영향을 크게 받은 것으로 평가된다.[1]

뉴턴의 경우는 자연과학이 경제학에 영향을 끼친 사례이다. 반면에 찰스 다윈(Charles Darwin)의 진화론은 토마스 맬서스(Thomas Malthus)의 인구론의 영향을 받았다. 맬서스는 자연환경이 인류사회 전체 인구를 부양할 만큼 충분한 식량을 제공하지 못한다는 점을 들어, 사람들 가운데 상당수는 결국 생존으로부터 도태당하는 운명을 피할 수 없을 것이라고 예언하였다. 맬서스의 예언은 정상적 인간도 식량을 구하지 못해 소멸당할 운명인데 생활 무능력자들을 돌보는 사회보장정책이 필요하겠느냐는 주장을 뒷받침하는 데 이용되었다. 동시에 맬서스의 견해는 여건에 적응하지 못하면 사람이건 종(種)이건 자연도태될 수밖에 없다는 생각으로 발전하였고, 이에 따라 다윈은 적자생존의 진화론을 완성하기에 이른 것이다.[2]

이처럼 특정 현상을 바라보는 시각은 학문분야의 벽을 넘어서서 서로 영향을 주고받았다. 서로 다른 현상이지만 그 근본적 구조는 동일한 개념을 유추 적용하는 설명이 가능했기 때문이다. 그러나 학문의 방법론에 있어서는 자연과학이 그 학문적 성취만큼이나 크게 앞서 나갔다. 자연과학의 선진적 방법론은 경제학을 비롯한 사회과학 분야에 큰 영향을 끼쳤다. 이론이 갖추어야 할 요건으로서 형식의 내적 정합성(internal consistency)과 내용의 외적 적합성(external adequacy)을 내세운 자연과학의 전통적 틀이 분야를 넘어 경제학을 포함한 사회과학에서도 그대로 과학적 이론의 요건으로 인정된 것이다.

특히 실증경제학(positive economics)의 방식은 자연과학과 전혀 다르지 않다. 이론의 철저한 내적 정합성을 추구하는 수리경제학(mathematical economics)과 통계학적 기법을 더욱 개발하여 이론의 외적 적합성을 검증하는 계량경제학(econometrics)은 현대 경제학의 모습을 자연과학의 한 분야처럼 바꾸어 놓은 지 오래이다. 다만 인간 사회를 대상으로 실험할 수 없으므로 실험을 관찰로 대치한다는 점이 다를 따름이다.

또 관찰 결과를 분석하는 통계학적 기법은 현대의 컴퓨터와 각종 프로그램이 없으면 실용하기 어려운 무용지물에 지나지 않는다. 전산기술이 방대한 경제통계를 체계적으로 분석 가능하게 만들었기에 경제학은 경험 연구에 토대한 과학으로 틀을 갖추게 된 것이다. 물론 경제학만 대규모 통계자료를 처리할 수 있게 된 것은 아니다. 과학기술은 자연과학과 사회과학 모든 분야의 경험적 연구 역량을 한층 더 강화시키는 데 기여한 것이다. 자료의 통계처리에서 시뮬레이션에 이르기까지 과학기술은 과학적 탐구의 방법을 개선 강화하는 데 크게 기여해 왔다.

위험관리의 경제학

수학의 확률이론은 현대적 위험관리(risk management)이론의 토대가 되어 있다. 확률이론이 정립되기 전의 전근대 인간은 불확실한 미래의 일은 신의 소관으로 치부하고, 이에 대한 논리적 분석은 아예 시도조차 하려 하지 않았다. 미래에 있을지 모르는 재난에 대비하는 최선의 대책은 오직 기도하는 일뿐이었다. 먼 곳으로 출항하는 상선이 처녀를 제물로 사서 해신에게 바치는 심청전의 풍습은 중세 유럽에서도 성행하였다고 한다. 도박장에서는 동전을 던질 때 표면이 나올 가능성의 크기와 주사위를 던져서 1이 나올 가능성의 크기 간에 전혀 차이를 두지 않았는데, 그 까닭은 오직 신만이 무엇이 나올지를 결정한다고 믿었기 때문이다.[3]

경제학이 분석하는 인간의 경제행위 가운데 가장 중요한 것은 투자이다. 투자가 확대되면 우선 투자 용도로 사용할 물자 수요가 증가하므로 현재의 경기 활성화에 도움이 된다. 그러나 더 중요한 것은 투자가 미래의 생산능력을 확대 강화한다는 점이다. 대규모 투자가 새로운 공장을 짓고 생산시설을 확대하면, 사람들의 일자리가 그만큼 늘어나고 소득도 증가한다. 그러나 투자의 이러한 효과는 투자가 겨냥한 사업이 성공할 경우의 이야기다. 아무리 많은 돈을 들여 공장을 지었더라도 그 공장에서 생산한 물건이 시장에서 실패하면 투자자는 파산의 재난을 면하기 어렵다. 투자는 이처럼 그 성과에 큰 위험이 따르는 경제행위이다.

투자는 현재 비용을 들여 미래의 불확실한 소득을 구하는 행동이다. 투자로 확보할 미래소득에 대한 권리가 금융자산이고, 투자자는 금융자산을 구입함으로써 투자에 소요되는 비용을 제공한다. 성공적 투자는 결과적으로 투자비용을 능가하는 소득을 거두는 금융자산을 구입하는 것이라고 할 수 있다. 그런데 문제는 어떤 투자가 성공할 것인지, 어떤 금융자산이 유망한 것인지를 사전에 판별하기 어렵다는 것이다. 확률이론에 기초한 현대수학은 투자에 내포된 위험을 합리적으로 관리하는 기법을 개발하는 데 성공하였다. 오늘날의 금융공학(financial engineering)은 첨단 위험관리기법으로 각 금융자산의 위험을 분석하여 그 가치를 더 정확하게 평가함으로써 투자자들의 자금을 효과적으로 배정하는 방법을 개발하고 있다. 이 분야 전문가들은 경제학보다는 수학 등 자연과학을 전공한 배경을 가지고 있는 것이 보통이다. 오늘날의 과학기술은 경제학의 본령인 합리적 투자기법의 개발 문제까지도 선도하고 있는 것이다.

과학기술의 사회 선도력을 강화하려면

성공적인 과학기술은 인류의 생활수준을 크게 향상시킨다. 그러나 아직 '검증되지 않은' 특정 과학기술개발 과제에 사회의 자금을 투입하자는 주장이 사전에 설득력을 발휘하기는 매우 어려운 것이 현실이다. 자금을 관리하는 사람들이 과학기술에 대하여 무지할수록 과학기술개발이 소요자금을 끌어 쓰기는 더욱 어렵다. 금융부문의 인적 구성이 현재와 같은 한, 투자 우선순위를 결정하는 과정에서 과학기술개발 사업이 제대로 대접받기는 어려운 것이다.

과학기술인력이 투자 우선순위를 평가하는 경제 원칙에 무지한 것도 문제다. 인간사회는 한정된 자원을 여러 용도에 쪼개 쓸 수밖에 없기 때문에 경제원칙에 따라서 가장 효율적으로 자금을 배정해야 한다. 각 용도에 자금을 투입하도록 바라는 사람들은 객관적으로 그 필요성을 입증해야 하는데, 그 수준은 그저 "과학기술은 대단히 중요하다"고 주장하는 정도의 수준보다는 훨씬 더 진전된 것이어야 한다. 금융 부문 인력이 과학기술에 무지한 만큼 과학기술 부문의 필요성 입증

노력은 더욱더 고차원적이어야 한다. 하지만 과학기술 부문 인력도 실제로는 같은 정도로 경제원칙에 무지한 실정이다.

나는 과학기술 부문의 전문 인력들이 과감하게 금융 부문에 진출하도록 권한다. 과학기술 분야의 전문가라야 개발사업의 가능성을 올바로 평가할 것이다. 또 과학기술 전문가가 금융 부문의 전문지식까지 갖추면 과학기술개발사업을 공정하게 다루면서 효율성에 충실한 투자 우선순위를 결정할 수 있을 것이다. 마침 첨단 투자기법을 개발하는 금융공학 부문은 자연과학적 배경을 가진 인력이 압도적 우위를 차지할 수 있는 방향으로 전개되고 있다. 경제학은 과학기술과 간헐적으로 만나는 것이 아니라 완전히 융합되어 가고 있는 중이다.

주(註)

1. R. H. Campbell and A. S. Skinner, *Adam Smith*(New York: St. Martin's Press, 1985).
2. C. Darwin, "Autobiography", in *The life and letters of Charles Darwin*, ed. by F. Darwin, 1887. 회고록 68쪽에서 다윈은 다음과 같이 서술하고 있다. "…In October 1838, that is, fifteen months after I had begun my systematic enquiry, I happened to read for amusement 'Malthus on Population,' and being well prepared to appreciate the struggle for existence which everywhere goes on from long-continued observation of the habits of animals and plant, it once struck me that under these circumstances favourable variations would tend to be preserved, and unfavourable ones to be destroyed…."
3. P. L. Bernstein, *Against the Gods-The Remarkable Story of Risk*(Wiley & Sons, 1996).

주제발표

과학기술의 발전과 법적 대응

이가수 | 고려대학교 법학과 교수

I. 서 언

오늘날 경제는 디지털기술이나 바이오기술 같은 신기술에 의하여 야기되는 지속적인 경영환경의 변화에 직면하여 있다. 이러한 어려움을 성공적으로 극복하기 위해서는 무엇보다도 기술의 발전이 필요하며, 이는 다시 기술의 요구에 부응하는 법률개정이나 새로운 법률제정과 같은 법에 의한 제도적 뒷받침을 필요로 한다. 다른 나라와 마찬가지로 우리나라에서도 새로운 기술의 발전은 항상 법학에 새로운 과제를 부여하고 있으며, 법률실무와 법학자들도 이를 해결하기 위한 방안을 제시하고 있다.

과거 경제규모가 작았던 1980년대 중반까지 우리나라는 저임금의 단순노동에 기초한 노동집약적 산업에 그 기반을 두고 있었다. 그러나 현재 및 장래에는 첨단기술과 자본에 기초한 기술집약적 산업으로 경제의 주류가 바뀌고 있다. 교육 또한 과거에는 단순한 암기위주로 기술을 모방하는 노동자 양산을 목표로 했지만, 앞으로는 이해적 · 응용적·창의적 능력의 향상과 첨단기술 개발에 그 목표를 두고 있다. 학문도 과거에는 모방과학이었고, 법학도 수입법학이었다. 하지만 이제는 첨단과학을 연구하고, 법규범도 국내에 토착화되고 있거나 인터넷법의 영역에서와 같이 독자적인 발전을 하고 있는 상황이라고 볼 수 있다.

특히 우리나라 경제가 비약적으로 성장한 1980년대 중반부터는 지적재산이 중요하게 대두되었다. 지적재산은 법학에 있어서도 점차 중요성이 인식되었는데, 특허법 및 저작권법 같은 법률이 개정되고, 반도체칩보호법 같은 새로운 법률이 제정된 것으로도 이를 알 수 있다. 이러한 노력은 외국기업들로 하여금 기술집약적인 생산시설을 한국에 투자하도록 계기를 제공하였고, 동시에 국내기업들에게도 자체 기술을 개발할 동기를 부여하였다.

II. 법 제정 및 개정

1. 여러 법률들

지적재산권법(Intellectual Property Law) 영역 이외의 다른 법 영역도 새로운 기술로 지속적인 도전에 응하여야 한다. 이를 위해서는 단순히 법학 분야에서의 적응 노력만으로는 충분하지 않으며, 법학과 기술 간의 학제적 연구가 필요하다. 이러한 노력의 결과로 나타난 최근의 법 제정 및 개정에 대한 중요한 법률은 다음과 같다.

「과학기술기본법」(제정 2001. 1. 16. 법률 제6353호), 「협동연구개발촉진법」(제정 1994. 1. 5. 법률 제4710호), 「생명공학육성법」(유전공학육성법이 1983. 12. 31. 법률 제3718호로 제정되었으나, 1995. 1. 5. 법률 제4938호로 현재의 법명으로 변경), 「뇌연구촉진법」(제정 1998. 6. 3. 법률 제5547호), 「나노기술개발촉진법」(제정 2002. 12. 26. 법률 제6812호), 「여성과학기술인 육성 및 지원에 관한 법률」(제정 2002. 12. 18. 법률 제6791호), 「정보화촉진기본법」(제정 1995. 8. 4. 법률 제4969호), 「정보통신망이용촉진 및 정보보호 등에 관한 법률」(전산망보급확장과 이용촉진에 관한 법률이 1986. 5. 12. 법률 제3848호로 제정되었고, 동법이 1999. 2. 8. 법률 제5835호로 정보통신망이용촉진 등에 관한 법률로 법명이 변경되었다가, 다시 2001. 1. 16. 법률 제6360호로 현재의 법명으로 변경), 「통신비밀보호법」(제정 1993. 12. 27. 법률 제4650호), 「전자거래기본법」(제정 1999. 2. 8. 법률 제5834호), 「정보통신기반보호법」(제정 2001. 1. 26. 법률 제6383호), 「신용정보의 이용 및 보호에 관한 법률」(제정 1995. 1. 5. 법률 제4866호), 「전자상거래 등에서의 소비자보호에 관한 법률」(제정 2002. 3. 30. 법률 제6687호), 「공공기관의 개인정보보호에 관한 법률」(제정 1994. 1. 7. 법률 제4734호), 「특허법」(제정 1961. 12. 31. 법률 제950호), 「기술이전촉진법」(제정 2000. 1. 28. 법률 제6229호), 「산업교육진흥 및 산학협력촉진에 관한 법률」[1](산업교육진흥법이 1963. 9. 19. 법률 제1403호로 제정되었으나, 2003. 5. 27. 법률 제6878호로 현재의 법명으로 변경), 「종자산업법」(제정 1995. 12. 6. 법률 제5024호), 「실용신안법」(제정 1961. 12. 31. 법률 제952호), 「발명진흥법」(제정 1994. 3. 24. 법률 제4757호), 「반도체집적회로 배치설계에 관한 법률」(제정 1992. 12. 8. 법률 제4526호), 「디자인보호법」(의장법이 1961. 12. 31. 법률 제951호로 제정되었으나, 2004. 12. 31. 법률 제7289호로 현재의 법명으로 변경), 「저작권법」(제정 1957. 1. 28. 법률 제432호), 「컴퓨터프로그램보호법」(제정 1986. 12. 31. 법률 제3920호), 「상

표법」(제정 1949. 11. 28. 법률 제71호), 「부정경쟁방지 및 영업비밀보
호에 관한 법률」(부정경쟁방지법이 1961. 12. 30. 법률 제911호로 제정되
었으나, 1998. 12. 31 법률 제5621호로 현재의 법명으로 변경), 「인터넷주
소자원에 관한 법률」(제정 2004. 1. 29. 법률 제7142호), 「온라인 디지
털콘텐츠 산업발전법」(제정 2002. 1. 14. 법률 제6603호) 등.

　　기술의 도전에 대한 법률적인 대응은 특히 지적재산권법의 영역
에서 찾을 수 있기 때문에, 여기서는 그중 중요한 몇 가지 법률규정에
대해서 약간의 언급을 할 필요가 있을 것이다. 이하 내용은 경우에 따
라서는 우리나라에만 존재하는 독특한 법률규정일 수도 있고, 외국에
서도 그 예를 찾을 수 있는 통상적인 것일 수도 있다.

2. 온라인 디지털콘텐츠 산업발전법

우선 2002년에 제정된 「온라인 디지털콘텐츠 산업발전법」을 언급할
수 있을 것이다. 새로운 기술은 무체재산권의 보호대상을 확대시켰
다. 그 결과 정보법 내지 콘텐츠법이 새로운 법 영역으로 탄생하였다.
온라인 디지털콘텐츠 산업발전법에 규정된 콘텐츠권은, 상당한 노력
에 의하여 제작된 온라인콘텐츠의 복제 또는 전송을 디지털콘텐츠 제
작자가 금지할 수 있는 권한을 부여하고 있다(동법 제18조). 그런데 온
라인콘텐츠의 보호를 위해서 그것이 저작권법에서 말하는 편집저작물
일 필요는 없다. 즉 온라인콘텐츠가 반드시 저작물 또는 자료의 집합
물이어야 하는 것은 아니며, 체계적이거나 방법론적으로 배열되어 있
어야 하는 것도 아니다. 온라인콘텐츠가 보호받기 위해서는 그것이
상당한 노력의 결과라고 인정되는 것만으로 족하다. 이러한 배경에는
미국 저작권법상의 '이마의 땀 이론(sweat of the brow doctrine)'[2]이

근본사상으로 깔려 있다.

그 밖에 1986년 저작권법이 전부 개정되고 「컴퓨터프로그램보호법」이 제정된 이후 컴퓨터 프로그램이 저작물의 일종으로 보호되고 있다. 또한 우리나라 저작권법은 유럽연합의 데이터베이스지침(Directive 96/9/EC)[3]의 영향을 받아 2003년에 개정되어, 그 보호대상을 창작성이 없는 데이터베이스까지 확대하였다.

3. 인터넷주소자원에 관한 법률

새로운 법률제정에 대한 다른 예로는 2004년의 「인터넷주소자원에 관한 법률」을 들 수 있다. 동법은 전 세계에서 유일무이하게 인터넷 프로토콜(protocol) 주소나 도메인이름 등의 인터넷주소를 안정적으로 관리하기 위해 제정된 법이다. 이에 따르면, 정보통신부장관은 인터넷주소자원의 개발·이용촉진 및 관리를 위하여 기본계획을 수립·시행하고, 이를 심의하기 위하여 정보통신부장관 소속하에 인터넷주소정책심의위원회를 둔다(동법 제5조 및 제6조). 또한 인터넷주소자원에 관한 정부시책을 효율적으로 추진하기 위한 전담기관으로 한국인터넷진흥원을 설립한다(동법 제10조). 부당이득·영업방해 등 부정한 목적의 인터넷주소 선점행위를 금지하고, 인터넷주소 선점행위로 인한 권리침해에 대하여 인터넷주소의 등록말소를 청구할 수 있도록 한다(동법 제13조). 인터넷주소와 관련한 분쟁을 해결하기 위하여 인터넷분쟁조정위원회를 설치한다(동법 제20조 내지 제29조).

4. 부정경쟁방지 및 영업비밀보호에 관한 법률

가. 사이버스쿼팅의 금지

도메인이름에 관한 규정은 「부정경쟁방지법」에서도 찾을 수 있다. 2004년에 새로 도입된 규정에 따르면, 국내에 널리 인식된 타인의 성명, 상호, 상표, 그 밖의 표지와 동일 또는 유사한 도메인이름을 상표 등 표지에 대하여 정당한 권원이 있는 자 또는 제3자에게 판매하거나 대여할 목적, 정당한 권원이 있는 자의 도메인이름 등록 및 사용을 방해할 목적 또는 그 밖의 상업적인 이익을 얻을 목적으로 등록, 보유, 이전 또는 사용하는 행위는 부정경쟁행위로서 금지된다(동법 제1조 제1호 (아)목). 이는 인터넷상에서의 도메인이름 무단점유, 즉 이른바 '사이버스쿼팅(cybersquatting)'을 금지하는 것이다.

나. 영업비밀보호의 강화

또한 노하우(know-how) 내지 영업비밀의 경제적 가치가 점차 증가하고, 그 침해 사례가 빈번하게 발생하는 점을 고려하여 2004년에는 부정경쟁방지법을 개정함으로써 영업비밀의 보호를 강화하였다. 종전에는 영업비밀 침해행위의 처벌대상을 해당 기업의 전·현직 임직원으로 하고, 보호대상 영업비밀을 기술상의 영업비밀로 한정하였다. 그러나 법의 개정으로 처벌대상을 모든 위반자로 확대하고, 보호대상 영업비밀에 경영상 영업비밀을 추가하도록 하였으며, 영업비밀 침해행위에 대하여 1억원 이하 또는 5000만원 이하의 벌금에 처하던 것을 재산상 이득액의 2배 이상 10배 이하의 벌금으로 상향 조정하였다(동법 제18조 제1항 및 제2항).

5. 특허법 및 기술이전촉진법

가. 직무발명제도의 개선

2001년에 있었던 「특허법」과 「기술이전촉진법」의 개정도 주목할 만하다. 과거 특허법에 따르면, 국립 또는 공립대학의 교직원이 발명한 직무발명에 대한 권리는 오직 국가에 귀속했다. 그러나 법률의 개정으로 기술이전촉진법상의 기술이전 전담조직이 직무발명에 대한 특허권을 소유하게 되며, 기술이전 전담조직은 발명자에게 상당한 보상을 지급하게 되었다. 또한 기술이전 전담조직은 해당 대학에 속하게 되었다. 그 결과 대학교수들이 기꺼이 발명활동을 하며, 그 연구결과를 비밀리에 이용하지 않고, 직무발명으로서 대학에 공개하도록 유인하였다.

또한 국가 과학기술혁신을 위한 직무발명의 역할이 증대됨에 따라, 직무발명을 활성화하고 직무발명에 대한 보상을 강화하기 위하여 2006년에는 「발명진흥법」을 개정하였다. 직무발명에 대한 보상기준 및 절차 등을 체계적으로 정비하였고, 특허법과 발명진흥법에 각각 규정되어 있는 직무발명 관련 규정들을 통합하였다.

그 주요 내용을 보면, 우선 종업원의 직무발명 완성사실의 통지의무를 신설하였다(동법 제10조). 종전에는 종업원이 직무발명을 완성한 경우 이를 사용자에게 통지하도록 하는 규정이 없어, 종업원의 도덕적 해이로 그 직무발명 기술이 외부로 유출되는 등의 문제점이 있었다. 이에 개정법은 종업원이 직무발명을 완성한 경우에는 그 사실을 사용자에게 문서로써 통지하도록 하였다. 개정법의 시행으로 종업원의 직무발명 완성사실을 사용자가 쉽게 알 수 있게 됨으로써 안정적인 권리승계가 가능해지고, 기술유출 방지를 위한 관리비용이 경감될 것으로 기대된다.

개정법은 또한 직무발명에 대한 사용자의 승계여부 통지의무도 신설하였다(동법 제11조). 종전에는 종업원의 직무발명에 대하여 사용자가 승계여부를 통지하여 주도록 하는 규정이 없어, 사용자의 승계결정 지연으로 그 권리관계에 대한 분쟁이 발생하는 등의 문제점이 있었다. 이에 개정법은 종업원으로부터 직무발명 완성사실의 통지를 받은 사용자는 일정기간 내에 그 승계여부를 문서로써 통지하도록 하고, 그 승계여부를 통지하지 아니한 사용자는 승계를 포기한 것으로 보며 종업원의 동의 없이는 통상실시권을 가질 수 없도록 하였다. 개정법은 사용자의 성실한 통지의무 이행을 유도하여 종업원의 권익을 보호하고, 직무발명에 대한 종업원과 사용자 간의 권리귀속 및 승계시점을 명확하게 함으로써 안정된 권리관계를 바탕으로 종업원이 창의적인 연구개발에 전념할 수 있을 것으로 기대된다.

개정법은 직무발명에 대한 합리적인 보상기준도 마련하여 상세하게 규정하고 있다(동법 제13조). 종전에는 종업원의 직무발명에 대한 구체적인 보상기준이 없어, 사용자와 종업원 간의 협의에 의해서가 아니라 법원의 판결을 통하여 보상액이 결정되는 문제점이 있었다. 개정법은 계약 또는 근무규정에서 직무발명에 대한 보상을 정하고 있는 경우, 그 정한 바에 따라 사용자와 종업원이 협의하여 결정한 보상이 합리적인 절차에 의한 것으로 인정되면, 이를 정당한 보상으로 보도록 하고 있다. 직무발명에 대한 보상액 결정에 있어서 종업원의 실질적인 참여가 제도화되고, 보상에 대한 사용자의 예측 가능성이 확보됨에 따라 민간의 직무발명 보상수준이 한층 제고될 것으로 기대된다.

나. 유전공학기술의 발전

최근 과학기술법 분야의 화두는 뭐니뭐니해도 유전공학기술이라고 할 수 있을 것이다. 모든 생명체(바이러스, 식물, 동물 및 인간)의 유전질(遺傳質)은 DNA[4] 안에 있는 네 개의 핵산의 서열에 의하여 결정된다. 분자생물학의 발전에 따라 오늘날 우리들은 DNA 내 핵산의 서열 및 생물학적 기능을 인식하고 그 수수께끼를 풀 수 있게 되었다. 뿐만 아니라 이를 조작하여 모든 생명체의 유전질을 변형하고 복제하고 각각의 유전인자(gene)를 분리하여 그의 기능을 산업상 이용 가능하게 할 수도 있다. 오늘날 유전공학은 다양한 분야, 예컨대 의학, 환경공학, 농업 등의 분야에서 사용되고 있다. 이러한 신기술이 세계적 관심을 끌게 된 계기는, 1997년 스코틀랜드의 로슬린연구소에서 성장한 양의 체세포에서 유전인자를 얻어 이식함으로써 돌리(Dolly)라는 양을 복제한 사건이었다. 우리나라에서는 황우석 박사의 배아줄기세포 연구로 인하여 유전공학기술의 의미가 일반에게 알려지게 되었다.

다. 발명과 발견에 대한 논쟁

유전인자는 '발명' 되는 것이 아니고, 이미 자연에 존재하는 것을 '발견' 한 것에 불과하기 때문에, 유전공학적 발명에 대해서는 특허를 부여하지 말아야 한다는 일부 견해가 있다. 실제로 DNA 서열을 인식하거나 분석하는 것 자체는 발명이 아니라 발견의 범주에 속한다고 할 수 있다. 그러나 그 DNA 서열을 자연상태로부터 추출하여 이를 산업상 이용할 수 있도록 하는 것은 명백히 발명으로 보아야 한다. 뿐만 아니라 그러한 방법에 의하여 생성된 물질들도 발명으로 볼 수 있다. 왜냐하면 그 과정에 있어서 생물학적 자연력을 계획적으로 이용하였기 때문이다. 새로이 발견된 DNA 서열(유전인자)에 대해서는 그것이 기술적 관점에서 보아 지금까지 일반공중에게 알려져 있지 않았기 때문에, 즉 특허법적 의미에서 신규성이 있기 때문이다.

유전공학적 발명에 대해 특허를 부여하는 것에 대한 또 다른 반대 논거는, 유전공학적 발명은 반복 가능하지 않기 때문에 특허능력이 없다는 주장이다. 하지만 오늘날 생명공학은 일정한 유전인자를 임의로 재생산할 수 있는 가능성을 열어주었기 때문에, 이 또한 설득력이 없다. 한편 유전공학기술이 발전하면서 사람들은, 인간 또는 신체의 일부도 복제될 수 있는가 하는 의문을 갖게 되었고, 이에 대해 특허권을 부여할 필요 내지 정당성이 있는가에 대해서도 관심을 갖게 되었다.

라. 특허법적인 평가

우선 유전공학에 의한 산물, 즉 생명체와 이를 생산하기 위하여 사용된 방법이 법률적 관점에서 과연 특허의 대상이 될 수 있는가의 문제를 해결하여야 한다. 여기서 생명체란 단지 미생물만을 의미하는 것이 아니고, 식물 또는 동물과 같은 완전한 유기체도 포함하는 것이다. 위의 문제를 해결하는 관건은 유전공학적 산물 내지 방법이 특허법에서 말하는 발명의 개념에 포함되느냐의 여부이다. 특허법 제29조에 따르면 산업상 이용 가능하고 신규성이 있으며, 당해 기술 분야에서 통상의 지식을 가진 자가 용이하게 할 수 없는 발명에 대하여 특허를 부여할 수 있다.

한편 특허법 제2조 제1호에 따르면 발명은 "자연법칙을 이용한 기술적 사상의 창작으로서 고도한 것"을 말한다. 여기서 자연법칙은 어떤 형태로 존재하는 것이든 관계없다. 그것이 생명력이 없는 죽은 물질에 존재하는 것이든, 아니면 살아 있는 어떤 것, 즉 생명체에 존재하는 것이든 상관없다. 생명체도 따지고 보면, 결국 물리나 화학작용의 연장으로 볼 수 있는 것이다. 생물학적 발현형식과 생물학적 에너지는 이미 오래전부터 자연과학적 연구의 대상으로 자리 잡고 있었다.

따라서 생명체와 그 안에 내재된 생물학적 힘은 발명의 목표나 수단이 될 수 있다.

마. 미생물 특허

미생물 특허에 대한 대표적인 예로는 1980년 미국에서 있었던 이른바 '차크라바티(Chakrabarty) 사건'을 들 수 있다. 이 사건의 쟁점은 유전공학적으로 변경된 미생물체에 대하여 특허권을 부여할 것인지의 여부였다. 제너럴 일렉트릭(General Electric)사의 연구원인 인도 출신 아난다 차크라바티(Ananda Chakrabarty)가 미국 특허청에 유전자 조작 미생물을 특허 출원하였다. 이 미생물은 해양에 유출된 기름을 없앨 수 있도록 유전자가 조작된 것이었다. 처음에 미국 특허청은 특허법 하에서 생물은 특허 대상이 될 수 없다는 이유로 특허 등록을 거절하였다. 차크라바티는 특허청의 결정에 불복하였고, 이에 대해 미국 연방대법원은 "이 사건에서 문제가 된 차이점은 생물과 무생물에 있는 것이 아니라, 그 미생물이 인간의 발명이냐 아니냐 하는 점에 있다"고 전제하고, "유전자를 재조합하는 기술로 제조된 석유를 먹는 미생물은 원유의 구성요소를 파괴할 수 있는 것으로서 유전적으로 조작되는 박테리아는 유출원유를 정화하는 데 유용하므로 특허될 수 있다"고 하여, 위 미생물의 특허를 인정하였다.[5] 동 판결에서 법원은 "태양 아래 인간에 의해 만들어진 모든 것(anything under the sun made by the man)"은 특허대상이 된다는 유명한 말을 남겼다.

바. 식물 및 동물의 신품종

한편 식물 또는 동물의 신품종도 특허보호의 대상이 되는가에 대해 논란이 있을 수 있는데, 전통적인 식물 또는 동물에 대한 재배 또는 육성방법 및 그 방법에 의하여 생성된 신종의 식물 또는 동물은 특허를 받을 수 없다. 특허를 부여하지 않는 이유는, 그러한 발명에는 반복 가능성이 결여되어 있기 때문이다. 그러나 유전공학은 바로 반복 가능성이라는 한계를 극복하고 있다. 유전공학에 의한 발명은 그것이 신종의 식물 또는 동물을 생성하는 방법인 경우에도 특허법적 의미에서 원칙적으로 반복 가능성이 있으므로 기술로 보아야 한다. 따라서 우리나라뿐만 아니라 여러 외국의 법률, 국제조약 또는 각국의 특허청 실무에서도 그 특허성을 부인하고 있지 않다.

동물특허의 대표적인 예로는 1988년 미국의 이른바 '하버드 마우스(Harvard mouse)'를 들 수 있다. 이 동물은 하버드대학의 생물학자인 필립 레더(Philip Leder)와 티모시 스튜어트(Timothy Steward)가 발명한 발암 유전자 쥐였다. 이는 암 유전자를 쥐의 수정란에 주입한 후 어미 쥐를 통해서 육성한 유전자 재조합 쥐와 그 자손에 관한 발명으로, 이 쥐는 비정상적으로 암에 민감하도록 발암유전자가 유전적으로 조작되어 발암물질과 암 치료법의 시험을 용이하게 해주는 실험용 동물이었다. 미국 특허청은 이를 법률상 발명으로 인정하여, 포유동물에 대한 최초의 특허를 부여하였다.[6] 우리나라에서는 특허청이 1998년 3월 1일부터 「생명공학분야 특허심사기준」을 시행한 이후, 동물 자체도 원칙적으로 특허능력이 있는 것으로 본다. 그러나 그 해당 동물의 발명이 공공의 질서 또는 선량한 풍속을 문란하게 하거나 공중의 위생을 해할 염려가 있는 경우에는 특허법 제32조에 따라서 특허를 받을 수 없다.

사. 식물특허 관련 특허법의 개정

최근에는 유전공학기술의 발전을 고려한 법 개정도 있었다. 즉 2006

년 개정특허법은 "무성적으로 반복생식할 수 있는 변종식물을 발명한
자는 그 발명에 대하여 특허를 받을 수 있다"고 규정한 구특허법 제31
조의 식물발명 관련 제한규정을 삭제하여, 일반적인 특허요건(산업상
이용 가능성, 신규성 및 진보성)을 충족하는 경우 유·무성 번식식물
여부에 관계없이 식물발명을 특허권으로 보호하도록 하고 있다. 구특
허법상으로도 유·무성 번식식물의 유전자, 식물세포, 육종방법뿐만
아니라 무성 번식방법만 기재하면 유성 번식식물 자체의 보호도 가능
했다.[7] 하지만 구특허법 제31조에 "무성적으로 반복생식할 수 있는"
으로만 규정되어 있어 무성 번식식물만 보호하는 것으로 오해할 수 있
고, 현대 과학기술의 발달에 맞추어 유성적으로 반복생식할 수 있는
유성 번식식물에 대해서도 보호할 필요가 있기 때문에 개정한 것이다.

6. 컴퓨터 소프트웨어 발명

가. 저작권법 및 특허법상 평가

법에 대한 과학기술의 도전은 정보통신기술의 영역에서도 찾을 수 있
다. 주지하는 바와 같이, 컴퓨터 프로그램은 저작권법 및 컴퓨터프로
그램보호법에 의하여 저작물의 일종으로 보호되고 있다. 그러나 전통
적으로 저작권적 보호는 해당 저작물에 포함된 지식이나 기술이론에
대해서는 효력이 미치지 않는다는 단점이 있다. 기술이론은 바로 특
허법에 의해서 보호되는 것이다.

　따라서 컴퓨터 프로그램의 개발에서 가장 중요하며 컴퓨터 프로
그램의 성능을 좌우하는 알고리즘(algorithm)[8]을 보호하기 위하여 일
찍부터 특허에 의해 컴퓨터 프로그램을 보호하려는 시도가 있었다.
그러나 초기에는 컴퓨터 프로그램이 자연력을 계획적으로 투입하는

방법이나 그 방법에 의한 결과가 아니고, 인간의 정신활동의 방법이나 결과에 불과하다는 점을 근거로 특허능력을 부인하였다. 하지만 사실 소프트웨어는 컴퓨터라고 하는 하드웨어(자연)에 대해 영향을 미치는 것이므로, 발명으로서의 속성을 갖고 있다고 보아야 할 것이다. 예컨대 빨리 입력하기, 쉽게 그림그리기, 많은 색상의 표현, 정해진 하드웨어로 빨리 계산하기 등은 일정한 하드웨어(자연)의 조건에서 하드웨어에 영향을 미침으로써 그 하드웨어를 최적으로 이용하게 하는 것으로 기술 영역에 속한다고 볼 수 있을 것이다. 따라서 학계, 법원판결 및 특허청 실무에서도 점차 소프트웨어의 특허능력을 인정하기에 이르렀다.

나. 판례의 태도

컴퓨터 소프트웨어 특허와 관련된 사건으로 가장 대표적인 것은 1981년 미국 연방대법원의 Diamond v. Diehr[9] 판결을 들 수 있다. 이 사건에서 문제가 된 발명은, 합성고무를 금형 프레스에 넣어 몰딩하는 과정에서 그 산출물의 경도와 원상회복력을 강화하기 위하여 그 공정 중에 금형 내 온도에 따른 가장 적절한 작업시간을 계산해냄으로써 그에 따라 작업시간을 조절하는 컴퓨터 프로그램에 관한 것이었다. 이 사건에서 법원은 "컴퓨터가 사용되지 않았다면 특허 받을 수 있었던 공정이 컴퓨터에 의해 수행되었다는 이유만으로 특허 대상이 아니라고 할 수는 없다"고 판시함으로써 컴퓨터 프로그램이 특허 대상이 됨을 명백히 하였다. 이 판결은 세계 각국의 법원 및 특허청 실무에서 소프트웨어 특허를 인정하게 되는 계기가 되었다. 우리나라 특허청도 1984년에 「컴퓨터 관련발명의 심사기준」을 제정하여 소프트웨어의 특허능력을 원칙적으로 인정하고 있다.

Ⅲ. 실무계 및 법학계의 변화

1. 실무자 선발 시험제도

급격하게 변화하는 사회의 다양한 욕구를 충족시키기 위해 우리나라
의 변호사와 변리사 선발 및 교육제도도 변경되었다. 우선 매년 선발
되는 인원이 최근 크게 증가하였다. 1999년까지는 매년 약 80명의 변
리사가 선발되었는데, 현재는 매년 약 200명의 변리사가 선발된다.
변호사도 현재는 매년 1000명씩 증가하는데, 1995년까지는 매년 300
명이 선발되었을 뿐이었다. 현재 우리나라에서는 법학교육제도의 개
혁에 대하여 격렬한 논의가 진행되고 있는데, 개혁의 본보기로서 미
국식 로스쿨제도가 강력하게 제안되고 있다.

2. 법학의 발전

이와 관련하여 우리나라 법학, 특히 지적재산권법의 발전에 있어서
서양법학의 역할 변화도 주목해 봐야 한다. 우리나라 법학은 1980년
대 중반까지 주로 독일의 영향을 받았다. 그러나 한국경제가 미국의
영향을 많이 받으면서 지적재산권법의 발전에도 미국법이 점차 많은
영향을 끼치고 있다. 그러한 예로는 저명상표의 식별력이나 명성을
손상하게 하는 행위의 금지, 즉 상표권의 희석화(dilution)에 대한 보
호,[10] 도메인이름의 분쟁해결에 관한 통일규칙(UDRP),[11] 저작권법 분
야의 1998년 미국의 DMCA,[12] 특허법에서의 균등이론[13] 등을 들 수 있
다. 더욱이 한국의 젊은 학자들이 주로 언어적인 이유로 미국에서 유
학하고, 그곳에서 새로운 법 발전을 경험함으로써 이러한 현상이 보

다 확대되는 것으로 보인다.

3. 우리나라 고유의 법 발전

반면에 우리나라의 법률 발전이 선진외국에서 주목을 받는 경우도 있다. 예를 들면 2001년과 2003년에 제정된 「온라인 디지털콘텐츠 산업 발전법」과 「인터넷주소자원에 관한 법률」이 그러한 경우이다. 우리나라는 고도로 발전한 초고속인터넷망과 콘텐츠산업의 발전으로 인하여 디지털콘텐츠 및 도메인이름 부정 이용사례가 빈번하게 발생하였다. 위의 법률들은 이에 대처하기 위하여 제정된 것으로 다른 나라에서는 찾아보기 힘든 유형의 법률이며, 인터넷산업의 발전과 더불어 외국에서도 이들 법률에 대해 관심을 나타내고 있다고 한다.

우리 경제는 멀지 않은 장래에 선진국으로 진입하는 단계에 들어서게 되었다. 이제는 법률문화도 우리 현실에 맞는 독자적인 발전방향을 모색하여야만 한다. 이러한 맥락에서 고도의 과학기술이 발전한 미국, 일본, 유럽에서 어떤 법률을 제정하거나 개정하였다고 하여 이를 곧바로 국내법으로 수용할 필요는 없는 것이다.

IV. 지적재산권의 적정보호를 위한 국제질서의 확립

1. 경쟁수단으로서의 지적재산권

새로운 기술을 특허나 기타 지적재산권으로 보호하는 우선적인 목적은 발명자의 발명 업적에 대한 보상이며, 동시에 새로운 발명을 장려

하는 것이라고 할 수 있다. 하지만 궁극적인 목적은 산업발전을 통하여 우리의 삶의 질을 향상시키는 데 있다고 보아야 할 것이다. 처음으로 유전공학이나 소프트웨어기술이 세상에 공개되었을 때 이에 대하여 특허보호를 부여한 것도 당시 미국의 특허중시 정책에 어느 정도 기인한다고 볼 수 있다. 즉 미국은 1980년대 이후 자국산업의 국제경쟁력을 확보하기 위한 수단으로 특허 보호를 강화하는 이른바 '특허중시(pro-patent) 정책'을 채택하였고, 각종 무역협상에서도 이 정책을 적극적으로 추진하여 왔다. 이러한 정책적 기조는 특허에만 국한된 것이 아니라 저작권 보호기간의 연장, 디지털 저작물에 대한 접근통제 기술조치의 무력화 금지 등의 형태로 저작권법 영역에서도 유지되고 있다.

2. 외국법률 및 판례의 수용태도

현재 우리나라 특허청에서는 미국이나 일본의 예를 따라 컴퓨터 소프트웨어 자체를 하나의 '물건'으로 보고, 이를 복제하거나 인터넷으로 전송하는 행위도 특허침해로 보는 내용으로 특허법을 개정하고자 준비하고 있다. 뿐만 아니라 최근 우리나라 법원은 미국 판례의 영향을 받아 저작물에 접근하는 것 자체를 금지하는 기술적 보호조치, 즉 접근통제 기술조치를 무력화시키는 것도 기술조치 무력화행위로서 저작권법에 위반된다고 판시한 바 있다.[14] 그러나 이러한 외국법률 또는 판례의 무비판적인 수용은 우리나라와 외국의 기술수준이나 경제발전 정도가 항상 대등한 것은 아니기 때문에 반드시 바람직하다고만은 볼 수 없다.

3. 권리자와 일반공중의 이익조정

디지털기술과 정보통신기술의 발전으로 특허권, 저작권 등의 권리침해위험이 높아지고, 그 침해의 범위도 예측할 수 없을 정도로 확대되고 있다. 그에 따라 최근 몇 년 동안 법률은 권리자의 이익을 더욱 강화하는 방향으로 개정을 거듭하고 있다. 발명가나 저작자의 권리는 헌법상 보장된 권리로서 이를 법률로 보호하여야 하지만(헌법 제22조 제2항), 특허권이나 저작권 등의 지적재산권도 '사회적 구속성'을 갖는다. 즉 모든 재산권이 헌법상 보장되지만, 그 내용과 한계는 법률로 정하고, 그 권리의 행사는 공공복리에 적합하도록 하여야 한다(헌법 23조 참조). 따라서 법률의 제정과 개정은 물론 법률의 해석과 적용에 있어서도 국내의 경제현실이나 기술의 발전 정도를 고려하여 권리자와 일반공중의 이익을 세밀하게 조정할 수 있도록 하여야 한다.

4. 국제규범에 나타난 지적재산권 제도의 의의

가. 1948년 세계인권선언

국제규범에서도 권리자와 일반공중의 이익을 고루 보호할 것을 규정하고 있다. 1948년 세계인권선언[15] 제27조 제2항은 "모든 사람은 자신이 창작한 과학적 · 문학적 · 예술적 작품으로부터 생기는 정신적 · 물질적 이익에 대하여 보호받을 권리를 가진다"고 함으로써 발명자, 저작자 등의 창작자가 그 창작물에 대하여 보호받을 권리가 있음을 규정하고 있다. 동시에 제27조 제1항은 "모든 사람은 사회의 문화생활에 자유롭게 관여하며 예술을 감상하고, 과학의 발전과 그 혜택을 향유할 권리를 가진다"고 함으로써 발명, 저작물 기타 지적 창작물을 향유

할 권리가 있음을 규정하고 있다. 창작자와 일반공중의 이러한 권리
는 국제적으로도 기본적 인권의 하나로 분류되고 있으며, 세계인권선
언에 나타난 바와 같이 양자의 관계는 항상 균형을 이루어 발전하여야
한다.

　1966년 채택된 「경제적·사회적·문화적 권리에 관한 국제규약
(A규약)」[16] 제15조에서도 세계인권선언 제27조의 규정과 유사한 내용
을 찾을 수 있다. 지적재산권은 그 보호대상의 범위와 보호 강도가 점
차 확대되어 왔으며, 이는 인권의 경우에도 마찬가지다. 지식의 창작
은 정보의 전파를 전제로 한다. 새로운 창작을 위해서는 창작자가 기
존의 정보에 원활하게 접근할 수 있어야 하며, 이는 통신의 자유나 교
육을 받을 권리와 마찬가지로 기본적 인권에 속한다. 지적재산권의
보호는 새로운 창작을 저해하지 않는 한도 내에서만 그 정당성을 유지
할 수 있으며, 법은 이를 실현하기 위하여 부단히 노력하여야 한다.

나. 기술선진국과 후진국의 공정한 이익분배

과학기술의 발전과 지적재산권의 적정보호 문제는, 이제 권리자와 소
비자라는 개인 간의 관계를 떠나서 국가 간의 관계로까지 그 범위를
넓혀가고 있다. 최근 몇 년 사이에 미국과 일본 등 선진국들은 인도나
아프리카 지역의 전통지식(traditional knowledge) 또는 유전자원
(genetic resources)을 기초로 신약, 식물 신품종 등을 개발하여 전 세
계적으로 판매하고 있는데, 이를 특허로 보호받는 경우도 있다. 그 결
과 해당 유전자원의 원산지 국가나 그 국민들이 해당 식물을 재배 또
는 판매하는 경우에도 지적재산권 침해를 이유로 이를 금지하고 있으
며, 특허사용료를 요구하기도 한다. 반면 유전자원의 원산지인 후진
국들에서는 자국의 유전자원을 기초로 개발하여 발생된 기술 이용의

이익 분배를 요구하고 있는 상태이다. 생물자원의 이용을 둘러싸고 기술선진국과 후진국의 남북문제가 발생하고 있는 것이다.

　전통지식과 유전자원은 창작자에게만 배타적 이용권을 부여하는 기존의 지적재산권 체계로는 해결하기 어려운 문제를 야기하고 있으며, 독자적인 보호체계(sui generis system)로 해결하여야 한다. 생물자원을 보전하고 이를 지속적으로 이용하기 위해서는, 무엇보다도 생물자원의 이용으로부터 도출되는 이익이 기술선진국과 생물자원 보유국 사이에 공정하게 분배되어야 한다. 1992년 체결된 생물다양성협약[17] 제19조 제2항도 당사국들이 이익분배를 위하여 필요한 조치를 취하여야 함을 규정하고 있다. 그러나 이 협약은 단지 권고적인 성격을 갖고 있을 뿐이며 강제규범은 아니다. 여러 분야에 걸쳐 식량, 산업 등의 생물자원이 인류의 미래에 대하여 갖고 있는 중요성을 고려할 때, 앞으로 국제사회는 생물자원의 효율적 이용과 공정한 이익분배를 위한 구체적 규범을 만들도록 노력하여야 할 것이다.

주(註)

1. 대학의 산학협력단 설립의 근거 법률이다. 국·공립대학은 교수 등의 발명 장려 및 이용 활성화를 위하여 기술이전촉진법 제9조에 따라서 원칙적으로 기술이전 전담조직을 설치하여야 하나, 이를 산학협력단의 하부조직으로 둘 수도 있다(위 법률 제27조 제2항).

2. 이는 편집저작물에 대한 저작권 보호의 근거를, 그 소재의 선택 및 배열의 독창성이 아니라 그 소재를 편집하는 데 들인 노력(투자)에서 찾는 이론으로 미국 판례의 전통적인 입장이었다. 그러나 1991년 미국연방대법원의 Feist 판결(*Feist Publications, Inc. v. Rural Telephone Service Company, Inc.*, 449 U.S. 340(1991))은 이 이론의 적용을 명시적으로 거부하였다. 그럼에도 대부분의 데이터베이스들의 유용성이 소재의 선택 또는 배열의 독창성보다는 그 소재의 망라성(網羅性)에 있다는 점을 감안할 때, 위 이론은 여전히 의미를 갖고 있다고 본다.

3. Directive 96/9/EC of the European Parliament and of the Council of 11 March 1996 on the legal protection of databases, OJ L 77, 27.03.1996, p. 20.

4. deoxyribonucleic acid; 디옥시리보 핵산(核酸).

5. *Diamond v. Chakrabarty*, 447 US 303(1980).

6. 미국특허등록 U.S. Patent 4,736,886.

7. 구특허법 제31조는 유성 번식식물의 특허를 제한하지는 않았다.

8. 해법이라고 번역하기도 하며, 유한한 단계를 통해 문제를 해결하기 위한 절차나 방법이다. 주로 컴퓨터용어로 쓰이며, 컴퓨터가 어떤 일을 수행하기 위한 단계적 방법을 말한다.

9. 450 US 175.

10. 과거 상표권의 침해는 타인의 상표를 그 상표가 사용되는 상품과 동일하거나 유사한 상품에 사용하여 소비자가 그 상품의 출처를 오인하거나 혼동할 수 있는 경우였다. 따라서 이종상품 간에는 설사 해당 상표가 동일 또는 유사하더라도 소비자의 오인과 혼동 염려가 없다는 이유로 원칙적으로 상표권 침해를 인정하지 않았다. 그러나 주지 저명상표는 상표 자체에 기업의 신용과 고객흡인력이 화체되어 있고, 이러한 상표를 이종상품에 사용하게 되면 그 신용과 고객흡인력이 실추되거나 희석화될 수 있다. 미국, 독일 등 선진국에서는 이미 오래전부터 이러한 상표의 희석화에 대한 금지규정을 두고 있었으나, 우리나라에서는 2001년 부정경쟁방지법을 개정하여 관련 규정을 신설하였다.

11. 미국의 인터넷주소관리기구(ICANN: The Internet Corporation for Assigned Names and Number)는 1999년 8월 인터넷 도메인이름 관련 분쟁의 해결을 위하여 '통일도메인이름분쟁해결정책(UDRP: Uniform Domain Name Dispute Resolution Policy)'을 제정하고 각 등록기관으로 하여금 이를 채택하도록 하였다. 그에 따라 도메인이름의 분쟁해결은 원칙적으로 UDRP에 따라 진행된다. UDRP는 이미 도메인이름 분쟁해결에 대한 이상적인 모델규범으로 평가받고 있으며, 도메인이름 분쟁해결에 있어 사실상의 국제규범으로 기능하고 있다. 아직 각국의 국내법, 법원실무 및 분쟁해결기관에서 UDRP의 모든 내용을 수용하거나 그에 구속되어 재판을 하는 것은 아니지만, 많은 분쟁해결에 있어 UDRP가 중요한 고려요소가 되고 있다.

12. Digital Millennium Copyright Act. 동법의 주요 내용은 크게 두 가지이다. 그 가운데 하나는 저작물 이용이 아날로그에서 디지털 환경으로 점차 변화함에 따라 디지털 저작물의 복제 및 이용을 통제하기 위하여 저작권자가 설치한 기술조치를 무단으로 깨뜨리는 행위를 금지시킴으로써 저작권자를 보호하는 것이다. 또 다른 하나는 온라인상에서 저작권 침해로 인한 온라인 서비스산업의 위축을 방지하기 위하여 온라인 서비스제공자의 책임한계를 명확히 하는 것이다. 동법 이외에 국제조약이나 다른 국가의 법률에서도 유사한 내용의 규정을 찾을 수 있으나, 미국법의 내용은 상대적으로 그 보호정도가 높고, 우리나라를 비롯한 여러 국가의 입법에 미친 영향이 적지 않다.

13. 특허침해를 인정하기 위해서는 어떤 발명의 특허청구범위에 기재된 기술적 구성요소를 모두 이용하여야 하며, 기술적 구성요소를 하나라도 결여하고 있으면 원칙적으로 특허침해가 아니다. 그러나 형식적으로는 청구범위의 기재를 벗어나 특허발명이 기술적 구성요소를 결여하고 있는 것으로 보이더라도, 그 결여된 구성요소 대신에 등가관계에 있는 다른 구성요소를 사용함으로써 실질적으로는 당해 발명의 요지를 그대로 이용하고

있는 경우에는 예외적으로 소위 '균등론'을 적용하여 침해를 인정한다. 국내법원은 균등론의 적용 여부 및 그 요건을 판단함에 있어 특히 미국 판례의 영향을 많이 받고 있는 것으로 보인다.

14. 대법원 2006. 2. 24, 2004도2743 판결- '모드칩'. 동 판결은 소니(Sony)사가 제작한 '플레이스테이션 2'라는 게임기 본체에 삽입되는 정품 게임프로그램 저장매체(CD)에 본래 내장되어 있는 '엑세스 코드' 없이 불법 복제된 게임프로그램도 실행할 수 있도록 하는 장치인 모드칩(Mod Chip)이 기술적 보호조치를 무력화하는 장치에 해당한다는 내용이다. 이 판결은 사실상 우리나라 법률에 의해서도 접근통제 기술조치를 보호하는 결과를 가져왔다.

15. Universal Declaration of Human Rights.

16. International Covenant on Economic, Social and Cultural Rights.

17. Convention on Biological Diversity.

과학과 언론 : 서로 멀어지기의 원리

김학수 | 서강대학교 커뮤니케이션학부 학장 겸 언론대학원 원장

생존의 첫번째 어려움

생명을 가진 모든 존재는 삶의 연장을 위해 두 개의 원리를 순행(順行)하고 있다. 하나는 행동(behavior)을 한다는 것이고, 다른 하나는 최후의 수단으로 삶을 연장하기 위해 재생산(reproduction)을 한다는 것이다. 유기체가 무기체와 구별되는 이유도 바로 이러한 두 가지 원리 때문이다. 그중에서 오늘 주목하려는 것은 행동의 원리에 관한 것이다.

인간을 포함한 모든 생명체는 가장 기본적인 행동원리(예를 들면, 본능 쫓기)를 유전자 속에 갖고 태어난다. 그러나 그런 내재적 요인들이 삶의 승리, 즉 생존에 도움을 주는 것은 일부분에 지나지 않는다. (물론 '사회생물학자'들은 전적으로 도움을 준다는 극단적인 주장을 한다.) 많은 행동들이 그런 내재적 조건에 전적으로 좌우되기보다는 흔히 환경적 요인이라고 불리는 삶의 장(場) 속에 존재하는 요인들과의 상호관계(들)에 의해 좌우된다고 보는 입장에서 사회과학이 탄생하고 있다. 그러므로 삶의 장을 살펴보는 것이야말로 생존하기 위한

첫번째 행동이다. 그런 '살펴보기'를 위해 생명들은 온갖 종류의 감각 기능들을 진화시켜 왔다. 그런데 인간은 다른 동물들에 비해 기능의 진화가 보다 낙후되어 있는 것 같기도 하다. 예를 들면, 개는 인간보다 냄새 맡는 기능에서 1~2만 배 더 발달되어 있다.

그렇다면 우리(사실상 모든 생명들)는 왜 주위를 둘러보는가에 대한 질문을 던질 필요가 있다. 그것은 단적으로 말해서 도처에 깔려 있는 지뢰밭을 감지하기 위해서라고 말할 수 있다. 우리의 생존을 끝내버릴 수 있는 지뢰들은, 피하거나 제거하지 않으면 살아남을 수가 없다. 다시 말해 생존을 위협하는 다양한 문제들을 파악하기 위해서 둘러보기를 하고, 주어진 조건에서 그것을 잘 수행하기 위해 감각기능을 발달시켜 왔다고 볼 수 있는 것이다. 그래서 감각기능에 장애를 갖고 있는 장애인들은 처음부터 생존의 위협을 받을 수밖에 없다. 둘러보기와 관련된 감각기능의 장애를 극복하기 위해 가장 먼저 발달한 기술이 바로 안경 제조기술이고, 이것이 더 나아가 현미경 및 망원경의 발명, 심지어 레이더 기술 및 보청기의 개발로 이어졌다고 말할 수 있다.

생존의 두번째 어려움

그런데 훌륭한 감각기능들을 갖고 둘러보기의 어려움을 잘 극복했다고 하더라도, 그 결과는 다양한 지뢰들이 너무 '많다' 는 또 하나의 어려움에 대한 발견이다. 다시 말해서 우리는 생존을 위협하는 온갖 문제들이 도처에 너무 많이 깔려 있는 것을 발견한다. 예컨대 날씨 변동부터 감기 기운, 주택난, 가정 내 불화, 높은 물가, 조직 내 갈등, 지구온난화, 북한의 핵폭탄 위협 등이 우리를 위협하고 있는 흔한 문제

들이다. 그런데 문제 중의 문제는 그들 모두를 한꺼번에 다룰 수가 없
다는 점이다. 즉 우리(모든 생명들)는 한순간에 하나밖에 다루지 못하
는 단일성(singularity)의 원리를 거역할 수가 없다. 따라서 어떤 문제
를 가장 먼저 주목할 것인가를 결정하는 선택 상황은 참으로 중대한
어려움일 수밖에 없다(Kim, 2003).

행동과학에서 가장 흔히 사용되는 개념 가운데 하나가 선택적 주
목(selective attention)인 것도 바로 위와 같은 이유 때문이다. 다시 말
해서, 많은 문제들 중 우리가 어떤 문제를 선택하여 주목할 것인가가
행동과학 연구의 영원한 질문으로 줄곧 탐구되어 왔다. 심지어 그 개
념은 선택적 노출(selective exposure) 또는 선택적 지각(selective per-
ception) 등과 혼용되어서도 널리 사용되고 있다. 그 세 가지 용어 중
가장 적절한 것은, 생존의 두번째 어려움을 가장 가깝게 가리킨다고
여겨지는 '선택적 주목'이다. 생존의 첫번째 어려움을 가리키는 둘러
보기가 노출(exposure) 개념에 가까운 것이라면, 그것에서는 선택이
작동되지 않을 가능성이 높다. 그리고 둘러보거나 주목하거나 심지어
생각하는 것까지를 두루뭉술하게 포함하는 지각(perception) 개념은,
너무 포괄적이라서 과학적 관점에서 개념적 중요성을 잃어버리는 경
향이 있다. 따라서 선택적 노출과 선택적 지각의 개념들은 거의 유용
하지 못한 것으로 간주될 수밖에 없다.

흔히 선택적 주목은 두 가지 양태로 일어난다. 첫째는 주목하고
싶은 것을 주목한다는 것이다. (일반적으로 일반인들은 보고 싶은 것
을 본다고 표현하기도 한다.) 우리는 같은 영화 장면을 보면서도 사람
에 따라 전혀 다른 것에 주목할 때가 있다. 평소에 자신이 관심을 가
지고 있던 것만을 주목하기 때문에 같은 현상을 보더라도 주목 대상이
전혀 다를 수 있는 것이다. 이럴 경우 선택이 이미 결정되어 있으므로

사실상 주목과정에서 선택행위가 일어난다고 보기는 어렵다(Carter, 1965). 즉 둘러보기에서 노출된 위의 다양한 문제들 중 어느 한 문제, 예를 들면 조직 내 갈등 문제에 주목한다고 가정할 경우, 그것은 이미 이전에 많은 관심을 가져왔던 문제이기 때문이라는 것이다.

선택적 주목의 두번째 양태는 실제로 선택행위가 발생하는 주목이다. 즉 여러 가지 문제들이 앞에 놓여 있고, 그중에서 가장 중요하다고 생각되는 것을 선택하여 주목하는 현상이다. 이럴 경우에는 가장 시급한 문제일수록 가장 먼저 주목받을 가능성이 높다고 볼 수 있다. 왜냐하면 시급한 문제는 급박하게 우리의 생존을 위협할 가능성이 높기 때문이다. 흔히 성공과 실패의 길목, 나아가 삶과 죽음의 길목을 이야기할 때 선택의 중요성을 거론하는 것은, 따지고 보면 다양한 문제들 중 어느 문제에 먼저 주목하는가의 중요성을 강조하는 선택적 주목을 가리킨다(Broadbent, 1958).

그런데 앞서 본 생존의 첫번째 어려움인 둘러보기는 물론 두번째 어려움인 선택적 주목에서 우리는 해당 당사자, 즉 '행위자(actor)'의 관점이 얼마나 중요한 것인가를 엿보게 된다. 우리가 남의 행동을 바라보고 해석할 때 그 사람의 선택적 주목을 간과한다면, 바라보는 자(者), 즉 제3자에 불과한 나의 생각을 남의 생각이라고 오인할 가능성이 많을 것이다. 행동과학의 많은 해석들(예로 들면 설득이론)이 연구자의 해석(심지어 소망)으로 덧씌워진 것도 바로 이러한 까닭에서 비롯되었다. 결국 선택적 주목의 개념을 제대로 살려야만 그러한 오류에서 벗어날 가능성이 높아질 것이다.

언론의 기능: 둘러보기와 선택적 주목

언론은 '사회적 수준(societal level)'에서 둘러보기와 선택적 주목을 하는 기관이다. 다시 말해 사회 전체의 수준에서 다양하고 많은 어떤 문제들이 도처에 지뢰밭으로 존재하는지를 둘러보고, 그 가운데 어떤 것이 가장 중요한 문제인지를 선택해서 주목하게 하는 기능을 수행한다. 언론은 사회의 다양한 문제들을 둘러보며 뉴스 아이템을 만들어 내며, 그중에서 사회적으로 가장 중요한 것들에 선택적 주목을 하여 톱뉴스에서부터 토막기사까지로 가공하여 내보낸다. 그런데 언론이 이런 사회적 수준의 둘러보기와 선택적 주목을 하는 이유는, 사회적 구성원들의 둘러보기와 선택적 주목을 '대행'해주고, 그 대가로 이익을 창출하여 언론 조직으로서 살아남기 위한 기업목표 때문이다. 결국 우리가 언론의 뉴스상품을 사는 이유는, 우리가 못다한 둘러보기와 선택적 주목을 보완하기 위해서인 것이다. 한마디로 언론은 우리에게 문제들을 팔아 생존하는 기업이라 할 수 있다.

따라서 우리는 언론 상품의 소비자, 즉 언론수용자를 대행한 언론의 둘러보기를 먼저 생각해볼 필요가 있다. 즉 생존을 위협할 수 있는 사회적 지뢰밭을 둘러보는 언론은 어떤 지뢰들(문제들)을 발견할 수 있을 것인가를 생각해보아야만 한다. 앞에서 언급한 날씨 변동부터 감기 기운, 주택난, 가정 내 불화, 높은 물가, 조직 내 갈등, 지구온난화, 북한의 핵폭탄 위협 등을 포함하여 각종 화재, 지하철 사고, 입시난(難) 등 수없이 많은 지뢰들이 존재할 수 있다. '둘러보기'의 주요 대상들이 기본적으로 '문제'들인 것은 말할 나위도 없다.

그렇다면 과학은 그런 둘러보기의 대상이 될 수 있을 것인가? 과학은 일차적으로 탐구활동 내지 지식생산을 가리킨다. 그러므로 과학

자체가 '문제(지뢰)'로서 간주되기는 어렵다. 언론뿐만 아니라 언론이 대행해주려는 우리 자신의 둘러보기에서도 과학이 주요 대상으로 등장하기 어려운 이유가 바로 여기에 있다. 결국 과학과 인간, 과학과 언론은 본질적으로 서로 멀어질 수밖에 없는 태생적 한계를 갖고 있는 셈이다.

그러나 때로 과학의 주변부나 파생적 기능, 예컨대 연구자의 윤리적 문제나 생산된 지식의 오용 내지 남용 등이 사회적 문제로 떠오를 때가 있다. 이럴 경우에는 당연히 그러한 과학 '관련' 문제들이 사회적 지뢰의 하나로서 언론과 우리 자신의 둘러보기 대상으로 등장할 수 있다. 예를 들어, 황우석 연구팀의 연구조작 논란 및 핵폭탄 실험 같은 것도 엄격하게 말해서 과학 자체의 문제라기보다 과학의 주변부적 내지 파생적 문제라고 볼 수 있다. (그런데 때로는 이것이 과학의 본질인양 과학에 대한 심각한 의심과 우려를 자아내기도 한다.) 결과적으로 과학 자체가 일반적인 문제 대상으로서 언론과 우리의 둘러보기를 촉발하기는 매우 어려운 일이다. 그런 의미에서 언론이 과학과 멀어지는 것은 너무나 자연스런 결과라고 하겠다.

다음으로 생각해볼 수 있는 것은, 두번째 생존 단계인 선택적 주목의 원리에 관한 것이다. 이것은 과학의 주변부적 내지 파생적 문제가 (언론과 우리의) 둘러보기에서 여러 문제들 중 하나로 등장했다고 하더라도, 그런 '과학적' 문제가 과연 선택적 주목의 가장 중요한 대상이 될 수 있는가 하는 점이다. 선택적 주목의 우선 대상이 되려면, 매우 시급하고 중대한 문제(지뢰)이어야 한다는 점을 앞에서 이미 지적한 바 있다. 많은 경우, 과학적 문제는 앞에 열거했던 많은 문제들 중 선택적 주목의 우선순위에서 크게 밀릴 수밖에 없다. 생존을 위협하는 다른 문제들이 산적한데, 직접적으로 생존을 위협하는 것과 상당한 거리가 있는 과학 자체 내지 과학적 문제를 선택적 주목의 최우선 대상으로 삼을 가능성은 매우 희박한 것이다. 굳이 그러한 노력을 하려는 것은, 언론은 물론 우리 스스로도 빨리 자멸할 길을 찾는 것이나 다름없다. 그러므로 선택적 주목의 원리에서도 언론이 과학과 멀어지는 것은 너무나 자연스런 결과라고 하겠다.

과학과 언론의 가까이하기

언론에 대한 과학자들의 불평과 요구는, 언론이(또한 우리가) 과학과 멀어질 수밖에 없는 원리들을 방기(放棄)한 채 언론의 과학에 대한 몰이해 내지 과학적 마인드의 부족에 모아지는 경향이 있다. 언론 또한 스스로 둘러보기와 선택적 주목이라는 생존 원리를 인식하지 못하거나 (이론적으로) 설명하지 못한 채 그런 과학계의 '계몽적' 요구에 죄의식을 보이는 것도 사실이다. 그러나 언론의 편집책임자와 편성책임자를 과학전공자로 앉힌다 하더라도(그런 사례는 얼마든지 있었음) 과학 자체가 (어느 정도 심각한) 문제가 아닌 한 언론에서 과학을 주요 뉴스로 다루는 것은 불가능하다. 특히 지금처럼 인터넷이나 포털사이트를 포함한 뉴미디어들이 서로 치열하게 경쟁하는 미디어환경에서는 언론과 과학이 멀어질 가능성이 더욱더 크다. 왜냐하면 과학적 문제보다 더 흥미로운 문제들(예를 들면 연예계)이 얼마든지 존재하기 때문이다.

흔히 과학의 본질은 사실규명(fact-finding)에 있다고 한다. 사실규명은 또한 그 자체가 문제해결이거나 새로운 해결방안의 기반으로 이어지기도 한다. 그래서 과학자들이 아무리 (기초)과학은 기술이나 응용과 무관하다고 외치지만, 비(非)과학자들에게 과학은 기술이나 응용과 아주 편하게 동일시되고 있다. 기술과 응용은 필연적으로 문제의 해결을 위한 것이다. 바로 이것이 과학이 문제의 '해결'로 인식되거나 요구되는 이유이다(Pielke & Byerly, 1998). 즉 과학이 문제가 아니라면 해결일 수 있다는 것이다.

과학 자체가 본질적으로 '문제'가 아닌 한 언론과 '일차적으로' 만나기 어려운, 즉 멀어질 수밖에 없는 존재라면, '이차적으로' 만날 수 있는 길을 모색할 수밖에 없다. 그것은 바로 과학이 문제의 '해결'일 수 있다는 점을 주목할 때 가능한 것처럼 보인다. 즉 언론이 여타 문제들을 중심으로 둘러보고 선택적으로 주목할 때, 바로 그 문제(들)의 해결과 연관되어 과학이 가까이 다가갈 수 있는 여지가 보인다는 점이다. 예컨대 어떤 문제에 대한 분석 기사를 보도할 경우 언론은, 그 문제의 분석부터 해결방안까지를 다루어야만 한다. 과학은 바로 그 해결방안의 모색을 통해 언론에 가까이 다가갈 수 있는 것이다. 사실 우리가 과학에 감탄하고, 그 결과 과학에 대한 강력하고 긍정적인 인상을 형성하는 것도, 그러한 과학의 해결능력(예를 들면 보건·교통·통신 기술들)을 감지했을 때이다.

비록 이차적으로나마 언론이 과학에 가까이 다가갈 수 있는 길이 있다면, 그 길을 윤택하게 만들어주는 것도 가능해 보인다. 그것은 문제의 해결까지 이어가는 언론보도 양식(예를 들면 분석기사, 탐사보도 등)에서 과학적 해결방안들을 모색하는 작업을 놓치지 않는 일과 과학자들이 그런 일에 기꺼이 동참하는 일이라 하겠다. 무엇보다 이런 동참은 언론이 일차적으로 과학의 주변적 내지 파생적 '문제'를 다룰 때보다 과학에 대해 훨씬 더 '건강한' 인상을 심어줄 가능성이 크다.

이러한 이차적 만남의 가능성은 단지 언론과 과학의 관계에만 국한되지 않고, 우리 스스로 과학과 만나는 것에서도 동일하게 적용된다고 볼 수 있다(Kim, 2004, 2007; 김학수·박성철·정성은, 2005). 실제로 열 개의 공동체 문제들(불경기, 에너지 부족, 노인문제, 실업 등)을 대상으로 한 최근의 연구에서, 일반인 집단이나 과학자 집단 모두 각 문제에 대해 더 가깝게 다가갈수록(일차적) 그 문제의 해결과 연관되어 과학에 가깝게 다가가는 것(이차적)을 발견할 수 있었다(김학수, 2006). 즉 문제의식을 심각하게 느끼는 사람일수록 그것을 해결하는 것과 연관하여 과학의 기여에 대해서도 더욱더 많이 생각하게 되는 것이다. 이는 바꿔 말해서, 사람들을 과학과 가깝게 만들려면 공동체 문제에 대한 심각한 고민을 먼저 유도하는 것이 효과적일 수 있음을 말해주는 것이다.

이 글은 특별히 살아 있는 것들의 행동원리에 주목하고자 했다. 그리하여 그런 원리에 대한 이해 없이 이루어지는 과학문화, 과학대중화, 과학기술에 대한 국민의 이해, '비판적' 과학기술학 등의 논의와 실천들이 결국 허구일 수밖에 없음을 말하고자 했다. 논의의 자유를 인정하되, 그것이 기초적인 원리들을 토대로 하지 않을 때는 오히려 생명들(과학자, 언론인, 우리 모두)의 억압, 강요, 심지어 파괴로 이어질 가능성이 크다. 실제로 과학문화와 관련된 수많은 사회정책들이 그러한 길을 걸어온 것처럼 보인다.

참고문헌

김학수(2006), 〈공동체문제 관여를 통한 효과적 과학커뮤니케이션 가능성 연구: 공동체과학(PEP/IS) 모델의 잠재력 탐색〉, 출판을 위해 완성한 논문.
김학수·박성철·정성은(2005), 《과학커뮤니케이션론》, 서울: 일진사.
Broadbent, D. E.(1958), *Perception and communication*, New York:

Pergamon Press.

Carter, R. F.(1965), Communication and affective relations, *Journalism Quarterly*, 42(2), 203–212.

Kim, H.-S.(2003), A theoretical explication of collective life: coorienting and communicating, In B. Dervin & S. H. Chaffee(Eds.), *Communication, a different kind of horserace*(pp. 117–134), Cresskill, NJ: Hampton Press.

Kim, H.-S.(2004). *Redirecting PUST into PEST: a new conceptualization and measurement demonstration*. Paper presented to seminars invited by Cornell University Depts. of Communication (Sept. 13, 2004) and Science & Technology Studies(Nov. 1, 2004), Syracuse University School of Information Studies(Oct. 21, 2004), and the University of Alabama College of Communication and Information Studies(Jan. 14, 2005), USA.

Kim, H.-S.(2007), PEP/IS: A new model for communicative effectiveness of science. *Science Communication*, 28(3): 287–313.

Pielke Jr., R. A., & Byerly Jr., R.(1998), Beyond basic and applied, *Physics Today*, 51(2), 42–46.

과학기술, 사회를 만나다

사 회 서울대학 김광웅 교수님의 '과학기술, 사회·사회과학을 만나다' 기조강연에 이어 경제, 법률, 언론 분야의 주제발표가 있었습니다. 그럼 바로 토론을 시작하겠습니다. 먼저 세창법무법인 김현 변호사의 발표에 이어 과학기술정책연구원(STEPI) 민철구 부원장님, 연세대학 김문겸 학장님, 한양대학 김창경 교수님, 그리고 조선일보 김영수 부장님 순으로 진행하겠습니다.

첨단과학의 검증 시스템은 사회적 합의로 도출해야

김 현 과학기술의 발전은 경제적 풍요와 삶의 질을 향상시키기 때문에 국가의 가장 중요한 경쟁력의 원천입니다. 그러나 부정적인 면도 함께 가지고 있는 것이 사실입니다. 과학기술의 부정적인 모습은 과학기술의 결과물을 본래 의도하지 않은 목적으로 오용하거나 남용하는 것, 그리고 과학기술 개발 자체의 목적이 반인간적인 것으로 구분할 수 있습니다. 전자에는 비아그라나 마약류 같은 향정신성 의약품의 오남용, 정보통신기술의 발전에 따른 스팸메일의 대량 발송, 무분별한 인터넷 댓글, 그리고 GPS 기술의 부정한 사용 등이 있습니다. 그리고 그 자체가 부도덕한 것으로는 대량 살상무기 개발, 통신 네트워크 교란을 목적으로 하는 바이러스 프로그램, 해킹 프로그램 등이 있습니다.

그런데 긍정적 측면과 부정적 측면을 비교하는 것이 쉽지는 않습니다. 예를 들어 생명과학 기술에서 GMO(Genetically Modified Organism, 유전자변형식품) 문제, 인간 배아세포와 줄기세포, 체세포 복제, 유전자 치료 등이 논란의 와중에 있습니다. 인간복제와 관련해서는 과학기술 자체가 인간의 존엄성을 해칠 수 있는 잠재적 위험이 있습니다. 그리고 황우석 사건에서 본 것처럼 과학기술자의 윤리적 문제도 끼어 있습니다. 아직 검증이 이루어지지 않은 첨단 과학기술일수록 기술 자체에 내재된 위험성이 크고, 개발자들은 학문적 우위를 인정받으려는 유혹과 경제적 이익의 유혹에 빠지게 됩니다.

과학은 자연의 관찰로부터 발견된 체계적 지식이고, 기술은 의도된 목적을 달성하기 위해 과학적 지식을 계획적으로 이용하는 인간의 지적 활동입니다. 과학적 활동은 수량화할 수 있는 속도, 질량, 에너지 같은 특정한 성질만을 대상으로 하고, 정량화할 수 없는 것은 관찰 대상에서 배제합니다. 그런데 인간의 삶은 정량화할 수 없는 요소들도 포함하기 때문에 과학기술이 발전한다고 해서 반드시 인간의 삶이 향상되는 것은 아닙니다. 또한 《쥬라기공원》에서 본 것처럼 과학기술의 결과물이나 우발적 생성물이 실제로 어떤 위험이 될지는 개발자 자신도 확신할 수 없습니다. 그래서 위험형법이 대두됩니다. 과학기술의 잠재적 위험성은 분야에 따라 다르지만 고도로 발달한 첨단 과학기술일수록 더욱 커집니다. 생명과학과 정보통신이 그에 해당합니다.

결국 현대사회는 과학기술의 발달로 인해 다양한 위험원이 끊임없이 창출되는 위험사회입니다. 사회적 위험이 증가함으로써 법적인 과제도 변화될 수밖에 없습니다. 기존 법질서에 따라 통제할 수 없는 새로운 현상이 나타나기 때문입니다. 문제는 어떤 법체계와 구체적 입법을 거쳐서 새로운 현상들을 법적으로 규제해야 하는가 하는 것입니다. 형벌은 사회적 위험에 대해서 국가가 행하는 최후의 수단입니다. 그래서 처벌대상의 위험은 구체적이고 가시적이어야 합니다. 그런데 구체적으로 발생하지 않고 구체적인 피해자가 없더라도 사회적 위험성이 있다면 예방적 차원에서 국가가 적극적으로 개입해야 된다는 위험형법이 대두되었습니다. 위험형법은 사회적 위험성의 실효적 제거라는 면에서 의미가 있지만, 시민의 권리와 자유가 부당하게 침해되거나 정치적으로 악용될 가능성이 있어서 법규범의 본질을 해칠 수 있습니다. 그리고 의도한 통제적 기능도 달성하기 힘들다는 것이 아직까지는 대세입니다.

반면에 생명공학의 발전으로 인한 인간 정체성에 대한 위협과 사이버세계의 위험 비중이 커진 오늘날에는 형법의 예방적이고 사회보호적인 비중이 커질 수밖에 없습니다. 예를 들어 통신비밀보호법은 구체적인 피해가 없는 예비행위도 범죄로 취급하고 있습니다. 여기에서는 예방적 · 형법적 입법의 구체적인 범위내용과 절차가 문제가 됩니다. 최근에는 과학기술자들의 폐쇄성, 비윤리성, 기술경쟁력에 의한 국가주의가 문제시되기도 했습니다.

한편 미미하지만 과학기술자들의 자체 정화력도 드러났습니다. 겉으로 보면 과학기술자 집단과 시민사회 간의 불신과 과학기술에 관한 관점에 첨예한 대립이 있는 것처럼 보이지만, 과학기술도 신기술의 안전성이 아직 불확실한 것을 인정하고 있고 소극적이나마 사회여론을 인식하고 있습니다. 그리고 시민사회도 다양한 스펙트럼이 존재하기 때문에 극단적인 대립에 따른 소모적인 논쟁만 있는 것은 아닙니다. 첨단과학 특히 생명과학에서 연구 가능한 것과 금지되는 기술 분야, 연구의 방법과 절차, 연구의 과정과 결과에 대한 검증시스템에 대해서는 사회적 합의를 이끌어내야 됩니다. 과학자의 윤리장전도 여기에 포함될 것입니다. 첨단기술에 대한 사회적 위험을 제거하기 위한 형법적 입법은 법률가와 과학자, 그리고 과학기술정책 전문가만 수행할 일이 아닙니다. 즉 시민사회의 협의에 기초하여 도출되어야 합니다. 시민사회의 합의는 정책 및 입법의 사회 수용성을 높이는 효과적인 방법이 되기도 합니다.

연구성과의 실용화와 지적재산권의 중요성

민철구　오늘 한 편의 기조강연과 세 편의 주제발표를 통해 우선 많이 배웠습니다. 저도 과학기술정책을 연구하고 있습니다만 이렇게 여러 분야의 만남을 통해서 과학기술이 더욱 살쪄 가리라고 생각합니다.

　　우리나라의 과학기술 위상은 크게 보면 우리의 경제규모와 거의 같이 가고 있습니다. 대략 우리 경제가 세계 11위 정도의 규모인데, 우리나라 과학기술의 지표를 보면 양적인 측면에서 거의 일치합니다. 연구개발(R&D) 투입재원과 인력 측면에서의 순위는 거의 일치합니다. 반면에 질적인 측면에서는, 예컨대 논문의 인용이라든지 질적인 수준은 대략 한 20위에서 30위로, 25위 전후를 오갑니다. 크게 보면 아직까지 양적 성장에 치우쳐서 질적인 문제로 전환을 하지 못한 것이 아닌가 하는 문제가 제기됩니다.

　　그러면서 이 과학기술의 흐름, 특히 연구개발 측면에서 단기 효율성을 추구함으로써 중장기 효과성으로 아직 연결되지 못하는 문제가 있고요. 특히 과학기술만의 단원적 발전체제에서 이제는 경제사회 전반과의 정합성, 그리고 호환성이 중요한 시점이 아닌가 하는 측면에서 오늘의 이 자리가 정말 뜻 깊다고 말씀드릴 수 있겠습니다.

　　세 분의 발표에서 핵심사항 한두 가지에 대한 제 나름의 소회를 말씀드리겠습니다. 첫번째, 이승훈 교수님이 발표한 첨단기술과 경제학 부분입니다. 과학기술이 추구하는 것은 사실 첨단화입니다, 미래 지향적이고요. 그런데 첨단 과학기술의 사회적 위상과 사회 선도력이라는 표현을 쓰셨습니다. 사회 선도력을 강화하기 위해서 경제학이 유용한 도구가 될 수 있고, 더 나아가서는 도구뿐만 아니라 부분적으로 합쳐야 되는 것이 아닌가라는 소중한 문제 제기를 해주셨습니다.

　　그런데 저는 우선 과학기술 자체의 과학화 측면에서 경제학이 필요하다고 생각합니다. 경제학은 일단 가치와 효용에 입각해서 자원의 최적 배분을 다루는 학문입니다. 그래서 과학기술정책을 연구하는 저의 입장도 연구자원이라든지 연구인력의 획득부분, 첨단 영역과 전통 과학기술 분야의 연구개발 전략, 또 미래기술의 기획 등의 분야에서 경제학의 여러 가지 방법론을 좀 더 확실하고 유용하게 사용해야 되는 것이 아닌가 생각합니다. 과학기술정책이 추구하는 방법론 중의 하나가 국가과학기술혁신시스템(NIS)이라는 커다란 국가차원의 체계입니다. 그런데 NIS의 순환체계상에서 우리나라의 가장 큰 약점은 연구성과의 확산과 실용화가 상당히 미흡하다는 것입니다. 다시 말씀드리면 인풋(input)은 강한데 효율성 있는 아웃풋(output) 구조와 아직 체계적으로 연결되지 못했다는 것이죠. 그 가운데 연구성과 확산의 실용화 문제가 있는 것입니다. 그것의 구체적인 실현수단으로 제기되는 것이 벤처투자와 기술금융의 활성화 문제입니다. 이 문제를 이승훈 교수님이 제대로 지적을 해주셨다고 봅니다.

두번째 이기수 교수님의 과학기술 발전과 법적 대응 문제에서, 사실 요즘 과학기술 분야에서 지적재산권이 화두라고 해도 과언이 아닙니다. 특히 그 핵심은 역시 연구개발이지요. 그런데 학문적으로는 통상 3세대까지, 즉 1세대, 2세대, 3세대 연구개발 이론이 정립되어 있습니다. 4세대까지도 어느 정도는 스케치가 되어 있는데, 5세대 연구개발은 이제 시작이라고들 얘기합니다. 5세대 연구개발의 핵심은 세계 최첨단 기업이 이제 시작하고 있다고 봅니다. 아마 삼성이 이를 시작할지 모르겠습니다. 그런데 그 핵심에는 연구개발 자체도 필요하면 아웃소싱한다는 개념이 있습니다. 그러면 삼성이나 세계적 유수의 그 기업은 무엇을 핵심으로 갖고 있느냐 하면 바로 지적재산권입니다. 지적재산권만을 자신의 것으로 갖고, 필요하다면 경쟁력의 원천이라고 얘기할 수 있는 과학기술과 나아가서 그 핵심이라고 할 수 있는 연구개발조차도 아웃소싱하겠다는 것이 전략입니다. 그만큼 지적재산권 문제는 과학기술의 가장 중요한 문제가 되었습니다.

또한 최근 문제가 되고 있는 생명기술 분야, 정보통신 분야, 그리고 개인뿐만이 아니고 국가 간 공정한 이익배분의 규범까지도 커다란 흐름을 제시해주셨다고 봅니다. 다만 과학기술과 법적인 문제에서 앞으로의 과제는, 전문 인력의 합리적 양성체계와도 연결이 되어야 될 것 같습니다. 또한 앞으로는 공학과 법학이 만나는 공법(工法)이 필요할지도 모른다고 생각합니다. 그만큼 사회적 수요가 커지는 것이지요. 그리고 기존의 변리사 제도 같은 부분도 과학기술자와 법학도 모두가 질 위주로 접근할 수 있는 체제로 바뀌어야 되지 않는가 생각합니다. 로스쿨 문제도 마찬가지입니다.

마지막으로 언론과 과학을 통해서, 저는 과학과 청소년의 가까이 하기 같은 생각을 해보았습니다. 청소년의 이공계 기피 문제가 언론을 통해 엄청나게 대두되다가 최근에는 쑥 들어갔습니다. 이 문제는 처음에 양적인 측면에서 출발했습니다. 이공계 대학에 진학하고자 하는 학생의 수가 만 5년 사이에, 50만에서 25만으로 갑자기 줄어들었죠. 그래서 앞으로 국가경쟁력이 큰일이라는 방향으로 접근이 되었는데, 시간이 지나면서 양의 문제가 아니라 질의 문제 쪽으로 변환이 된 것입니다. 예컨대 숫자가 줄어든 것이 문제가 아니라 얼마만큼 우수한 학생이 혹은 열심히 하고자 하는 학생이 이공계에 진학할 것인가 하는 질의 문제가 된 것이죠. 또 다른 면에서 보면 이게 이공계의 문제가 아니고, 이공계 교수의 문제를 침소봉대한 게 아닌가 하는 측면에서 본질이 왜곡된 면도 있었습니다.

사실 청소년의 이공계 기피현상의 가장 본질은 과학기술이 갖고 있는 어려움과 까다로움, 논리성과 이변이 없는 단조로움에 있습니다. 요즘 청소년들은 로또 같은 거 참 좋아하지요. 2+2가 20이 되거나 5도 되고 8도 되는 그런 이변을 좋아합니다. 그런데 이공계는 그런 것이 없이 정직하지요. 아무튼 이런 어려운 이공계를 좀 쉽게 번역할 수 있는 능력을 갖추어야 되겠다는 생각을 해보았습니다.

문제해결 능력보다 문제 정의를 중시하는 교육

김문겸 저는 공과대학에서 학생들을 가르치는 엔지니어입니다. 그래서 오늘 말씀하시는 내용들을 이해하는 게 굉장히 어려웠습니다. 의미 있는 얘기를 해야 될 텐데 귀한 말씀들에 대해서 제가 뭐라고 말씀 드릴 수 있을지 모르겠습니다.

먼저 경제학과 법학과 관련한 이승훈 교수님과 이기수 교수님의 말씀을 통해 과학기술의 발전이 어떻게 사회적·경제적·법적 요인들과 긴밀히 관련되어 있는지를 새삼스럽게 느낄 수 있었습니다. 연세대학을 예로 들면, 공대학생들의 경우 학부를 졸업한 후에 공학계열이 아닌 다른 데 취업을 하는 학생들이 약 10퍼센트에서 15퍼센트 정도입니다. 그리고 이러한 현상은 점차 늘어가는 추세입니다. 과거에는 이런 상황을 부정적으로 보는 시각이 많았는데, 저는 그렇게 보지 않습니다. 실제로 공학전공에서 우수한 인재를 양성하는 것이 무엇보다 중요한 과제이지만, 공학을 전공한 후에 법학이나 경영학, 경제학, 언론 등 다양한 분야에서 역량을 발휘할 수 있는 인재도 굉장히 중요하다고 생각합니다.

저희 공과대학 교수님이 204명인데 모두가 공학전공자는 아닙니다. 경영학 박사학위를 받으신 네 분이 공과대학 전임교수로 계시고, 공대를 졸업했지만 기술정책을 전공하신 분이 한 분입니다. 앞으로도 공학이 아닌 다른 전공자를 모실 계획입니다. 이분들은 저희가 공학 소양이라고 하는 교육에 많이 활용되고 있습니다. 실제로 학생들에게는 경영, 경제, 사회, 윤리 등 여러 분야의 교육이 매우 중요합니다. 이제 고등학교에서 문과, 이과 구별도 사라지고 있습니다. 학생들을 얼마나 더 미래사회에 적합한 인재로 키우느냐 하는 것은 어려운 문제이지만 저희도 여러 가지 노력을 하고 있습니다.

언론과 관련해 과학과 언론 기능의 차이와 특성을 쉽게 설명해주신 김학수 원장님께 감사드립니다. 발표문 중에 과학의 본질을 사실 발견(fact-finding)에 두시고, 이러한 사실 규명이 문제해결 또는 새로운 해결방안의 기반으로 이어지기도 한다는 점을 강조하셨습니다. 그런데 저는 또 다른 면을 제시하고 거기에 대한 해결책을 부탁드려야 될 것 같습니다.

최근 공학교육에서는 문제해결 능력, 즉 과제해결(problem solving) 능력도 중요하지만 문제 정의(problem definition)를 중시하는 교육이 굉장히 중요한 화두로 제시되고 있습니다. 문제를 정의한다는 것은 공학적 문제 안의 학문적·기술적 문제뿐만이 아니라 사회적·경제적·문화적 맥락과 그에 대한 영향력을 이해하는 것입니다. 예를 들면 저희 1학년 과목에 '상상설계'라는 과목이 있습니다. 학생들은 스스로 그룹을 이루어서 자신들이 한 학기 동안 할 것을 찾아냅니다. 물론 물건을 만들어내는 것입니다. 이를 위해서 학생들이 마케팅을 하고, 즉 시장실사(market survey)와 기술적으로 무엇을 할 것인가 등을 연구하고 마지막에 제조까지 합니다. 제조한 후에는 어떻게 홍보를 할 것인가 하는 일련의 기술과 거기에 수반되는 인문적·사회적인 요소들까지도 자신들이 개발해내야 합니다. 이것은 공학교육을 받지 않은 상태, 즉 엔지니어 교육이 안 된 상태에서 자신들의 창조성을 찾아내는 작업입니다.

이런 것들이 저희가 문제정의를 중시하여 새로 도입한 교육 과정들인데, 이런 경우에는 또 어떤 해결책이 필요할지 여쭙고 싶습니다.

과거에는 과학은 진리를 발견하고, 기술은 그런 과학을 응용한다는 생각이 많았습니다. 하지만 지금은 그 같은 구별이 없다고 볼 수 있습니다. 뿐만 아니라 과학 연구가 온전히 사회의 외부에서 이루어진다는 것도 현실적으로 사실이 아닙니다. 연구에 대한 제도적 뒷받침과 사회의 지원, 그리고 지식기반사회에서 경제적 부를 창출하기 위한 노력, 우리 사회의 복지와 윤리적·문화적 가치지향 등이 과학공학 연구에도 큰 영향을 미치고 있습니다. 따라서 점점 더 과학영역이 넓어지고, 오늘 같은 이런 교류가 더 중요한 시대가 되고 있다는 점을 마지막으로 말씀드리고 싶습니다.

지식기반사회의 핵심이 될 지적재산권

김창경　과학기술을 알면 돈이 보인다는 점에 대해서 좀 말씀드리고 싶습니다. 아까 김광웅 교수님께서 1970년대에 30년 후를 예측했는데 대부분이 빗나갔다고 말씀하셨습니다. 저는 그것이 너무도 당연하다고 생각합니다. 1990년대에는 전 세계에 웹페이지가 하나밖에 없었습니다. 1991년에 그 유명한 마이크로소프트가 마이크로소프트 닷컴이라는 웹페이지를 등록했죠. 지금은 웹페이지가 30억 개 정도 있는데 지금 같은 세상이 올 줄 알았으면 우리도 벌써 아마존이라든지 이베이, 구글 같은 것을 창업했을 것입니다. 그래서 지금 과연 우리가 미래 10년을 예측할 수 있는가를 생각해보면, 사실 굉장히 어려운 일입니다. 그 다음으로 많은 분이 얘기하신 것이 특허권에 관한 문제인데, 특허 역시도 돈이 되는 것입니다.

　인간은 약 2만 4000개 정도의 유전자를 가지고 있습니다. 우리 몸은 약 9만 개 정도의 단백질로 이루어져 있는데, 그 단백질을 어떻게 만드는가가 유전자에 쓰여 있다고 하죠. 그런데 우리가 가지고 있는 2만 4000개의 유전자 40퍼센트가 이미 특허권 설정이 되어 있습니다. 우리가 우리 자신의 유전자를 고치려고 해도 남의 허가를 받아야 하는 상황이 된 것입니다. 그래서 앞으로는 생명공학에서 굉장히 커다란 변화가 생길 것입니다. 예를 들어 2014년경에는 우리의 모든 유전정보를 핸드폰으로 받아볼 수 있는 시대가 올 겁니다. 그렇게 되면 틀림없이 결혼하려고 하는 사람의 유전정보도 받아보겠지요. 그리고 대통령 선거를 할 때도 후보자의 머리카락 하나만 가지면, 이 양반이 알츠하이머에 걸릴 것인지 혹시 파킨슨병에 걸릴 것인지, 특히 지능과 관련 있는 염색체 6번을 통해 이 양반이 머리가 좋은 것인지를 알게 됩니다. 결국 유전자 프라이버시가 법률시장에 새로운 시장을 형성할 것입니다.

이기수 교수님께서 차크라바티 사건을 말씀하셨는데, 1980년에 미국의 대법원에서 랜드마크적인 법률판단이 있었습니다. 즉 사람이 만든 생명체는 모두 다 특허가 가능하다는 것이었죠. 우리가 컴퓨터를 하면서 문서의 컷 앤드 페이스트(cut & paste)를 많이 하는데, 우리 몸을 이루고 있는 유전자도 컷 앤드 페이스트 조작이 가능합니다. 그런데 이러한 컷 앤드 페이스트 조작을 해서 세운 기업이 바로 암젠(Amgen)입니다. 암젠이 뉴포젠(Neupogen), 이포젠(Epogen)이라는 두 개의 신약 개발로 삼성전자의 시가총액을 능가할 수 있었던 것은 희귀의약품법(Orphan Drug Act) 때문입니다. 이것은 희귀질환 치료를 위해 연구비를 투입하게 한 정부의 법령이었습니다. 즉 희귀질환은 앓는 사람이 워낙 적어 이윤을 추구하는 기업에서는 할 수가 없기 때문에 당연히 정부에서 지원을 해야 한다는 것이었죠. 그렇게 해서 개발된 약이 이제는 일반인들에게도 적용이 되어서 암젠이 엄청나게 이익을 올리고 있습니다.

또 다른 말씀은 이른바 지적재산권에 대한 법입니다. 1998년 제정된 '디지털 밀레니엄 지적재산권법(Digital Millenium Copyright Act)'에 대비한 기업들은 엄청나게 많은 돈을 벌었죠. 결국 과학기술이 돈을 벌기 위해서는 여러 가지 사회적 합의가 중요합니다. 지금 유전자 정보가 다 공개되고 있는데, 이것은 "인간 게놈 프로젝트에서 나오는 모든 유전자 정보는 일반인들이 자유롭게 접근할 수 있다"는 1996년 버뮤다 원칙(Bermuda rule) 때문입니다. 빌 클린턴과 토니 블레어 같은 세계 정상들이 버뮤다에 모여서 이러한 정보는 인류의 공통적인 지식으로 생각하고 공유하자고 공표했는데, 곧바로 생명공학 계열의 주식 가격이 폭락했다고 합니다.

결국은 지적재산권이 앞으로 지식기반사회의 핵심이 될 겁니다. 지금 미국 같은 데서는 수학공식에 대해서까지 특허를 내고 있습니다. 예를 들면 코사인 방정식 등도 특허를 신청하고 있습니다. 아인슈타인의 $E=mc^2$라거나 뉴턴의 만유인력 법칙 같은 것은 특허를 못 받지만, 코사인법칙 삼각함수는 컴퓨터에 의한 알고리즘에 대해, 즉 그 연산방법이 다른 것에 대해 특허를 내고 있습니다. 결국 앞으로는 수학공식을 쓸 때에도 돈을 내면서 쓸 수밖에 없다는 얘기죠.

마지막으로 김학수 교수님께서 이공계와 언론에 대한 문제를 아주 심도 있게 말씀해주셨는데요, 저희는 낙관적인 견해도 갖고 있습니다. 예를 들어 지금 UCC(User Created Content)가 폭발적으로 관심을 모으고 있습니다. 이제 우리는 기존의 매체를 통하지 않고, 스스로 P2P(person to person)적인 형식으로 만날 것입니다. 얼마 전에 스탠포드대학의 박사과정생 두 명이 만든 유튜브(YouTube.com)라는 회사가 구글에 1조 5000억 원에 팔렸습니다. 이런 것이 지식기반을 얘기하고, 또 과학기술계와 언론의 소통 문제를 얘기한다고도 생각할 수 있습니다.

다시 말씀드리고 싶은 것은 법이 굉장히 중요하다는 것입니다. 1980년에 정부로부터 연구자금을 받았더라도 연구성과에서 파생된 특허권은 대학이 갖도록 하는 베이 돌(Bayh Dole)법이라는 적극적인 법이 제정되면서 연구성과의 산업화가 활발해졌습니다. 그런데 우리나라에서 산업기술촉진법, 기술거래법 등이 나온 것은 아마도 2000년대 초라고 기억합니다. 이렇듯 과학기술이 엄청난 부를 창출할 수 있는데도 우리나라는 이러한 문제를 법으로 제정하는 것에 매우 늦습니다. 그러므로 여기 계신 분들이 사회적인 공감대를 형성해 법이나 제도를 만들어주시면 저희들이 열심히 일해서 그 부가가치를 다시 환원하겠다고 말씀드리면서 이만 마치겠습니다.

독자의 눈높이에 맞춘 과학기사 쓰기의 어려움

김영수 과학부서를 담당하고 있는 부장으로서 언론의 변명을 좀 하겠습니다. 아까 김학수 원장님께서 과학과 언론의 멀어지기 원리라고 말씀하셨는데, 제가 지금 담당하는 부서는 산업부입니다. 그래서 산업자원부, 정보통신부, 과학기술부와 기업을 총괄하고 있습니다. 저희 〈조선일보〉에서는 아침마다 편집국 회의가 열립니다. 모든 부장과 부국장들이 편집국장과 모여서 그날 쓸 아이템들을 선정하죠.

　지금 〈조선일보〉에는 과학과 관련된 지면이 세 가지 있는데 모두가 정통과학과는 거리가 먼 것입니다. 하나는 '뉴테크놀로지' 라고 새로운 신기술 특히 기업에서 상용화되는 신기술을 다루고, 또 '사이언스 인 뉴스' 라는 제목으로 과학계 뉴스를 따라잡는 지면이 있고, 마지막으로 '위클리비즈' 라고 토요일자 신문에서 과학에 대한 기사를 다루고 있습니다. 그런데 가장 큰 문제는 신문도 열독률, 구독률 조사에서 자유롭지 못하다는 것입니다. 모든 지면이 한 달 또는 6개월 단위로 열독률 조사를 합니다. 지면에 대한 열독률이 떨어지면 어떻게든지 담당기자와 담당데스크가 대책을 마련해야 됩니다.

과학 담당하는 많은 교수님들은 저나 과학 담당기자에게 어떻게 과학을 이토록 홀대할 수 있느냐고 불평을 합니다. 하지만 우리는 문제를 팔아먹고 사는 사람들입니다. 그래서 어떤 것이 기사화되거나 이슈화되는지를 독자들에게 일일이 설명할 수가 없습니다. 더욱이 기사를 작성할 때 과학기사의 난이도 때문에 저희는 항상 중학교 3학년이나 고등학교 1학년 학생들에게 눈높이를 맞출 수밖에 없습니다. 즉 청소년들이 읽어서 어렵지 않은 그런 문장이 가장 좋다고 보는 것입니다. 어려운 단어를 쓰면 정말 항의가 빗발치듯이 옵니다. 과학계에 계신 분들은 그냥 쓰는 용어도, 신문에 쓰려면 예를 들어서 설명을 해주어야 되고 주(註)를 달아줘야 됩니다. 그러다 보면 한 기사에 용어풀이가 서너 개씩 들어가게 되고 결국 기사로서 성립이 될 수가 없습니다. 또한 편집국에서의 정치적인 문제도 과학 보도를 어렵게 만듭니다. 결국 과학기술계의 적극적인 지원이 필요합니다.

어떻게 보면 신문이라는 미디어가 과학하고는 잘 맞지 않는 것 같습니다. 오히려 인터넷이나 UCC 같은 새로운 미디어가 과학과 더 가까워질 수 있지 않을까 생각합니다. 순수과학, 기초과학을 신문에서 다루는 것은 더욱 심각한 문제입니다. 하지만 우리가 쉽게 접할 수 있는 테크놀로지의 경우에는 다릅니다.

그리고 또 하나 우리에게는 과학계의 스타가 필요합니다. 희망을 줄 수 있다면 흠이 약간 있더라도 깎아내리지 말고, 그 사람을 스타로 만들어 자주 등장시켜서 과학 하는 사람들에게나 청소년들에게 희망을 주었으면 좋겠습니다.

과학 커뮤니케이션에 있어서 언론의 역할

사 회 감사합니다. 지금부터는 질문을 받도록 하겠습니다.

조명제 저는 대덕연구단지 연구원 생활을 했는데, 포괄적인 질문 하나를 하겠습니다. 이전에 박정희 대통령이나 그 이후 대통령과 담당 장관들은 과학기술입국 같은 얘기를 강조해 왔습니다. 그런데 지금 과학기술계의 연구원들이 과거에 비해서 일을 할 수 있는 그러한 분위기가 조성되어 있나 하는 것이 궁금합니다.

손태성 안녕하세요? 기상청 기상통보관인 저는 세 번의 포럼에 모두 참석했습니다. 그런데 인문학이나 예술 같은 것은 해결책을 갖고 있지 못한 것 같고, 오늘 다룬 법률과 경제, 언론은 해야 될 일이 너무 많은 것 같습니다. 실은 문제만 제대로 파악되면 답은 다 있습니다. 문제를 파악하려고 하지 않고 답만 찾으려고 하기 때문에 오늘의 상황에 이르지 않았나 생각합니다. 그래서 아까 앞에서 말씀하신 것처럼 언론인들이 문제를 정확하게 파악할 수 있도록 노력하면 모든 문제나 고민이 하루에 해결되지 않을까 생각합니다.

양윤경 저는 대학원에서 영양학을 전공하고 산업 쪽에서 일을 하다가 지금은 이화여대에 있는 바이오푸드 네트워크 사업단에서 기업지원실장을 맡고 있습니다. 제가 일을 하면서 느끼는 것은 오늘 이 포럼의 주제와도 관련이 있는데, 과학 쪽에서는 연구개발을 하시는 박사님들의 역량을 최대한 발휘하시되 사회에서 가장 필요로 하는 것을 생각해야 한다는 겁니다. 물론 그러한 방향이 순수학문과는 거리가 있을 수 있겠지만 아까 김창경 교수님 말씀처럼 결국 돈이 되어야만 모든 연구개발이 몰리지 않습니까? 그래서 사회적인 요구가 무엇인지를 일단 아셔야 되고, 깊이 있고 어려운 내용을 사회에서 원하는 눈높이에 맞추어서 풀어낼 수 있는 커뮤니케이션 도구가 있어야 합니다. 그런데 그 어려운 것을 그냥 언론에다 던져주면 언론에서는 당연히 못하시지요.

그 다음에 언론도 결국은 과학적인 정보가 언론을 통해서 돈이 되어야만 광고가 따르겠죠. 그래서 요즘 언론에서 가장 흥행하는 과학적 정보는 비타민이나 웰빙 관련 부분인 것 같습니다. 좀 더 재미있게 사회가 원하는 그런 도구를 이용해서 사회와 소통할 수 있는 방법들을 개발해야 한다고 봅니다. 아까 말씀하신 UCC라든가 인터넷 세대는 걱정을 안 해도 돼요. 하지만 그 윗세대는 그런 것에 접촉하기가 너무 어렵기 때문에 매스미디어를 통해서 커뮤니케이션 할 수밖에 없거든요. 그런 부분들을 연구개발과 언론 쪽이 병행해서 접점을 찾아내는 것이 중요하지 않을까 생각합니다.

이무상 경북대학 이무상 교수입니다. 강연 정말 감명 깊게 잘 들었습니다. 사실 유럽의 과학기술 역사가 한 700~800년 되는 데 비해 한국은 60년이 채 안 됩니다. 비록 완전히 유럽 수준을 따라가지는 못했지만 짧은 기간에 급격한 발전을 했기 때문에 일반인들과 과학기술자 사이에 큰 괴리가 있는 것 같습니다. 그래서 과학자들과 언론 쪽의 분들이 서로 다리를 놓아서 소통하도록 해야 되는데, 언론에서는 자꾸 어렵다고 피하고, 신문사나 방송국에서도 이공계 출신을 채용하지 않기 때문에 이런 괴리가 더 깊어지는 것이 아닌가 하는 생각을 합니다.

국민의 알 권리와 프라이버시

황순자 〈헤드라인뉴스〉의 황순자입니다. 김현 변호사님이 "사회적 위험이 구체적으로 발생하지 않고 구체적인 피해자가 없더라도 사회적 위험성이 있다면 예방적 차원에서 국가가 적극적으로 개입해야 한다는 위험형법이 대두되고 있다", 또 "예컨대 통신비밀보호법 같은 특별법은 구체적인 피해가 없는 예비행위도 범죄로 취급하고 있다"고 말씀하셨습니다. 이번에 '안기부 X파일'과 관련해서 두 명의 기자가 1심에서 무죄를 받고 2심에서는 유죄를 선고받은 후에 지금 대법원 상고를 기다리고 있습니다. 저는 과연 이 두 명의 기자를 형법으로 다루어야 되는 것인지에 대해서 과기부 법률을 맡고 계시는 김현 변호사님과 김학수 원장님께 꼭 답변을 듣고 싶습니다.

김현 그 문제는 사실 대한변협에서도 논쟁이 아주 치열했습니다. 기자들은 당연히 국민의 알 권리라고 보고, 그것을 공개해야 된다는 입장이지요. 그렇지만 저희 법률가들은 또 프라이버시권, 개인이 대화한 내용을 공공연하게 모든 사람이 다 알게 하는 것은 장기적으로 바람직하지 않다는 반대 입장이 더 많았습니다. 궁극적으로 대한변협은 공개 반대성명을 냈고, 저도 개인적으로 이에 찬성하는 입장입니다.

선택적 주목은 상대방에 대한 배려

한영성 KINS의 한영성 이사장입니다. 김학수 원장님, 요새 미담이나 선행 혹은 무슨 과학기술 같은 것은 뒤로 처지고 폭력이다 살인강도다 이런 게 부각되는 것은 좀 이해가 되는데요. 그럼 그것은 어떻게 설명이 됩니까? 예를 들어 한때 미니스커트가 유행하다 비키니 쪽으로, 그리고 보다 구체적인 것으로 관심이 이어지는 것처럼 말입니다.

김학수 먼저 관심이 있을 것 같아 X파일부터 말씀드립니다. 〈뉴욕타임스〉나 우리 기자협회나 편집인협회에 윤리조항들이 있습니다. 윤리실천강령도 새로 개정되었는데, 핵심은 어느 쪽이 공공의 이익에 부합하는가 하는 것입니다. 즉 국민의 알 권리를 주장하는 것은 공공의 이익이지요. 원칙적인 말씀을 드린다면, 몰래 녹음하는 것 외에 다른 방법이 없었는가가 가장 중요한 질문이 될 수 있습니다. 기자들은 지금도 몰래 녹음합니다. 그런데 그것 외에는 다른 방법이 없느냐는 겁니다. X파일 문제에 있어서는 저도 프라이버시보다 언론인들의 생각에 공감합니다. 그럼에도 몰래카메라나 몰래 녹음 외에는 다른 방법이 없는가에 대해 우리 언론인들이 고민하고 있는 거죠.

그리고 미니스커트 말씀을 하셨는데 미니스커트를 안 입던 시대에 누군가 미니스커트를 입고 나왔다면 이것은 굉장히 중대한 공공의 문제입니다. 왜냐하면 전체 규범을 뒤흔드는 행동이거든요. 또한 문제에는 굉장히 개인 중심의 문제가 있고, 공공 중심의 문제도 있습니다. 예컨대 수질오염 같은 경우는 굉장히 큰 공공의 문제이지요. 그렇기 때문에 그런 공공의 문제들, 예를 들면 핵실험, 지구온난화, 수질오염 등의 문제를 다룰 때에 문제의 정의가 중요해지는 겁니다. 그런데 이 문제들을 공학만이 해결할 수 있는 것은 아닙니다. 콘돔을 많이 생산한다고 인구폭발이 해결됩니까? 정치학, 사회학, 커뮤니케이션학이 다 동원되어야 되지요.

이처럼 문제의 정의에서부터 벌써 서로 다른 분야끼리의 제휴가 필요해지지만 대부분의 과학자들이 그것을 놓치거나 거부하고 있습니다. 결국 이러한 까닭으로 오늘날 문제들이 점점 더 악화되어 간다고 볼 수 있습니다. 그런데 그런 것들이 다 인터넷을 통해서 등장합니다. 지금 인터넷을 통해서 사용자가 제작한 프로그램들이 많이 등장하지요. 그런데 인터넷이 탄생됐다고 해서 인류가 갖고 있는 문제들이 더 많이, 더 잘 해결됐다고 생각하십니까? 인터넷은 단지 '둘러보기'에 기여할 뿐입니다. 결국 선택적 주목에는 실패하고 있지요. 그런데 선택적 주목을 만들어주지 못하면 결코 생각으로 이어지지 못하거든요. 생각으로 이어지지 못하면 해결책을 찾는 것도 어렵습니다.

우리가 아침저녁으로 신문을 보지만 둘러보기만 했지 선택적 주목을 하지 않았기 때문에 톱뉴스가 뭐였는지를 기억하는 사람은 드물 겁니다. 똑같은 논리로 인터넷을 통해 많은 창이 만들어져서 둘러보기에는 성공적이지만 선택적 주목에는 실패하고 있다고 말할 수 있을 겁니다. 그것은 다른 말로 상대방에 대한 배려, 즉 상대방에 대한 관점으로 돌아가는 것이 중요하다는 얘기입니다.

그런데 상대방의 관점으로 돌아가려고 할 때 과학 분야와 비과학 분야의 뚜렷한 차이점은 결국 언어입니다. 즉 수학이나 물리학 등에 대해서 언어에 대한 기초소양이 없으면 커뮤니티에 들어갈 수가 없어요. 반면에 역사학이나 정치학은 우리의 언어를 가지고 거기에 진입할 수가 있습니다. 이것은 과학의 지식이 대단하다는 것이 아니고 근본적으로 언어에 대한 것이 필요하다는 것입니다. 따라서 커뮤니티 멤버십이 될 수 있는 조건들을 만들어주는 것이 중요한데, 불행히도 우리의 경우는 입시문제가 청소년의 모든 문제를 압도하기 때문에 입시문제 이외에는 어떤 것도 청소년에게 접근할 수가 없습니다. 이것이 우리 사회의 불행입니다.

사　회　석 달에 걸쳐서 세 번의 포럼을 진행했습니다. 자체적으로 평가를 한 후 다음에는 어떤 사업을 추진할 것인가에 대해 과학기술부와 협의해야 할 것 같습니다. 그리고 이 모임에 참석하지 않은 분들도 세 번의 포럼을 공유할 수 있도록 주제발표와 기조강연, 그리고 토론의 내용 등을 모두 모아서 책자로 발간할 예정입니다.

사실 처음 시작할 때에는 얼마나 관심을 가져주실까 걱정이 많았습니다. 그런데 「인간을 만나다」에 한 220여 분 정도가 오셨고, 「예술을 만나다」에는 한 250분 정도가 참석을 해주셨습니다. 이렇게 진지하고 재미없는 이야기에도 관심을 가지신 분들이 많다는 것에 참 큰 격려를 받았습니다. 앞으로도 어떤 방향으로든지 이 프로그램이 잘 진행되도록 노력을 해보겠습니다.

오늘 추운 날씨에도 많은 분들이 끝까지 자리를 지켜주셔서 감사드리고, 특히 바쁜 시간에 시간을 내주신 김광웅 선생님과 주제발표하신 세 분, 그리고 다섯 분의 토론자께 다시 한 번 큰 박수를 보내주시기 바랍니다.

04

宗教

과학기술, 종교를 만나다

다양한 분야들이 서로 교류하면서 새로운 가치를 창조하는 지식과 기술의 융합시대에 과학기술과 새로운 학문영역의 교류의 장으로 마련한 '새로 보는 과학기술'의 제4회 「과학기술, 종교를 만나다」 포럼이 2007년 3월 19일 한국프레스센터 기자회견장(19층)에서 개최되었다. 고려대학 명예교수이면서 한국학술협의회 이사장인 김용준 교수의 기조강연에 이어 연세대학 현우식 교수, 서울대학 윤원철 교수, 서울여자대학 문영빈 교수의 주제발표가 있었다. 이어서 진행된 토론에는 호남신학대학 신재식 교수, 연세대학 김용학 교수, 서강대학 박광서 교수, 포항공과대학 김승환 교수 등과 200여 명의 참석자들이 함께했다. 주제발표와 토론은 서강대학 이덕환 교수가 사회를 맡아 진행했다.

과학과 종교 사이에서

김용준 | 고려대학교 명예교수 · 한국학술협의회 이사장

Ⅰ

자연과 자연의 법칙은 밤의 어둠 속으로 그 모습을 숨기고 있었다. 하나님 가라사대 뉴턴 있으라 하시매 이 세상에 빛이 있었다.

아이작 뉴턴(Isaac Newton)과 같은 시대를 살았던 유명한 시인 알렉산더 포프(Alexander Pope)가 뉴턴을 추모하며 쓴 시의 첫머리다. 이 시가 상징적으로 말해주듯이 뉴턴 이전의 시대는 밤의 시대였다. 암흑의 시대였다. "뉴턴 있으라 하시매 이 세상에 빛이 있었다"라는 말 그대로 뉴턴이 있음으로써 비로소 이 세상이 밝아진 것이다.

영국 케임브리지대학의 근대사 교수였던 허버트 버터필드(Herbert Butterfield) 경은 1949년 《근대과학의 기원, 1300~1800 *The Origins of Modern Science, 1300-1800*》이라는 불후의 명작을 이 세상에 내놓으면서 그 서론에서 다음과 같이 기술하고 있다.

서양문화사에서 과학의 역할을 생각할 때 조만간 자연과학의 역사가 그

자체로서 또는 오랫동안 필요로 했던 인문학(the Arts)과 자연과학(the Science) 사이의 교량역할로서 얻게 될 중요성에 관해서는 거의 의심할 여지가 없게 되었다…….

물론 평범한 '일반사학자(general historian)'가 여느 자연과학 분야에서 발생한 최근의 문제를 끄집어낼 수 있으리라고는 아무도 생각지 않았을 것이다. 그러나 인문학과 자연과학의 두 영역을 공부하는 학생들의 관점에서 볼 때는 교육의 일반적 목적을 위해서 극히 중요한 분야가 보다 더 다루기도 쉽고 또한 역사가 자신의 개입이 보다 더 필요하게 된 분야가 등장한 것은 다행한 일이 아닐 수 없다. 바로 이 분야가 '과학혁명'이며 이는 16,7세기와 관련되어 있으나 틀림없는 연속 속에서 훨씬 그 이전의 시기에까지 그 줄이 닿아 있다. 그러한 혁명이 중세뿐만 아니라 고대 세계의 자연과학의 권위를 뒤집어놓았기 때문에—그것은 스콜라철학의 쇠퇴뿐만 아니라 아리스토텔레스 물리학의 파멸로 끝났기 때문에—그리스도교의 대두 이래 모든 것이 빛을 잃게 되고 르네상스와 종교개혁을 단순한 막간극 정도, 즉 그리스도교 체제 내부에서 서로 자리바꿈한 정도의 사건으로 전락시키고 말았다. 과학혁명이 물질계의 전경(全景) 및 인간생활 자체의 구도를 바꾸어놓는 한편, 정신과학의 탐구에 있어서까지 인간의 사고습성을 변화시킨 이래, 그것이 근대세계 및 근대정신의 진정한 기원으로서 너무나 큰 모습을 드러내고 있으므로 관습적인 유럽사의 시대구분은 한갓 시대착오나 거추장스러운 것이 되고 말았다.

버터필드의 글은 1952년 제임스 왓슨(James Watson)과 프랜시스 크릭(Francis Crick)이 'DNA의 이중나선구조'를 밝힐 때까지 약 200년간의 시대상을 그대로 정확하게 반영하고 있다고 생각된다. 물론 1859년에 찰스 다윈(Charles Darwin)의 《종의 기원*On the Origin of*

Species by Means of Natural Selection》을 둘러싼 이른바 과학과 종교 간의 싸움과 경위는 너무나 잘 알려진 역사적 사건들이기 때문에 이 발제의 글에서는 생략하기로 한다. 또한 그에 앞서 17세기의 과학혁명을 전후하여 이른바 과학과 종교 사이에서 불거진 여러 가지 문제점도 여기서는 몇몇 개설적인 문헌소개로 대신할까 한다.

1984년에 대우학술총서로 발간된 서울대학교 김영식 교수의《과학혁명: 근대과학의 출현과 그 배경》(민음사, 1984)은 제9장 '과학혁명과 종교'라는 약 15쪽 정도의 짧은 글에서 매우 간결하지만 충분한 문헌을 소개하면서 소위 과학과 종교 사이의 여러 논점을 요약하고 있다. 김영식 교수의 저서에서 언급되지 않은 기독교 입장에서, 특히 프로테스탄트의 입장에서 논한 글은 필자의 졸저《과학과 종교 사이에서》(돌베개, 2005)의 제4장 '과학혁명과 기독교'를 참조하기 바란다.

몇 마디로 요약한다면 17세기의 과학혁명은 15세기의 르네상스와 16세기의 종교개혁 없이는 존재할 수 없었다고 결론내릴 수 있겠다.

II

17세기의 과학혁명은 우리가 사는 세계를 질점의 운동계로 보았을 때 그 물체 내지는 천체의 운동법칙을 발견했다는 데서 비롯되었다고 말할 수 있다. 말하자면 물리과학의 혁명이었는 데 반해 1952년에 발표된 제임스 왓슨과 프랜시스 크릭의 'DNA의 이중나선구조' 발견은 생명과학의 혁명이라고 말할 수 있다. 과거 반세기 동안에 발달한 뇌과학(Brain Science)과 인지과학의 역사를 더듬는 일은 또 하나의 방대한 논문이 필요하기 때문에 여기서는 생략할 수밖에 없다. 정리되지 않은 글이기는 하지만 앞에서 소개한 졸저《과학과 종교 사이에서》제4

부를 참조하면 다소 도움이 될 것이다. 여기서는 최근에 발간된 몇몇 저서에 나타난 '과학과 종교'의 문제를 아주 간략하게 소개하는 데 그치고자 한다.

1976년에 《이기적 유전자*The Selfish Gene*》라는 저서를 내놓음으로써 일약 전 세계적으로 그 이름을 떨치게 되었고, 1995년에는 옥스퍼드대학교의 '과학의 일반적 이해(The Public Understanding of Science)'를 위한 찰스 시모니(The Charles Simony) 석좌교수직을 맡고 있는 리처드 도킨스(Richard Dawkins)가 2006년 말에 《망상의 신 *The God Delusion*》(Houghton Mifflin, 2006)을 출간하여 출판계에 대단한 화제를 불러일으키고 있다. 그는 학문적 업적에서가 아니라 자연과학을 일반 대중에게 잘 이해시켰다는 공로로 석좌교수직을 차지할 정도로 별난 학자이기도 하다. 이미 언급하였지만 그의 첫 저서라고 할 수 있는 《이기적 유전자》가 출판된 지 12년이 경과한 1989년에 개정판 서문에서 도킨스는 다음과 같이 말하고 있다.

"나는 과학과 과학의 대중화를 명확히 구분하는 것을 좋아하지 않는다. 전문적인 문헌에만 나타나 있는 관념들을 설명한다는 것은 매우 어려운 기술이다. 여기에는 얽히고설킨 새 언어에 대한 통찰력과 은유를 파악하는 힘이 필요하다. 참신한 언어와 은유를 끝까지 파고든다면 새로운 관점에 도달할 수 있을 것이다. 그리고 방금 언급한 것처럼 새로운 관점은 과학에 독창적인 공헌을 할 수 있다."

리처드 도킨스의 이 같은 글에서 나는 제이콥 브로노프스키(Jacob Bronowski)가 《인간을 묻는다*The Identity of Man*》(개마고원, 2007)에서 모든 생물은 같은 종 사이에 서로 교통할 수 있는 수단, 즉 언어를 가지고 있으며, 사람이라는 생물 종은 이와 같은 언어 이외에 또 하나의 언어를 가지고 있는데 그것은 사고(思考)를 위한 언어이며 사고를 위한 언어가 바로 과학이라고 주장한 점을 연상한다.

여하튼 도킨스는 새로운 저서 《망상의 신》 제5장 '종교의 뿌리 (The Roots of Religion)'에서 진화론적 차원에서 서술된 최근의 수많은 과학과 종교에 관한 저서들을 섭렵하면서 '어떤 것의 부산물로서의 종교(Religion as a byproduct of somethingness)'를 논한다. 그리고 그 '어떤 것(somethingness)'을 자신이 《이기적 유전자》에서 처음으로 제안한 '밈(meme)'에다 귀착시킨다. 즉 '종교의 밈 이론(The memetic theory of religion)'을 최종적으로 결론으로 내세우고 있다(《이기적 유전자》 제11장 '밈-새로운 자기복제자'를 참조).

도킨스가 의도하는 결론은 종교가 문화적 부산물이라는 데 있는 것으로 해석된다. 흔히 도덕성이 종교의 뿌리라는 주장에 대해서도 도킨스는 일침을 놓는다. 그는 2006년에 출간된 하버드대학 교수 마크 하우저(Marc D. Hauser)의 《도덕적 마음Moral Minds: How nature designed our universal sense of right and wrong》(Harper Collins, 2006)을 집중적으로 논하면서, 수백만 년에 걸쳐서 진화되어온 우리 의식 안의 '보편적 도덕률(Universal moral grammar)'에도 귀를 기울이지 않는다. 여러 가지 사례들을 들어 그는 선과 악의 판단을 내리는데 신의 존재가 반드시 필요한 것은 아니라는 주장에 손을 든다.

III

2005년에 미국 컬럼비아대학 출판부에서 출판된 《종교의 미래The Future of Religion》에서, 미국 스탠퍼드대학 석좌교수이며 네오프래그머티즘 철학의 주창자로 널리 알려진 리처드 로티(Richard Rorty) 박사는 〈반교권주의와 무신론(Anticlericalism and Atheism)〉이라는 제목의 논문을 대략 다음과 같은 글로 마무리하고 있다.

> 어떻든 나와 지안니 바티모(Gianni Vattimo) 사이에 큰 차이가 있다는 사실을 부인하기는 어렵다. 그는 가톨릭 신도로 성장해 왔지만 나는 종교와는 전혀 관계없는 환경에서 자라왔다. 그러나 이것은 놀랄 만한 일이 아니다. 만약에 어떤 사람이 종교적 열망이란 인간문화 형성 이전에 인간의 본성에 선천적으로 부여되어 있는 것이라고 생각하고 있다면, 그 사람은 보편타당성 앞에서 완전히 종교가 좌지우지되는 것을 보고만 있을 수는 없을 것이다.
>
> 그러나 진리 또는 신에 대한 문제의식이 인간의 모든 생체 조직 안에 이미 하드웨어로 선천적으로 자리 잡고 있다는 생각을 포기하고, 진리라거나 신에 관한 문제의식은 인간문화 형성과정에서 처리될 수 있는 것이라는 생각을 포용한다면, 종교에 대한 자유로운 접근은 매우 자연스럽고 적절한 일이라고 너그럽게 받아들일 수 있게 될 것이다. 바티모 같은 사람들이 나처럼 종교에 무관심한 사람들을 한낱 비천한 상징 정도로 과소평가하는 생각을 멈추고, 또 나 같은 사람들이 종교에 대해 철저한 느낌을 가지고 있는 사람들은 그저 무식한 고집통이에 불과하다는 생각을 접고 다 같이 고린도 전서 13장 사랑의 노래를 부른다면 무엇이 잘못되었다고 말할 수 있을까?
>
> 내가 바티모와 다른 점은, 바티모는 과거의 사건들을 거룩한 것으로 생각하는 데 반해 나는 거룩은 이상적인 미래에 비로소 깃들 수 있다고 보는 것이다. 바티모는 현재 우리가 전적으로 의지하고 있는 결정적인 사건으로서 우리의 주(主)가 되시는 자리에서 우리의 친구가 되시는 자리로 섭리하시는 하나님의 결단을 생각하고 있고, 그의 거룩한 느낌은 그 거룩이 구체적으로 체현되고 있는 사람과 사건의 회상과 결부되어 있

다. 이에 비해 나의 거룩에 대한 의미는 수천 년이 걸리더라도 먼 훗날에 우리들의 수많은 후손들이 사랑만이 오로지 법으로서 역동하는 전 지구적인 문명사회에 살게 될 것이라는 바람과 결부되어 있는 것이다. 우리는 의사소통(communication)이 계급이나 신분의 차등을 완전히 넘어서고 어떠한 지배도 있을 수 없는 그 시대의 교양인과 충분한 교육을 받은 유권자들의 자유의지가 충분히 반영된 완전 합의체로 구성된 이상적 사회를 꿈꾸게 된다. 이러한 사회가 과연 어떻게 도래할 것인지 현재로서는 그 어떤 아이디어도 가지고 있지 않지만 어찌 보면 그것은 하나의 신비(mystery)일지도 모른다. 이 신비야말로 고린도 전서 13장에 나타난 사랑의 성육신화일지도 모른다. 그곳은 베터(better)가 베스트(best)를 넘어서는 이상향일 수밖에 없고, 그곳은 유신론자도 무신론자도 있을 수 없는 이상향일 것이다.

위의 글은 로티의 글을 내 나름대로 재구성해서 의역한 문장이지만 로티가 꿈꾸는 네오프래그머티즘이 지배하는 종교의 미래상이라고 보아도 무리는 없을 것 같다.

최근 세계적으로 화제가 된 미셸 옹프레(Michael Onfray)의 《무신론자 선언*Atheist Manifesto: The Case Against Christianity, Judaism and Islam*》에 '기독교 무신론(Christian Atheism)'이라는 말이 나온다. 로티야말로 기독교 무신론자라고 말할 수 있지 않을까라는 생각을 해본다.

과학기술이 기독교를 만날 때
−과학기술자와 그리스도의 만남의 좌표

현우식 | 연세대학교 학부대학 교수

내가 보기에 서구 문명은 두 가지 커다란 유산을 기초로 하고 있다. 하나는 과학의 모험정신, 즉 미지에 대한 모험정신이다. ……또 하나의 거대한 유산은 기독교 윤리이다. 이 두 가지 유산은 논리적으로 완전히 모순이 없다.

−Richard P. Feynman, "The Relation of Science and Religion"

1. 과학기술[1]과 기독교[2]

무신론자인 물리학자 파인먼에 의하면, 우리 시대가 풀어야 할 중심적 과제는 바로 과학과 기독교가 서로를 두려워하지 않으면서 충분한 생명력을 가지고 함께 서 있을 수 있도록, 과학과 기독교라는 두 기둥을 받쳐 줄 영감을 이끌어내는 것이다. 그는 이러한 과제를 풀기 위해서 무엇보다 '지성의 겸허함' 과 '영혼의 겸허함' 이 필요하다고 보고 있

다.[3]

필자는 파인만의 문제제기와 접근태도에 동의하며, 다음의 두 가지 전제하에 과학기술과 기독교의 만남을 고찰할 것이다.

1) 과학기술과 기독교 사이에는 상이한 부분이 있다.

2) 과학기술과 기독교 사이에는 공통된 부분이 있다.

과학기술과 기독교 사이에는 상이한 부분이 있다.

−과학기술은 인간과 자연의 관계에 집중하지만, 기독교는 인간과 신의 관계에 집중한다.

−과학기술은 측정 가능한 대상을 상대하지만, 기독교는 측정 불가능한 대상도 상대한다.

−과학기술에서는 재현 가능성이 필수적이지만, 기독교에서는 재현 가능성이 필수적이지 않다.

−과학기술에서는 예측 가능성이 필수적이지만, 기독교에서는 예측 가능성이 필수적이지 않다.

−과학기술은 객관적이고 수학적인 언어를 주로 사용하지만, 기독교는 주관적이고 고백적인 언어를 주로 사용한다.

과학기술과 기독교 사이에는 공통된 부분이 있다.

−과학기술과 기독교는 '진리'를 추구한다. 양자는 진리를 찾아가는 진실된 질문과 겸허한 응답의 과정이다.

−과학기술과 기독교는 '자유'를 전제한다. 진리를 추구하기 위한 자유가 보장되어야 한다. 과학과 기독교의 활동은 미지의 세계에 대한 가장 자유로운 접근이다. 그래서 때로는 그 누구도 가지

않은 길을 가야만 한다.

－과학기술과 기독교는 각기 작업에 대한 '신념'을 전제한다. 과
학기술에서는 작업가설(operational hypothesis)을 신뢰하고 활
동하며, 기독교에서는 믿는 바를 신뢰하고 활동한다. 물론 여기
에서 신념은 어떠한 계산이나 증명 이전 단계에서의 실천을 포
함하는 말이다.

본 소고에서는 (1)과학기술자와 그리스도의 만남의 좌표가 조명
되고, (2)과학기술과 기독교의 만남의 좌표에 나타나는 유형들이 간
략하게 소개될 것이다. 발표의 범위는 신약성서에 나타나는 그리스도
와 과학기술자의 만남(〈마태복음서〉 2장)과 과학과 기독교의 상호관계
에 대한 최근의 현황 및 연구결과에 한정된다.[4]

2. 과학기술자와 그리스도의 만남의 좌표

물리학자이며 신학자이자 기독교 성직자인 존 폴킹혼(John Polking-
horne)에 의하면, 과학이란 과학자들의 공동체 안에서 실행되는 것이
다.[5] 과학을 과학자와 분리해서 볼 수 없다면, 기독교를 그리스도와
분리해서 볼 수는 없을 것이다. 그러므로 과학과 기독교의 만남과 상
호작용을 위한 바람직한 좌표를 논의하기 위해서는, 먼저 과학자와
그리스도의 만남을 살펴보는 것이 필요하다.

과학기술자 그리스도

기독교에서 가장 중요하고 중심이 되는 인물은 그리스도 예수이다(이

하 그리스도). 그리스도가 본격적으로 사람들을 가르치고 치유하고 보살피는 종교적 활동을 시작하기 전, 실생활에서의 그의 직업은 그리스어로 '테크톤(tekton)'이라고 표현된다(〈마가복음서〉 6:3). 테크톤이라는 단어는 단순히 '목수'로 번역되어 왔으나, '기술자' 혹은 '전문기사'로 번역되는 것이 적절하다. 왜냐하면 2000년 전의 테크톤은 석공, 목공, 금속공, 수레제작, 가구제작, 건축, 각종 수리 기술자를 포함하여 일컫는 말이었기 때문이다. 그리스도 역시 한 사람의 숙련된 기술자(artisan)였으며, 이러한 일들을 수행했다고 보는 것이 타당하다.[6] 2세기의 중요한 교부였던 순교자 유스티누스(Justinus Martyr, 100~165경)의 기록에 따르면, 그리스도는 테크톤으로서 멍에와 쟁기를 제작하였다(*Dialogue with Trypho*, 88:8).[7] 고대 최고의 발명가이자 과학기술자로 평가되는 알렉산드리아의 헤론(Heron)은 62~150년경에 활동했는데, 그는 '과학'을 이론(theoria)과 함께 금속가공, 건축, 목공, 그림과 연관되어 손을 사용하는 활동(techne)의 집합이라고 정의하고 있다.[8] 따라서 테크톤으로 묘사된 그리스도 역시 한 사람의 과학기술자였다고 볼 수 있다.

그리스도 자신이 한 사람의 과학기술자였다는 점과 관련하여, 우리가 주목해야 할 요소들이 있다.

- 그리스도의 종교적 활동을 생계를 위한 직업적 활동으로 분류하지 않는다면, 그리스도의 이력서에 담길 유일한 직업은 '과학기술자'이다.
- 그리스도가 부친 요셉의 가업을 이어받았다고 할지라도, 과학기술자로서의 삶의 부분은 결국 그리스도 자신의 선택이었다고 할 수 있다. 그러므로 과학기술은 그리스도가 선택한 일이다.

－그리스도가 과학기술자로서의 자신의 삶을 부인하거나 부정적
으로 생각했다는 기록이나 증거는 찾아볼 수 없다. 인류의 한 성
인으로 추앙받는 그리스도가 기술과 관련된 지식(과학)을 소중
히 여기고 실제 기술을 사용하는 일(기술)에 최선을 다하는 모
습을 보여주었을 것으로 추론할 수 있다.

과학기술자 마고스와 그리스도의 만남

기독교 최초의 순례자는 누구일까? 우리는 신약성서의 〈마태복음서〉
2장을 통해서 그 단서를 찾아볼 수 있다. 여기에서는 동방으로부터 온
마고스(magos)들이 탄생한 그리스도를 찾아와 경배하는 이야기가 전
개되고 있다. 본래 그리스어로 표기된 마고스는 우리말로 '박사'로 옮
겨지고 있는데, 흔히 '동방박사'라고 불린다.[9] 〈마태복음서〉에 따르
면, 최초의 기독교 순례자는 바로 마고스들이었다.[10]

연구자의 관심과 영역에 따라 〈마태복음서〉 2장의 내용에 대한
다양한 접근이 가능하다. 가령 종교학자는 마고스를 타종교에서 온
지혜의 스승들, 즉 '구루(gurus)'로 보고 그 의미를 해석하고자 한
다.[11] 천문학자는 소위 '베들레헴 별'의 실체를 천문학적으로 추적하
고자 한다.[12] 한편 성서신학자는 구약성서와의 연관성에 주목하여 그
신학적 의미를 해석하고자 한다.[13] 그렇다면 과학과 기독교의 만남이
라는 관점에서 볼 때는 그리스도의 탄생이야기에서 어떤 메시지를 발
견할 수 있는가? 이를 위해서는 먼저 이야기 속에 등장하는 마고스와
그 역할에 대한 고찰이 필요하다.

이스라엘의 옛 수도 예루살렘으로부터 남쪽으로 9킬로미터 가량
떨어진 곳에 그리스도 탄생 장소로 여겨지는 베들레헴이 있다. 현재
이곳에는 그리스도성탄교회가 그대로 남아 있다. 이 교회는 본래 339

년에 건축되었으나 중간에 화재로 인하여 파괴되었다가 비잔틴 제국의 유스티니아누스 황제에 의해 531년에 재건된 것이다. 그러니까 약 1476년 동안 건재한 셈이다. 614년에 페르시아제국 사산 왕조 코스로에스의 군대가 이 지역을 점령하고 모든 기독교 교회를 파괴하였다. 그러나 유일하게 그리스도성탄교회는 파괴되지 않았다. 어떻게 그런 일이 가능하였을까? 그 이유가 흥미롭다. 이 교회의 내부 모자이크화에 페르시아아인으로 묘사된 마고스가 그려져 있었는데, 교회 내부에 들어왔던 페르시아 병사들이 자신들의 선조 페르시아인 마고스의 모습을 알아보고 이 교회를 파괴하지 않았다는 것이다.[14]

현재에도 페르시아의 후신인 이란 전역에는 아르메니아 정교회 소속의 오래된 기독교 교회들이 남아 있다. 우르미에 지역에 있는 나나 마리안(성모 마리아) 교회를 비롯한 여러 교회들이 아기 예수를 직접 경배했다고 알려진 페르시아 마고스들의 전승과 직접 관련되어 있다. 이란에 남아 있는 교회들은 페르시아와 동방의 연관성을 암시해 주는 유물들이다.[15]

그리스도의 탄생이야기에 등장하는 마고스는 누구인가? '마고스'란 용어는 본래 고대 페르시아에서 사용되던 '마구(magu)'로부터 유래하는 것으로 알려지고 있다. 지금도 이란에서는 조로아스터교의 성직자들을 '모그'라고 부른다. 그러나 마고스의 의미는 시대 정황과 문맥에 따라 그 강조점이 달랐다. 예를 들어 그리스도의 시대에는 사제, 현자, 왕, 마술사, 점성술(천문학)과 연금술(화학)과 의술(의학)에 정통한 과학자로 사용될 수 있는 용어였다.[16] 그리스도와 동시대 인물인 알렉산드리아의 철학자 필로(Philo)는 과학자로서의 마고스를 잘 알고 있었다(*De legibus specialibus* m 18:##100−1).[17]

〈마태복음서〉는 기원후 80~100년 사이에 기록된 것으로 추정된다. 그렇다면 이 〈마태복음서〉에 등장하는 마고스는 누구를 지칭하는가? 성서에 기록된 마고스는 '과학자'로 보는 것이 가장 적절한데, 〈마태복음서〉가 제공하는 직접적인 단서는 별을 관측하고 해석하는 마고스이며, 그 외의 다른 정보는 없기 때문이다.

오른쪽에서 세번째에 있는 인물이 '마고스'이다. 첫번째는 기원전 5세기경 페르시아 아케메니드(Achaemenid) 왕조시대 황제의 앉아 있는 모습이고, 두번째는 황태자, 곧 차기 황제의 모습이다. 페르세폴리스 왕궁에서 발굴된 부조로, 현재는 테헤란에 소재한 고고학박물관인 Bastan Museum에 소장되어 있다.

만약 마고스를 점성가로 규정한다고 해도, 2000년 전의 점성술은 당시 최고 수준의 과학이었으므로 마고스는 오늘날 최고 수준의 과학자에 해당된다.[18] 고대 문명시대에 천문학과 점성술은 분리될 수 없는 하나의 유용한 지식 단위였으며, 이 둘을 구분하는 것은 불가능했다.[19] 특히 1세기 초에는 점성술과 천문학의 차이가 인지되지 않았고, 당시 유대인들과 기독교인들의 문서들은 점성술의 개념이 확산되어 있었음을 입증하고 있다.[20] 고대의 가장 위대한 천문학자로 불리는 프톨레마이오스(Ptolemaios Klaudios, 100~170경)의 《테트라비블로스*Tetrabiblos*》에서도 점성술과 천문학은 구분되지 않고 있는데,[21] 이 저술은 17

세기까지 점성술에 지대한 영향을 준 것으로 평가된다.[22] 이러한 점들을 고려할 때, 그리스도 시대에 점성술은 천문학과 동의어로 사용되었다고 볼 수 있다.

〈마태복음서〉에 의하면, 마고스들은 탄생한 그리스도를 찾아와서 만나고 경배한 유일한 사람들이었다. 이것은 바로 기독교 역사상 최초의 순례자가 과학자들이었다는 것을 의미한다. 마고스들은 동방에서 (1)별을 관측하고, (2)해석하고, (3)가설이 옳다고 믿고 목숨을 건 위험한 여행을 감행하여 예루살렘까지 왔다. 그리고 헤롯왕과 접견한 후, 다시 베들레헴이라는 장소에서 (1)별을 관측하고, (2)해석하고, (3)그리스도가 있는 장소를 발견하고 자신들의 가설과 믿음을 확인했다.

마고스들은 그리스도를 위해 적어도 두 가지의 공헌을 한 것으로 분석될 수 있다. (i)그리스도의 소재에 대한 정보를 요구한 헤롯왕의 요청을 거부함으로써 그리스도 살해 음모를 무산시켰고, (ii)그리스도에게 값비싼 예물(황금, 유향, 몰약)을 드림으로써, 그리스도의 가족이 이집트로 피신하여 거주하는 동안에(헤롯왕이 죽기까지 최소 2년 정도) 매우 긴요한 경제적 자산을 제공한 셈이다.

이처럼 그리스도와 과학자의 상호보완적 만남은 생애의 초기부터 존재했다. 목숨을 걸고 위험한 여행을 감행했던 과학자들의 가설과 실험의 결과는 그리스도에 의해 입증되었다. 과학자들은 어린 그리스도의 생명을 구했고 생존을 도와주었다. 그리스도의 탄생 이야기 속에는 과학자들과 그리스도의 만남이 이렇게 아름답게 묘사되어 있다. 그 만남 속에서 갈등, 대결, 상호 부정의 좌표는 찾아볼 수 없다.

3. 과학기술과 기독교의 만남, 그 현재의 좌표들

> 신학적으로 볼 때, 진화하는 세계는 하나님께서 스스로 만들어 가도록
> 허락하신 세계라고 이해된다.
>
> -John Polkinghorne, *Searching for Truth*

우리는 앞에서 그리스도와 과학기술의 관계를 분석하였고, 그리스도와 과학기술자의 만남을 분석하였다. 만남의 좌표에는 갈등과 충돌이 포함되어 있지 않았다. 대결이나 상호 부정을 의미하지도 않았다. 그럼에도 2000여 년이 지난 오늘날까지 기독교와 과학의 만남의 역사에는 상호 불신과 갈등과 충돌의 사건이 빈번하게 일어났다. 이것은 본래의 좌표에서 벗어난 것이다.

물리학자이며 기독교 신학자인 이안 바버(Ian Barbour)는 과학과 기독교의 만남을 갈등, 독립, 대화, 통합의 네 가지 유형으로 구분했다.[23] 이 분류에서의 '대화'와 '통합'에 대해 폴킹혼은 각각 '공명'과 '동화'로 재해석했다.[24] 한편 이안 바버의 분류에 대해 존 호트(John Haught)는 갈등, 분리, 접촉, 지지로 수정해서 보아야 한다고 주장했다.[25] 테드 피터스(Ted Peters)는 과학과 기독교의 만남의 관계를 다음과 같이 여덟 가지로 분류하기도 했다. 과학주의, 과학제국주의, 교회권위주의, 과학창조주의, 두 언어 이론, 가설적 공명, 윤리적 중첩, 뉴에이지 영성.[26] 이러한 사례들은 기준에 따라 만남의 유형이 다양하게 분류될 수 있다는 것을 잘 보여준다.

우리의 현재 정황 속에서 기독교와 과학의 만남의 유형을 간략하게 나누어 본다면[27], 학교에서 과학교육을 받은 현대인들의 눈에는 (1) 상식으로서의 과학을 부정하는 기독교의 이미지와 (2)상식으로서의

과학을 인정하는 기독교의 이미지가 대별되어 있다고 할 수 있다.[28] 즉 (1)현대과학의 업적을 상식으로 인정하지 않고 과학과의 갈등과 충돌도 마다하지 않는 기독교 세력이 있는 반면, (2)현대과학의 업적을 상식으로 인정하고 과학과의 대화와 상호보완을 모색하려는 기독교 세력이 있다는 것이다. 이러한 이미지는 사실상 부인하기 어려운 현실이다.[29]

　(1) 창조주의는 과학과의 갈등과 충돌의 이미지를 보여주는 사례이다. 이 영향으로 1981년 미국 아칸소 주의 의회는 고등학교 생물학 교재와 강의에서, 창조론을 진화론과 동일한 비중으로 다루도록 하는 법안을 통과시켰다. 그러나 이듬해 아칸소 주의 지방법원은 그 법안이 교회와 정부를 분리하는 헌법에 위배된다고 기각하였다.[30] 창조론을 과학으로 볼 수 없다는 판정에 의한 결과였다. 과학시간에 창조론을 교육시키도록 하는 법안 통과 시도는 결국 실패했으나, 이러한 시도는 이미 1925년 미국 테네시 주에서 진화에 대한 교육을 금지시켜야 한다는 이유로 벌어졌던 스콥스 재판의 연장선상에 있었다고 볼 수 있다. 원숭이재판으로 불리는 이 재판은 요컨대 창조론과 진화론의 정면대결을 보여주는 상징적인 사건이었다.[31]

　진화론에 대한 종교적인 공격과 갈등은 '창조주의' 혹은 '창조과학'이라는 이름으로 계속되고 있다.[32] 그런데 이 경우의 '창조과학'은 창조에 관한 과학적 접근의 전체를 대표하는 것이 아니라, 다만 현대 신학에서 문자주의 또는 근본주의로 분류되는 특정한 입장 내에서 이루어지는 제한적 접근을 의미한다. 우리나라에서는 '한국창조과학회'를 중심으로 이러한 활동이 이루어지고 있다.[33]

(2) 종교계의 노벨상으로 불리는 템플턴상은 기독교와 과학의 대화와 상호보완의 이미지를 보여주는 사례이다. 2006년에는 영국 케임브리지대학 수리물리학 교수이며 저명한 우주과학자인 존 배로(John Barrow) 박사가 과학과 종교 간의 대화와 공명을 위해 공헌한 공로로 템플턴상을 수상하였다.[34] 1964년도 노벨물리학상을 수상한 찰스 타운스(Charles H. Townes, 2005년 수상),[35] 수리물리학자이자 기독교 성직자인 존 폴킹혼(2002년 수상),[36] 생화학자이자 기독교 성직자인 아서 피콕(Arthur Peacocke, 2001년 수상),[37] 수리물리학자 프리먼 다이슨(Freeman J. Dyson, 2000년 수상),[38] 핵물리학자이자 신학자인 이안 바버(1999년 수상),[39] 이론물리학자인 폴 데이비스(Paul Davis, 1995년 수상)[40] 같은 인물들이 지금까지 템플턴상을 수상한 대표적 과학자들이다.

우리나라에도 과학과 기독교의 건설적인 만남과 공명을 위하여 과학계에서 다양한 분야의 과학자들이 활동 중에 있고,[41] 기독교 신학계에서도 다양한 전공의 신학자들이 활동하고 있다.[42] 이들의 입장에서 나타나는 공통부분은 과학과 기독교가 양립 가능하며 둘 사이에 공명적 대화가 가능하다는 것이다.[43]

특히 우주의 연대 문제나 진화생물학의 이론에 대하여, 현재까지는 (1)상식으로서의 과학을 부정하는 이미지를 가진 기독교 그룹과 (2)상식으로서의 과학을 인정하는 이미지를 가진 기독교 그룹 사이에 좌표상 좁혀지기 어려운 거리가 노출된다. 과학과 기독교의 관계와 상호작용에 관심이 있는 기독교인들이라면 (1)에 소속되거나, (2)에 소속되거나, 아니면 (1)과 (2)사이에서 사안에 따라 산발적인 견해를 가진 상태에 있다고 할 수 있다.

현대과학의 양자이론에 깊은 관심을 가진 기독교인이라면, 다음과 같은 세 가지 견해에 대하여 고민할 수도 있다.[44]

1) 하나님은 이 세계의 모든 질서를 결정하여 창조하였다. 미래는 모두 결정되어 있고 그대로 실현된다. 불확정성이라는 것이나 비결정성이라는 것은 제거해야 할 대상이며, 기적은 하나님의 특별한 개입으로 설명된다.

2) 하나님이 창조한 이 세계 질서의 실재성은 보장될 수 없다. 세계의 결정이나 비결정은 의미가 없다. 오히려 이 세계는 인간이 관찰하기 전까지는 결코 결정될 수 없으며, 관찰한다고 해도 어떤 대상의 실재를 아는 것을 의미하지 않는다. 결국 미래의 결정 여부 자체가 중요하지 않으며, 불확정성이나 비결정성도 실재와는 무관하게 관찰과 관련된 문제일 뿐이다.

3) 하나님은 결정되지 않은 질서의 세계를 창조하였다. 그러므로 미래는 실현되기 전까지는 결정되지 않은 가능성의 상태로 유지되며, 그것으로부터 언제나 새로운 사건이 가능하다. 이 세계의 불확정성이나 비결정성은 제거의 대상이 아니라, 하나님의 깊은 뜻이 담긴 창작 작품이며, 기적을 설명하기 위해서 하나님의 특별한 개입이라는 개념이 필요하지 않을 수 있다.

기독교와 현대과학의 건설적 대화와 공동연구를 보여주는 사례도 찾아볼 수 있다. 예를 들어, 기독교 신학과 자연과학 연구센터, 바티칸 천문연구소의 공동후원으로 이루어진 '하나님의 활동에 관한 과학적 전망들'에 대한 공동연구와 학술회의는 그 좋은 사례가 될 수 있다. 여러 분야를 주도하는 과학자와 신학자들이 이 모임에 참여했는데,

연구된 주제들을 소개하면 다음과 같다.

  - 양자우주론과 자연법칙(1993)
  - 카오스와 복잡성(1995)
  - 진화생물학과 분자생물학(1998)
  - 신경과학과 인간(1999)
  - 양자역학(2001)

이러한 주제 하에 이루어진 다각적인 세부 연구결과들은, 현대과학과 기독교가 전문적인 수준에서 시도하고 있는 주목할 만한 상호작용의 좌표를 보여주고 있다.

과학이 how에 대하여 대답한다면, 기독교는 why에 대하여 대답한다. 과학이 how에 관한 질의응답 시스템이라면, 기독교는 why에 관한 질의응답 시스템인 셈이다. 오늘날에도 과학에 의해 제기되었으나, 아직 과학영역 내에서 해결되기 어려운 문제들이 있다. 이를 '한계질문'이라고 부른다, 예를 들면, '왜 우주는 질서 정연하며, 이해 가능한가?'와 같은 질문들이다.[45] 주로 우주의 기원이나 생명의 기원과 관련된 근본문제들이 한계질문에 해당된다. 우리가 이러한 근본적인 물음에 접근할 때, 과학과 기독교가 서로를 보완해줄 수는 없는가? 세계에 대한 확률적 지식에 관하여 과학이 무엇임(what is)을 제시한다면, 기독교는 무엇이어야 함(what should be)을 제시함으로써 서로를 보완해줄 수는 없는가? 과학과 종교의 좌표를 해석하는 아인슈타인(Albert Einstein)의 다음과 같은 고견을 통해서 우리는 우리의 좌표를 고민할 필요가 있다.

실재의 세계를 지배하는 법칙은 합리적이므로 인간이 이성으로 이해할 수 있다고 믿는 신념도 역시 종교적 영역에 속하는 것이다. 나는 그러한 심오한 신념이 없는 과학자를 진정한 과학자라고 여길 수 없다. 이 상황은 다음과 같은 이미지로 표현될 수 있다. '종교 없는 과학은 온전히 걸을 수 없으며, 과학 없는 종교는 온전히 볼 수 없다(Science without religion is lame, religion without science is blind).'

—*Ideas and Opinions*, 1954

4. 만남의 좌표를 해독하는 우리의 좌표에서

우리 모두가 하나님의 아들을 믿는 일(pistis, 종교차원)과 아는 일(epig-nosis, 과학차원)에 하나가 되고 온전한 사람이 되어서, 그리스도의 충만하심의 경지에까지 다다르게 됩니다.

—신약성서 〈에베소서〉 4:13, 새번역

그리스도에게 '과학과 종교'는 적이 아니라 동지였다. 그리스도와 과학기술자 마고스들의 만남은 상생적인 사건이었다. 그리스도 자신은 과학기술자로서 살았다. 과학기술과 기독교가 만날 때, 이러한 근원적인 좌표가 늘 고려되어야 할 것이다.

뉴턴은 절대 시간과 절대 공간을 창조한 하나님을 고백하였지만, 아인슈타인은 4차원 시공간연속체를 창조한 하나님을 고백했다. 폴킹혼은 양자적 세계와 진화적 질서를 창조한 하나님을 고백했다. 앞으로 우리는 초끈이론에 의해 10차원 시공간을 창조한 하나님을 고백하게 될지도 모른다.

과학기술과 기독교의 만남은 앞으로도 계속될 것이다. 만남 자체보다는 어떤 만남이 될 것인가가 중요하다. 불순한 혼합이나 정복하는 통합이 인간을 소유하고 통제하고 지배하는 일에 오용될 수 있다는 사실은 이미 역사를 통하여 충분하게 드러났다. 그러므로 과학기술과 기독교의 바람직한 만남은 인간의 생명과 자유를 제한하거나 인간을 기만하는 일을 철저하게 방지하는 좌표가 되는 동시에, 상생적 도구로 작동되어야 할 것이다. 이것을 위한 과학기술과 기독교의 상호보완적 장치는 이 시대에 얼마나 실현될 수 있는가? 이러한 실현을 위해 노력하고 있는 우리의 좌표는 후세에 어떻게 평가될 것인가?

주(註)

1. 과학기술과 기독교의 만남을 엄밀하게 다루기 위해서는 먼저 과학과 기술과 관련하여 몇 가지 고려할 문제들이 있다. 과학과 기술의 시대적 정의는 무엇인가? 과학과 기술은 선명하게 분리되어 다루어질 수 있는가? 과학이 기술에 앞서 이끄는 것인가? 아니면 기술이 과학에 앞서 이끄는 것인가? 이러한 문제들은 본 주제에서 다루기에는 적절하지 않다. 이번 소고에서는 과학과 기술의 차이점이 강조되어 양자가 분리되지 않을 것이다. 그래서 과학기술이라는 하나의 용어로 묶어서 사용될 것이다. 과학과 기술의 관계와 상호작용은 방법, 자체 속성, 사회적 과정 등 여러 측면에서 고려되어야 하기 때문에 단지 하나의 패턴으로 설명되기 어렵다. 이 문제에 관하여는 Joseph Pitt, "What is Science? What is Technology?" Brian Baigrie(ed.), *History of Modern Science and Mathematics Vol.I*(New York: Charles Scribner's Sons, 2002), pp. 10-20을 참조하라.

2. 여기에서 기독교라는 용어는 (1)2000년 전 팔레스티나 지역에서 활동했던 '예수'라는 인물을 '그리스도'로 고백하고, (2) '성서'를 유일한 경전으로 인정하는 공동체를 의미한다. 이에 따라 기독교란 (i)정교회(Orthodox Church) (ii)로마 가톨릭(Roman Catholic), (iii)개신교(Protestant)로 이루어진 종교공동체를 말한다.

3. Richard P. Feynman, "The Relation of Science and Religion," *The Pleasure of Finding Things Out*(Massachusetts: Perseus Publishing, 1999), pp. 245-257.

4. 기독교와 과학의 만남의 역사를 보기 위해서는 David Lindberg, *Ronald Numbers, God and Nature: Historical Essays on the Encounter between Christianity and Science*/《신과 자연: 기독교와 과학, 그 만남의 역사》(서울: 이화여자대학교 출판부,

1998)를 참조하라. 이 책에는 초대교회 시기부터 20세기까지의 주요한 내용들을 훌륭하게 소개하는 논문들이 담겨 있다.

5. John Polkinghorne, *Science and Theology: An Introduction*(Minnesota: Fortress Press, 1998), p. 12.

6. Martin Hengel, *Poverty and Riches in the Early Church: Aspects of a Social History of Early Christianity*/ 이정희 옮김, 《초대교회의 사회경제사상》(서울: 대한기독교서회, 1981), p. 49. 그에 의하면 그리스도는 프롤레타리아 계층의 일용직 노동자나 땅을 소유하지 못한 소작농이 아니라, 갈릴리 중산층의 기술직 노동자 출신이다.

7. Thomas B. Falls, *The Fathers of the Church 6: Writings of Saint Justin Martyr*(Washington, D.C.: The Catholic University Press, 1965), p. 290.

8. Andrew Gregory, *Eureka!: The Birth of Science*/ 김상락 옮김, 《왜 하필이면 그리스에서 과학이 탄생했을까》(서울: 몸과 마음, 2003), p. 25.

9. 라틴어 성서에서는 'Magi'로, 영어 성서에서는 '현자들(wise men)' 또는 '점성가들(astrologers)'로 번역되었다.

10. 현우식, 〈마고스, 기독교 역사상 최초의 과학자〉, 《과학으로 기독교 새로 보기》, pp. 53-61을 참조.

11. Harvey Cox, *When Jesus Came to Harvard*/ 오강남 옮김, 《예수, 하버드에 오다》(서울: 문예출판사, 2004), pp. 124-138.

12. Mark Kidger, *The Star of Bethlehem: An Astronomer's View*(Princeton: Princeton University Press, 1999); Mark Kidger, *Astronomical Enigmas*(Baltimore: The Johns Hopkins University Press, 2005); Michael Molnar, *The Star of Bethlehem: The Legacy of the Magi*(New Brunswick: Rutgers University Press, 1999). 몰나는 그리스도의 탄생일이 기원전 6년 4월 17일이며, 이때 발생한 천문학적 현상은 달이 유대를 상징하는 양자리에서 왕을 상징하는 목성을 가리는 것이었다고 주장한다.

13. 구약성서 《민수기》 22-24장에 나오는 '발람' 이야기와 연관성에 주목하고 그 의미를 해석한다. Raymond E. Brown, *The Birth of the Messiah: A Commentary on the Infancy Narratives in the Gospels of Matthew and Luke*(New York: Doubleday, 1993). 이 책에는 마고스에 관하여 풍부하고 믿을 만한 학술적 정보가 제공되어 있다.

14. Raymond E. Brown, *The Birth of the Messiah: A Commentary on the Infancy Narratives in the Gospels of Matthew and Luke*, p. 168.

15. 마고스들의 출발지를 페르시아, 바빌론, 아라비아 또는 시리아로 보는 세 가지 해석이 있다.

16. G. Gnoli, "Magi," M. Eliade(Editor in Chief), *The Encyclopedia of Religion Vol. 9*(New York: Macmillan Publishing Company, 1987), pp. 79-81.

17. Raymond E. Brown, *The Birth of the Messiah: A Commentary on the Infancy Narratives in the Gospels of Matthew and Luke*, p. 167.

18. 고대에 점성술로서의 천문학은 전혀 불명예의 대상이 아니었다. 중세 초기까지도 점성

가는 '수학자'이며 '의사'를 의미하기도 했다. 심지어 기독교 성직자이자 천문학자였던 케플러(J. Kepler, 1571-1630)도 그라츠대학에서 점성술을 가르쳤다. 그는 점성술을 '천문학이라는 어머니를 먹여 살리는 딸'로 표현한 바 있다. Morris Kline, *Mathematics in Western Culture*/박영훈 옮김, 《수학, 문명을 지배하다》(서울: 경문사, 2005), p. 138, 163.

19. James McClellan III, Harald Dorn, *Science and Technology in World History*/전대호 옮김, 《과학과 기술로 본 세계사 강의》(서울: 모티브, 2006), pp. 86-90.

20. Helmut Koester, *Introduction to the New Testament: History, Culture, and Religion of the Hellenistic Age*/이억부 옮김, 《신약배경연구》(서울: 은성, 1995), pp. 610-611.

21. 연세대학교 편, 《자연과학의 발달》(서울: 연세대학교출판부, 1986), p. 22. 프톨레마이오스는 별을 다루는 것이 제1과학이고, 지상에 주는 영향을 다루는 것이 제2과학이라고 보았다.

22. Andrew Gregory, *Eureka!: The Birth of Science*/김상락 옮김, 《왜 하필이면 그리스에서 과학이 탄생했을까》, pp. 189-194.

23. Ian Barbour, *When Science Meets Religion*/이철우 옮김, 《과학이 종교를 만날 때》(서울: 김영사, 2002).

24. John Polkinghorne, *Science and Theology*, pp. 20-22.

25. John Haught, *Science and Religion*/구자현 옮김, 《과학과 종교, 상생의 길을 가다》(서울: 코기토, 2003).

26. Ted Peters(ed.), *Science and Theology: The New Consonance*/김흡영 외 옮김, 《과학과 종교: 새로운 공명》(서울: 동연, 2002).

27. 이와 유사한 분류로는 Alister McGrath, *Science and Religion: An Introduction*(MA: Blackwell Publishing, 1999), pp. 44-50을 참조하라. 그는 과학과 기독교의 상호작용을 대결모델(confrontational models)과 비대결모델(non-confrontational models)로 구분하였다.

28. Richard P. Feynman, *The Pleasure of Finding Things Out*(Massachusetts: Perseus Publishing, 1999), pp. 171-188. 파인만은 '과학이란 무엇인가?'라는 주제의 강연에서, 과학은 '상식(common sense)'이라고 정의한 바 있다. 그가 말한 상식의 의미에는 전 세대의 위대한 선생들에게는 오류가 없다는 믿음이 위험하다는 교훈이 내포되어 있다.

29. 물론 (1)의 내부에, (2)의 내부에, 그리고 (1)과 (2)의 사이에는 세부적으로 다양한 견해가 존재할 수 있다.

30. 이안 바버, 《과학이 종교를 만날 때》, pp. 40-41.

31. Stephen Gould, *Rocks of Ages: Science and Religion in the Fullness of Life*(New York: Ballantine Book, 1999).

32. 이러한 최근의 주장을 이해하기 위해서는 다음을 참조하라. 마이클 베히(Michael

Behe), *Darwin's Black Box: The Biochemical Challenge to Evolution*/ 김창환 옮김, 《다윈의 블랙박스》(서울: 풀빛, 2001); 필립 존슨(Philip Johnson), *Darwin on Trial*/이승엽·이수현 옮김, 《심판대의 다윈: 지적 설계 논쟁》(서울: 까치, 2006); 양승훈, 《창조와 격변》(서울: 예영커뮤니케이션, 2006) 등.

33. 한국창조과학회편, 《기원과학》(서울: 두란노, 2001).

34. John Barrow, *The Book of Nothing*/ 고중숙 옮김, 《무·영·진공》(서울: 해나무, 2003).

35. Charles Townes, "Logic and Uncertainties in Science and Religion,"/ 김윤성 옮김, 〈과학과 종교에서의 논리와 불확정성〉, Ted Peters(ed.), 《과학과 종교: 새로운 공명》, pp. 79-100.

36. John Polkinghorne, *Belief in God in an Age of Science*/ 이정배 옮김, 《과학시대의 신론》(서울: 동명사, 1998).

37. Arthur Peacocke, *A Theology for a Scientific Age: Being and Becoming - Natural, Divine, and Human*(Oxford: Basil Blackwell, 1990).

38. Freeman Dyson, *Infinite in All Directions*/ 신중섭 옮김, 《무한한 다양성을 위하여》 (서울: 범양사출판부, 1991).

39. Ian Barbour, *Science and Religion: Historical and Contemporary Issues*(New York: HarperCollins Publishers, 1997).

40. Paul Davis, *The Mind of God: the Scientific Basis for a Rational World*/ 과학세대 옮김, 《현대 물리학이 탐색하는 신의 마음》(서울: 한뜻, 1994).

41. 김용준, 《과학과 종교 사이에서》(파주: 돌베개, 2005); 김영식, 《과학혁명》(서울: 아카넷, 2001); 현우식·김병한, 〈신학과 수학에서의 진리와 믿음: 사영결정공리의 신학적 함의〉, 《신학사상》 123(2003 겨울): 263-291; 김흡영·김희준, 〈현대 화학과 창세기: 태초에 수소가 있었다〉, 《기독교사상》(2002. 3): 199-209; 모혜정, 〈21세기 과학과 기독교 복음〉, 《한국기독교신학논총》 16(1999): 29-53; 문영빈, 〈'관찰'과 하나님: 현대물리학, 시스템이론, 신학의 대화,〉《한국기독교신학논총》 43(2006): 171-196; 〈종교인본원리와 신의 형상-니클라스 루만의 시스템이론적 관점〉, 《종교연구》 38(2005): 31-60; 유건호, 〈현대물리학과 기독교 신앙〉, 현요한 엮음, 《기독교와 과학》 (서울: 장로회신학대학교출판부, 2002), pp. 39-56; 윤완철, 〈인지과학과 기독교〉, 현요한 엮음, 《기독교와 과학》(서울: 장로회신학대학교출판부, 2002), pp. 117-142; 이영욱, 《우주 그리고 인간》(서울: 동아일보사, 2000); 장회익, 〈종교와 과학 사이의 갈등과 융합: 과학의 종교 읽기〉, 정진홍 외 지음, 《종교와 과학》(서울: 아카넷, 2001), pp. 99-133; 최승언, 〈우주과학과 기독신앙〉, 현요한 엮음, 《기독교와 과학》 (서울: 장로회신학대학교출판부, 2002), pp. 57-76l; 김흡영·최재천, 〈사회생물학자가 본 기독교: 멋진 신세계를 위한 새로운 윤리〉, 《기독교사상》(2002. 4): 155-167; 김흡영·허균, 〈뇌와 인간-신경과학의 도전〉, 《기독교사상》(2001. 12): 194-205; 〈뇌와 인간: 카오스와 자유〉, 《기독교사상》(2002. 1): 196-206; 〈뇌와 인간:

의식과 실재〉, 《기독교사상》(2002. 2): 189-200; 현우식, 《과학으로 기독교 새로 보기》(서울: 연세대학교출판부, 2006).

42. 곽노순, 《우주의 파노라마: 21세기를 향한 과학과 종교》(천안: 네쌍스, 1994); 김균진, 《자연환경에 대한 기독교 신학의 이해: 현대 자연과학과의 대화 속에서》(서울: 연세대학교출판부, 2006); 김기석, 〈존 폴킹혼의 비판적 실재주의에 대한 고찰〉, 《종교연구》 39(2005): 81-106; 김흡영, 《현대과학과 그리스도교》(서울: 대한기독교서회, 2006); 박준서, 〈21세기 과학과 기독교 신앙〉, 《한국기독교신학논총》16(1999): 9-18; 서창원, 〈창조 교리의 재해석 가능성: 신학과 과학의 공명론적 전망에서〉, 《과학과 신학의 대화(조직신학논총)》 9(2003): 85-111; 손규태, 〈과학적 교리체계에 대응하는 해체 언설로서의 비유〉, 정진홍 외 지음, 《종교와 과학》(서울: 아카넷, 2001), pp. 161-182; 신재식, 〈다윈 진화론의 자연신학 비판과 다윈 이후 진화론적 유신론 연구: 기독교 신학의 신-담론 변화를 중심으로〉, 《한국기독교신학논총》 46(2006): 89-120; 김균진·신준호, 《기독교 신학과 자연과학과의 대화》(서울: 대한기독교서회, 2004); 양명수, 《호모 테크니쿠스》(서울: 한국신학연구소, 1997); 이동익, 〈가톨릭교회의 입장에서 본 인간 복제〉, 최재천 엮음, 《과학 종교 윤리의 대화》(서울: 궁리, 2001), pp. 299-311; 이상성, 《우주의 진화와 하느님》(서울: 한국신학연구소, 2005); 이정배, 《종교와 과학의 대화에 근거한 기독교 자연신학》(서울: 대한기독교서회, 2005); 임성빈, 〈기독교적 관점에서 바라보는 인간복제〉, 최재천 엮음, 《과학 종교 윤리의 대화》, pp. 289-298; 정기철, 〈신학과 과학에서의 창조〉, 《과학과 신학의 대화(조직신학논총)》 9(2003): 65-83; 현요한, 〈생명의 신비: 신학자가 본 과학적 생명이해〉, 《과학과 신학의 대화(조직신학논총)》 9(2003): 113-133.

43. 물론 세부적으로 보면 강조점의 차이가 있다. 가령 존 폴킹혼은 과학과 기독교 사이의 공명(consonance)과 통합(integration)을 구분한다. 여기에서 공명은 개념적 자율성의 강조를 의미하고, 통합은 동화(assimilation)의 강조를 의미한다. 그는 자신이 공명에 가까이 있다고 보고, 이안 바버는 통합의 가까이에 있으며, 그 사이에 아서 피콕이 있다고 분류하였다. 존 폴킹혼, 〈물리학자에서 사제로〉, 테드 피터스(ed.), 《과학과 종교: 새로운 공명》, pp. 101-115.

44. 현우식, 〈빛, 양자물리학과 기독교의 공명〉, 《과학으로 기독교 새로 보기》, pp. 76-87을 참조.

45. 이안 바버, 《과학이 종교를 만날 때》, p. 20, 54. 여기에서 한계는 공간적·시간적 경계뿐 아니라 방법론적 개념적 한계를 지칭한다.

과학과 불교의 생명관

윤원철 | 서울대학교 종교학과 교수

1. 서 언

근대학문의 특징적인 추세 가운데 하나는 분야의 세분화였다. 그리고 넓은 의미의 과학적인 연구방법이 또 하나의 특징임은 말할 필요도 없을 것이다. 과학적인 연구방법이 갈수록 세련되면서 극도의 전문성을 띠게 되었고, 이것이 필연적으로 분야의 세분화를 요청하였다는 점에서 이 두 특징은 동전의 양면과 같다고도 할 수 있다. 그런데 근래에 와서 학문분야 사이의 교류가 하나의 큰 주제로 대두하고, 융합(融合), 통합(統合), 통섭(統攝) 등 다양한 표현이 이에 대한 관심을 담아 유통되고 있다. 자연과학과 공학 여러 분야 사이의 융합과 통합, 통섭에서 한걸음 더 나아가 이제는 이공학과 인문학, 사회과학, 경제학, 경영학, 예술의 만남이 도모되고 있다.

심지어 근대 이래 엄격하게 분리되어온 과학과 종교가 만남을 모색한다. 이것은 그동안 한껏 거리를 넓히면서 독자성을 구축해온 절대자들끼리의 만남이라 할 수 있는 것으로 가히 흥미롭다. 본고는 그

중에서도 특히 과학과 불교의 만남이라는 주어진 주제에 대하여, 과학자도 불교인도 아닌 종교학자라는 제삼자의 입장에서 살펴보는 내용이 될 것이다.

불교라는 종교, 과학, 그리고 종교학이라는 세 입장이 얽히게 되는 이 만남의 담론은 꽤나 복잡한 콘텍스트를 배경으로 할 수밖에 없다. 과학과 종교 사이의 괴리, 종교와 종교학 사이의 긴장, 그리고 이제는 오므리는 것이 불가능해 보일 만큼 멀어진 자연과학과 인문학 사이의 거리, 이 3중의 관계가 작동하는 가운데 만남의 담론을 펼쳐야 하기 때문이다.

그동안 각자 독자성을 쌓아오고 서로 거리를 넓혀온 서로 다른 영역 또는 개체들의 새삼스러운 만남을 모색하는 그러한 관심은 포스트모더니즘이라는 큰 추세의 일부라고 할 수 있다. 계몽주의와 낭만주의는 얼핏 보기에는 서로 매우 다르지만 함께 근대성(modernity)의 근간을 구성하는 큰 맥락 속에서 연속성을 가지는 바, 그 두 이념에 연속되는 근대성의 핵심 축 가운데 하나가 개체(individual)의 절대성이다. 그런데 각 개체가 절대적이라는 이념과, 한편으로 그런 절대적인 개체가 엄연히 여럿이라는 현실에 대한 인식은 언젠가는 맞대결을 해서 관계를 정립해야 할 터였다. 그 만남의 필요성에 대한 절실한 인식 자체가 포스트모던한 것이다.

그럼에도 아직은 대부분의 만남의 장이 여전히 근대적인 구별과 우열의 의식 위에서 억지로 마련되고 있을 뿐이라는 인상을 주는 양상을 흔히 볼 수 있다. 그 대표적인 예가 종교 간의 대화이다. 종교는 각자 절대진리를 표방하지만, 통신과 수송 기술의 발전으로 인류의 생활범위가 갈수록 극대화 하면서 다종교상황이 일상의 절실한 현실이 되었다. 절대진리의 주장이 하나가 아니며 게다가 더 이상 상하관계

가 아니라 똑같이 절대적인 자격을 가지고 여럿이 '나란히' 존재한다
는 당혹스럽지만 엄연한 현실을 소화해보려는 노력의 일환이 종교 간
대화일 것이다. 하지만 그런 만남도 일부 점잖은 지도자들 사이의 회
합이나 학문적인 담론에서나 적극적으로 모색될 뿐이지 사람들의 신
행현장에서는 여전히 소화되지 못하고 있다.

　종교와 종교학, 또는 신학(넓은 의미의)과 종교학 사이의 긴장해
소도 근본적인 차원에서는 그다지 진전되었다고 하기 어렵다. 종교학
이 19세기에 등장하여 차차 하나의 근대학문 분야로 나름의 영역을
구축하면서 외형상으로는 평화롭게 공존하는 체제가 정립된 듯도 하
다. 하지만 종교학에 대한 종교 또는 신학의 몰이해는 근본적으로 해
소되지 않았고 경계의 눈초리도 여전히 날카롭다.

　최근에는 자연과학과 인문학 사이의 거리를 다시 오므려 보려는
시도가 양측 일각에서 활발하게 전개되고 있다. 그러나 아직은 그야
말로 일각의 고준담론에 불과하며, 대부분의 과학자와 인문학자 들은
이에 관심을 기울일 동기와 여가가 없다. 만남의 현장에서도 둘 사이
의 한껏 벌어진 거리를 직시하고 가늠하기만도 버거운 단계이다.
2006년 말에 자연과학자들과 인문학자들이 '무엇이 인간을 인간답게
하는가' 라는 주제로 한 대학에서 가진 학술발표회에서의 작은 해프닝
을 한 예로 들 수 있겠다. 한 생명과학자가 먼저 인간의 기원에 대해
서 발표를 하는 가운데, 뒤에 발표할 종교학자의 발표문 제목에 대해
서 언급하였다. 그 발표문 제목은 '*Homo religiosus*' 였고, 대강의 내
용은 종교가 인간행태의 본질적인 요소임을 말하는 동서고금의 여러
가지 견해들을 소개하는 것이었다. 그런데 그 생명과학자의 코멘트는
Homo 운운하는 개념을 그렇게 함부로 쓰면 안 된다는 것이었다. 아
무 말이나 갖다 붙이면 되는 줄 아는 모양이라고 빈정거렸다. 자연과

학에서 *Homo* 운운하는 개념들은 원인(原人)의 생물학적 분류를 위한 것인데, 그런 맥락에서는 '종교적 인간' 뿐 아니라 '사회적 인간', '경제적 인간', '도구를 만들어 쓰는 인간', '놀이하는 인간' 등의 개념 모두가 당연히 어불성설일 것이다. 인문학자나 사회과학자들도 그런 개념들을 생물학적 분류개념으로 사용하는 것이 아니다. 그런데도 그 원로 생명과학자는, 더욱이 인문학과의 공식적인 만남의 자리에서, 상대방에 대한 기초적이고 상식적인 정보조차 없이 정색을 하고 비난을 퍼부었다. 자연과학자와 인문학자 사이의 단절이 얼마나 심각한지를 단적으로 말해주며, 그 만남의 결실에 대한 성급한 기대를 경계하게 하는 해프닝이었다.

그런 사정인지라 당사자가 둘도 아니고 셋이 얽힌 본고의 이야기는 풀어나가기가 참으로 어렵다. 그런 까닭에 여기에서는 평화로운 사교를 통해 과학과 불교의 거리를 좁히는 방안 이전의 문제에 초점을 두고자 한다. 즉 과학과 불교 사이의 거리, 근본적인 차이를 우선 제대로 드러내고 가늠하는 일이 결실 있는 만남을 위한 전제라는 이야기를 하고자 하는 것이다.

어설픈 만남은 아예 안 만나느니만 못할 수 있다. 어설픈 만남의 대표적인 두 가지 유형이 포용주의(inclusivism)와 환원주의(reductionism)를 품은 채 이루어지는 만남이다. 불교인들은 흔히 과학에서 애써 밝혀내는 세상의 진상이 기실은 불교에 이미 다 들어 있다는 식으로 말한다. 그런가 하면 어떤 과학자들은 종교도 과학적으로 밝혀낼 수 있는 어떤 요소로 수렴해서 설명해버릴(explain away) 수 있을 것이라는 입장을 의식적으로, 또는 무의식적으로 가지고 있다. 그런 태도를 깔고 이루어지는 만남은 우열을 가리는 것으로서 타자(他者)와의 관계문제를 해결하려는 충돌이지 지금 우리가 기대하는 만남은 아닐 것이다.

　우리가 모색하는 만남은 일방적인 흡수나 환원을 위한 만남이 아니고, 서로 한껏 다른 두 타자 사이의 거리를 평면적으로 억지로 오므리는 만남도 아닐 것이다. 멀리 떨어진 두 좌표를 다 품고 있는 3차원적인 콘텍스트를 간파하고 세상의 진상에 대한 우리의 의식과 지식, 이해를 그 범위까지 확장하는 것을 목적으로 하는 만남일 것이다. 과학과 종교라는 두 영역을 다 무리 없이 아우르는 콘텍스트란 막연하나마 일단은 인간의 진상, 세상의 진상이라고 일컬을 수 있는 그런 것일 터이다. 그러한 모색을 제대로 하려면 우선 과학과 종교라는 인간활동의 두 타자적인 영역 사이의 거리와 근본적인 차이를 오롯이 직시하고 가늠할 필요가 있는 것이다. 그래야만 그 둘을 다 담고 있는 큰 콘텍스트를 축소하거나 왜곡하지 않고 온전히 발견할 수 있겠기 때문이다.

2. 과학과 불교의 차이

행 복

생명과학 기술의 목적과 불교의 목적은 인간행복의 추구라는 지점에서 만난다. 생명과학 기술은 생명의 메커니즘에 대한 지식을 활용하여 질병을 예방하거나 치료하고, 수명을 효과적으로 연장하는 방법을 고안하기 위해 개발되고 있다. 또는 품질 좋은 가축이나 곡물을 생산함으로써 인간에게 풍요로움을 가져다주고자 한다. 한편으로 종교가 다 그렇지만, 불교도 인생의 근본적인 문제를 파악해서 그것이 어디에서 비롯되었는지를 진단하고, 이를 해결할 궁극적인 처방을 내린다. 또한 모든 고전종교가 그렇듯이 불교도 다른 어떤 존재나 현상보

다도 인간에 초점을 맞추어 세상의 문제를 진단하고 처방을 내린다.[1]

알다시피 불교는 세상의 현황은 괴로움이라고 진단한다. 석가모니의 첫 설법내용이라고 하는, 즉 가장 기본적인 불교교리로 여겨지는 사성제(四聖諦) 가운데 첫번째인 고제(苦諦)가 바로 이것을 이야기한다. 그리고 우리가 하나의 개체로서 발동시키는 자기중심적이고 이기적인 욕구가 그 괴로움의 원인이라고 진단한다. 두번째 거룩한 진리인 집제(集諦)가 그것을 말한다. 그런데 괴로움을 다 없애 해방될 수 있다고 하고[滅諦], 그 방법을 처방해준다[道諦].

이처럼 생명과학 기술과 불교가 모두 인간의 행복을 목적으로 한다는 데에서 만나기는 하지만, 그러한 접점만을 간단하게 말하기에는 양자의 근본적인 차이가 너무 엄연하다. 우선 '행복' 이라는 개념 자체에서부터 차이가 드러난다. 앞에서 언급했듯이 생명과학 기술이 목적으로 삼는 인간의 행복은 무엇보다도 우선 질병의 예방과 치료, 수명연장, 풍요로움, 편리함이다. 그러나 불교의 시각에서 보면 그런 관심도 이기적인 욕구이며, 또한 앞에서 소개했듯이 그러한 이기적인 욕구에 매달리는 것이 세상을, 즉 삶을 괴로움의 바다이게 하는 원인이다. 불교에서는 진정한 행복이 그런 이기적인 욕구의 충족에 있는 것이 아니라 그것의 극복에 있다고 본다.

아울러 과학과 불교는 생명이라는 문제에 대해 접근하는 방식이 사뭇 다르다. 불교도 생명과학과 마찬가지로 생명현상을 가장 중요한 주제로 삼는다. 사실상 불교라는 종교의 알파요 오메가는 생명현상이다. 생명체로서 이 세상에 태어나 살아간다는 것이 과연 무엇인지를 묻고, 그 답을 제시하고, 그 답에 부합하는 삶을 살자고 권하는 것이 불교의 주제이기 때문이다. 따라서 불교에서 내놓는 이야기는 생명현상에 대한 물음과 그 현상에 대한 나름의 관찰, 그리고 거기에 담긴 문제점에 대한 진단과 처방으로 점철된다. 그렇게 말해놓으니 마치 생명과학과 불교가 하는 일이 서로 많이 겹친다는 뜻으로 들릴지도 모르겠다. 하지만 과학과 불교가 그 주제를 다루는 방식은 서로 엄연히 다르다.

가치중립/당위적 가치판단

우선, 생명과학 기술이야 위에서 언급했듯이 실용적인 목적을 가지고 개발하겠지만 생명과학 자체는, 적어도 이념상으로는, 실용성을 목적으로 하지 않는다. 그러나 종교로서의 불교는 처방이라는 실용성, 그리고 삶을 통해서 그 처방을 실천한다는 목적을 제쳐놓으면 성립근거와 존재이유가 없다.[2] 여기에서 과학과 불교의 차이 한 가지가 불거진다. 불교는 어떻게 사는 것이, 달리 말해 자신의 생명을 어떻게 영위하는 것이 좋은가 하는 당위적 가치판단을 내리기 위해 생명현상을 논한다. 그러나 과학은—또다시 '적어도 이념상으로는'—가치중립적인 입장에서 탐구하고자 한다.

그래서인지 대체로 순수한 과학의 입장보다는 과학기술 측에서 종교를 비롯한 인간의 생활현장 일반에 대해 더 절실한 관심이 있는 듯하다. 과학기술의 성과는 인간이 누리는 것이고, 따라서 생물학적인 면뿐 아니라 가치의 문제까지 포함한 인간의 복합적인 면모에 관심을 가질 수밖에 없기 때문일 것이다.

미시적/거시적

또 하나의 중요한 차이는 불교가 생명현상을 거시적인 관점에서 논하는 반면, 과학은 미시적인 차원에서 파고든다는 데 있다. 탐구방법에 그러한 차이가 있음은 구구하게 설명할 필요가 없겠는데, 탐구방법뿐만 아니라 대전제에도 이미 그러한 차이가 놓여 있다. 과학은 생명체가 개체임을 당연하게 전제한다. 과학에서 생명현상에 대한 최소한의 정의를 내릴 때는 흔히 신진대사와 번식을 말한다. 생명체가 이미 개체임을 당연하게 전제하므로 그 점은 굳이 생명현상의 정의에 포함하지 않는다. 그러나 불교에서는 개체성까지도, 아니 그것부터 문제로 삼는다.

불교의 기본교리인 연기법(緣起法)에 의하면, 우리가 자신의 개체성을 어떻게 이해하느냐에 따라 제대로 사느냐 잘못 사느냐가 갈라진다. 인간 개개인을 포함하여 모든 개별적인 존재와 현상은 독자적인 개체가 아니라[無我], 상호의존적(相互依存的)인 관계에 의하여 생겨나고 전개되고 없어진다는 것이 연기법이다. 나 자신을 포함해서 세상의 모든 개체가, 물질적인 존재뿐 아니라 낱낱의 현상들까지도, 독자적이고 독립적인 개체가 아니라 발생에서 소멸까지 철저하게 상의적임을 깨닫고 그러한 연기적인 존재로서 생각하고 살아가는 것이 부처이다.[3] 연기적인 존재라 함은 달리 말해, 자기 몸뚱이 하나만 자기로 여기는 것이 아니라 세상 전체를 자기의 몸으로 삼고, 개체적 생명이 아니라 세상 전체의 생명을 영위하는 존재라고도 할 수 있다.

대승불교에서 말하는 법신(法身)이라는 개념이 그것을 가리킨다. 부처의 몸에는 세 가지가 있는데, 여느 사람과 마찬가지로 한 개체로서의 육신을 지닌 면을 색신(色身)이라고 한다. 또는 윤회의 사이클 속에서 특정된 몸으로 태어났다고 해서 화신(化身)이라고도 한다. 그리고 그 몸을 가지고 진리를 깨치고 그 과보(果報)를 누리는 면을 보신(報身)이라고 하며, 마지막으로 진리 그 자체가 부처의 당체인 면을 가리켜 법신(法身)이라고 한다.[4] 부처는 그렇게 다중적인 차원의 존재인데, 현상적으로는 엄연히 개체이면서도 동시에 그처럼 보편자로서의 생명을 운영한다는 것은 논리적·합리적·현실적·과학적으로는 모순이요 역설이어서 명제로 성립할 수 없고 가설로 내걸 수도 없으며 운도 뗄 수 없다. 그러나 불교에서는 오히려 그 모순과 역설의 긴장이 종교적 역동성의 원천으로 작용한다. 대승불교의 핵심인 보살(菩薩)의 서원(誓願)이란 개별자로서의 조건을 오롯이 지닌 채 보편자로서 살아야 한다는 명제를 실제 삶의 현장에서 구현하겠다고 밀어붙이는 것이다.

귀납적·물리적/직관적·정신적

다음으로 과학은 귀납적이고 물리적(현상적)인 방법으로 접근하고, 불교는 직관적이고 정신적인 방법으로 임한다. 그래서 과학에서 파악한 것은 어느 누구나 같은 과정을 거쳐 진위를 확인할 수 있어야 참으로 인정되지만, 불교의 명제는 정신적인 직접체험을 통해서 확인하고 증명하는 성격의 것이다.

그런데 얼핏 보기에는 불교도 과학과 비슷한 기준을 이야기하는 듯이 보이는 언설이 많이 나온다. 현견(現見)이라는 개념이 그 한 예이다. 붓다의 가르침은 현실에서 볼 수 있는 것을 그 내용으로 한다는 뜻을 담은 개념이다. 즉 와서 보라고 말할 수 있는 것, 현실적으로 증명되는 것이라는 뜻이다.[5] 《여시어경如是語經》에서 붓다는 다음과 같이 말한다. "비구들이여, 번뇌를 멸하는 도리에 대해 내가 설하는 것은 그것이 알 수 있고 볼 수 있는 까닭이니라. 알 수 없고 볼 수 없는 것은 설하지 않노라."[6] 그러나 여기에서 알 수 있고 볼 수 있다는 것은 똑같은 현상적인 증거와 과정을 확보하면 누구나 똑같이 보고 알 수 있는 그런 것이 아니다. 같은 증거와 과정을 가지고도 그 사람이 어떤 정신적 체험을 얼마나 직접 겪느냐에 따라 결과가 달라진다. 불교에서 문제가 되는 것은 그 사람의 눈과 정신이지 객관적 데이터가 아니다. 사람이 변화해야 볼 수 있고 알 수 있는 것이다.

이처럼 과학과 불교의 차이를 먼저 강조해서 부각시키는 이유가 있다. 서언에서도 언급했듯이, 무엇보다도 우선 불교계에서 간혹 제출되는 포용주의적인 견해, 즉 과학에서 애써 파악해내는 것들이 기실은 불교의 통찰에 이미 다 들어 있다는 식의 담론을 경계하려는 의도에서이다. 물론 환원론적인 시각도 경계하며, 아울러 과학계 일각에라도 불교의 명제와 언어, 논술을 과학의 그것과 같은 맥락의 것으로 간주하면서 과학적 논의 대상 내지 파트너로 삼으려는 움직임이 있다면 그것도 경계하고자 함이다. 전제를 공유하지 않으며 접근방식도 근본적으로 다른 두 당사자가 단순히 평면 위에서 대면하여 서로 비교하거나 우열을 가리거나, 서로 비판하거나 또는 찬양하는 일은 의미도 소득도 없으며 오히려 오도의 해악을 일으킬 위험이 크기 때문이다.

그렇다고 해서 과학과 불교가 근본적으로 다르니 각자 제 영역을 고수한 채 그 자리에 머물도록 내버려두는 무관심을 지속하자는 뜻에서 차이를 부각시킨 것도 아니다. 대부분의 과학자들은 종교와 과학을 같은 반열에 놓고 볼 필요를 느끼지 않으며 그럴 엄두도 내지 않는다. 개인적으로 특정 종교의 신행에 참여하는 과학자들도 대개는 실험실에서의 작업과 종교행사에서의 활동을 별개의 생활부문으로 여긴다. 두 영역의 관계문제에 대해 그렇게 편안한 무관심의 태도를 견지하는 한 우리가 모색하는 의미 있는 만남은 이루어지지 않는다.

3. 소통의 모색—전이

마이클 피셔(Michael Fisher)는 연구자와 연구대상을 비롯하여 어떤 주체와 타자 사이의 만남에서 일어나는 '전이(轉移, transference)'라는 것을 이야기하면서, 이것을 다음과 같이 정의하였다. "인격 차원에서 일어나는 공감적 '쌍방 통행' 즉 자아 속에서 일어나는 일을 해명할 실마리를 [자기 밖의] 남에게서 찾는 것." 그리고 또 다음과 같이 덧붙인다. "(자신과 타자 사이에) 쌍방 또는 다방 통행이 있으려면 [양쪽 모두에 각자] 확실한 준거가 있어야 한다. ……양쪽 전통이 [확연히 대비를 이루면서] 상대방을 서로 비평하거나 상대방의 정체를 서로 노출시키는 작용을 할 때, 그 [각 전통을 차별적으로 성립하게 해주는] 각자의 준거까지도 그 상호 비평과 노출의 대상이 되어야 한다. 한편, 타자를 자신에 흡수해버리는 것은 경계할 필요가 있다. 타자를 자신에 흡수해버린다 함은 비슷한 점, 또는 다른 점만 보는 것을 말한다."[7]

과학과 불교가 만난다면, 그 만남에서 기대할 것은 바로 그러한 '전이'일 것이다. 즉 만남을 통하여 하나가 된다거나 끝없이 다툰다거나 하는 것이 아니라, 그 만남이 각자 자기 자신과 상대방의 가장 기초적인 준거, 정체까지 인식케 하는 기회가 되어야 할 것이다. 그리고 차이를 오롯이 보존하고 부각시킨 채로 그 서로 다른 좌표를 다 포함하는 더 높은 차원의 콘텍스트를 찾아내는 일이 중요하다. 앞에서도 언급했듯이 그 더 높은 차원의 콘텍스트는 이를테면 인간과 세상의 총체적인 진상이 아닐까 싶다.

행복의 복합성

위에서 생명과학 기술과 불교 모두 인간의 행복을 위하여 생명현상을 탐구한다고 하였다. 그러나 행복의 개념이 다르다고 지적하였다. 어찌 보면 정반대이다. 그런데 어느 행복 개념이 옳으냐를 두고 다툴 일은 아니다. 추구하는 행복의 종류가 다르기 때문이다. 삶의 현상이 지극히 복합적인 만큼 행복도 지극히 복합적인 것임을 염두에 두어야 한다. 그래서 더 정확히 말하자면 그 둘이 추구하는 행복의 종류가 다른 것이 아니라 행복의 두 다른 요소를 추구하는 것이라고 해야 할 것이다. 거칠게 말하자면 생명과학 기술은 육신의 행복을 추구하고, 불교는 정신적 행복을 추구한다고 할 수 있다. 하지만 육신이 괴로우면 정신적으로 행복하기 어렵고, 정신적으로 괴로우면 육신도 편안하지 못하다. 육신의 행복과 정신의 행복은 더 복합적인 행복의 일면적인 구성요소들이다.

얼핏 보면 불교에서 추구하는 행복과 생명과학 기술에서 추구하는 행복은 병존할 수 없는 것처럼 생각될 수 있다. 하지만 그것도 평면적으로 대면시켰을 때 그렇게 보일 뿐이다. 불교가 육체적이고 물질적인 편안함과 편리함의 추구를 진정한 행복추구의 장애일 뿐 아니라 괴로움의 원인으로 여긴다고 언급했지만, 그리고 실제로 금욕고행이 불교 신행에서 중요한 비중을 차지하지만, 그렇다고 해서 불교가 육신의 강건함과 편안, 편리 그 자체를 전면적으로 거부하는 것은 아니다. 중요한 것은 그것을 어떤 식으로 얼마나 추구하고 어떻게 사용하느냐이다. 거문고 줄이 너무 팽팽하면 끊어지고 너무 느슨하면 소리를 못 낸다. 마찬가지로 너무 금욕고행에 매달려서 육신이 망가지면 진정한 행복을 찾기 위한 수행을 못한다. 한편으로 의미 있는 활동(진정한 행복을 위한 수행)을 하기 위해 필요한 정도를 넘어서는 편안, 편리(쾌락)를 즐기면 그렇지 않아도 강렬한 이기적이고 자기중심적인 방향의 본능과 습성이 치열해져서 행복에서 멀어진다. 싯다르타가 지독한 고행으로 거의 죽을 뻔하다가 깨달았다는 중도(中道)의 이치가 바로 그것이다. 생명과학 기술 측에서는 얼마나 많이 기술을 개발하고 발전시키느냐 하는 것보다는 그것을 어떤 식으로 얼마나 추구하고 어떻게 사용하느냐 하는 문제가 중요하다는 윤리적 이슈와 관련된 지혜를 구축하는 데 불교의 그러한 통찰을 참고할 수 있을 것이다.

자기의 발견과 상호참조

생명과학 자체는 가치중립적인 반면에 불교에서는 당위적 가치판단과 실용(실천)이 중요하다고 하였다. 생명과학이 가치중립적이라고 할 때에는 '적어도 이념상으로는'이라는 단서를 달고 그렇게 언급하였다. 이념상으로 그렇지만 현실적으로는 생명과학이 전적으로 생명과학기술의 관심사에서 자유롭지는 않을 것이라고 짐작된다. 인문학에서도 가장 '순수'하고 '기초'적인 주제에 대한 연구조차 수요와 효과에 대한 고려에서 완전히 자유롭지 못하다는 인식을 바탕으로 그렇게 짐작한다. 또한 순수한 객관성, 가치중립성 등에 대한 이념적 맹신을 뚫고 자기성찰의 논의가 과학계에서 이미 많이 전개되어온 것으로 알고 있다.

그렇다면 여기에서도 불교와 과학 사이의 교환거리를 찾을 수 있다. 불교의 관심과 통찰의 첨봉은 워낙 객체, 대상보다는 자기 자신에 대한 반조(返照)의 방향이다. 그리고 주객이분법적(主客二分法的)인 인식의 틀이 결코 절대적인 것이 아니라는 불교의 통찰은 과학이 자기인식을 모색하는 데에도 일말의 참고가 될 수 있지 싶다. 한편으로 불교 측에서는 현대에는 당위적 가치판단의 선언도 현대적 언어로 내놓고 풀이해야 보다 쉽게 수용된다는 점과 현대에는 과학이 세상에 대한 지식의 챔피언이라는 점을 고려하여 과학의 언어와 지식을 수용하고 활용할 필요가 있다.

4. 불교의 생명관

위에서도 언급했듯이 불교의 핵심주제는 생명현상이다. 석가모니가 왕세자로서의 지위와 의무를 내던지고 출가를 결행한 이유는 생사(生死) 문제를 해결하기 위해서였다는 이야기가 그 점을 단적으로 말해준다. 그래서 과학 내지 과학기술과 불교를 대조하기에 가장 좋은 주제가 생명관이다.

존재론과 인식론의 결합

불교사상에서는 존재하는 것들 그 자체가 아니라 그것을 우리가 어떻게 인식하느냐를 문제로 삼는다. 불교사상에서 대전제로 삼는 것 가운데 하나가 무아(無我)이다. 이는 앞에서 언급했듯이 자기 자신을 비롯하여 개체적인 존재들의 고유불변이며 독자적이고 본질적인 개체성을 부인하는 개념이다. 흔히 제법무아(諸法無我)라는 문구로 표현하는데, 모든 개체적인 존재와 현상은 우리가 당연시하듯이 그렇게 절대적인 개체성이 있는 게 아니라는 뜻이다. 얼핏 보면 존재론적인 명제인 듯도 하지만 그렇지는 않다. 사물의 개체성 자체를 부인한다기보다는 사물을, 특히 자기 자신을 독자적인 개체로만 보는 관념을 부인하는 것이다.

그러면 우리가 엄연한 사실로 경험하는 자아의 존재는 무엇인가?

이를 설명하는 개념이 오온(五蘊)이다. 즉 우리가 자아라고 여기는 것은 다섯 가지 요소가 임시로 결합한 것일 뿐이며 고유불변의 그 무엇이 아니라는 것이다. 그 다섯 가지 요소란 색수상행식(色受想行識)인데, 색(色)은 지각과 감각기관으로서의 육신을 가리킨다. 수(受)는 객체와의 접촉을 뜻하고 상(想)은 그 접촉을 통해 들어온 자극을 느끼는 것을 말한다. 그리고 행(行)은 그 느낌을 처리하는(processing) 과정을 가리키고 그 과정을 거쳐 도달하는 인식을 식(識)이라 한다. 그 다섯 가지 요소가 임시로 결합한 것을 두고 우리는 자아라고 착각한다고 하는 것이니, 달리 말하자면 인식작용을 가지고 자아라는 존재로 여기는 셈이다.

그리고 불교에서는 모든 개체적인 존재와 현상이 독자적으로 성립하는 것이 아니라 연기(緣起)한다고 본다. 싯다르타가 출가하여 구도자의 길로 나선 목적은 나고 죽는 문제를 해결하기 위해, 즉 생사의 진상을 알아내기 위해서라고 하였다. 그러므로 그가 깨달음을 이루어 붓다가 되었을 때, 그가 깨달은 내용은 바로 생사의 진상이었다. 그는 자기가 깨달은 그 진상을 설명하기 위해 이른바 12연기라는 것을 설하였다. 12가지 대목이 이를테면 원인과 결과의 관계로 이어지면서 마침내 생겨났다가 없어짐으로 귀착된다는 것이다. 그 첫 대목, 말하자면 제1원인이라고 할 수 있는 것을 그는 무명(無明), 즉 어리석음이라고 하였다. 그 뒤로 이어지는 원인 결과의 고리들은 매우 복잡하지만 간단하게 뜻을 간추리자면,[8] 어리석기 때문에 주객이분법의 틀을 만들고, 그러니까 자연히 개체적인 존재라는 범주를 설정하며, 그래서 개체적인 존재로 태어나고, 태어났으니 반드시 죽을 수밖에 없다는 이야기이다. 달리 말하자면, 자기 자신을 비롯해서 모든 것을 개체의 차원에서만 보니까 생겨나고 없어진다는 것을 지상의 사실로 여기게 된다는 얘기이다.

그렇다면 존재를 개체로만 보지 않는 다른 차원의 인식이 있는가? 하나의 비유를 들어보자. 차가 담긴 찻잔이 있다고 하자. 그 찻잔이 바닥에 떨어져 깨졌다. 찻물은 바닥에 흩어졌다. 깨진 찻잔 조각을 쓸어 모아 쓰레기통에 버리고 걸레로 바닥을 훔쳤다. 찻잔은 이제 더 이상 하나의 찻잔으로 존재하지 않는다. 죽었다. 찻물은 어떻게 되었는가? 우리가 마실 수 있는 차로서는 이제 더 이상 존재하지 않는다. 걸레에 흡수되었기 때문이다. 차로서의 생명은 없어졌다. 그러나 걸레를 짜서 하수구에 흘려보낸 그 물은 여러 과정을 거쳐 강물로 들어가고 그 강물은 바다로 들어간다. 그리고는 수증기가 되어 대기 속에 들어갔다가 구름이 되고 비가 되어 뿌린다. 찻잔의 질료도 마찬가지로 순환한다. 특정의 찻잔과 그 속의 찻물은 없어졌지만, 그 개체성에 입각하지 않고 이렇게 세상 전체의 지평에서 보면, 그저 간단하게 없어졌다거나 죽었다고만 해버리기 곤란하다.

그러니까 싯다르타가 생사문제에 대해 깨달은 진상은, 나고 죽음이 원래 없다(無生無滅)는 것이다. 자기 자신을 포함해서 모든 것을 개체로만 보니까 생겨났다 없어진다는 것이 엄연한 사실로 여겨질 뿐이지, 세상의 총체적인 실상에서 보면 그런 게 아니라는 것이다. 달리 말하자면 자신이 제기한 문제가 문제로 성립하지 않는다는 것을 깨달음으로써 문제를 해결한 셈이다.

문제는 우리가 그런 총체적 시각에서 보지 못하고 개체성만을 당연시하며 절대시한다는 데 있다. 우리는 그런 개체성 관념을 자기 자신과 사물에 투사하고 덮어씌워 인식하면서 그것이 마치 그 개체들의 고유한 본질이기 때문에 우리가 그렇게 인식하게 되는 것으로 착각한다. 그것이 착각임을 지적하는 것이 앞에서도 언급한 무아(無我) 개념이다. 사실은 자기 자신의 모습을 비롯해서 세상 모든 것의 모습이 객관적으로 그렇게 있기 때문에 내가 그렇게 인식하게 되는 것이 아니라, 그 모두를 자기 스스로 그런 모습으로 지어내고는 객관적으로 그런 줄로 믿는 것일 뿐이라는 것이다. 일체유심조(一切唯心造), 즉 모든 것은 내 마음이 지어낸 것일 뿐이라고 하는 말이 바로 그런 뜻이다.

그 착각을 지적하는 일이 왜 중요한가 하면, 불교에서는 세상 모든 문제의 발단이 자신을 절대적인 개체로만 보는 의식에 있다고 진단하기 때문이다. 그러한 개체관념은 필연적으로 주객(主客)의 구분을 동반하며, 주체인 자기 자신을 중심으로 모든 인식과 욕구를 일으킨다. 그런 인식과 욕구는 자연히 자기를 절대시하며 자기중심적이고 이기적이게 마련이다. 그런 인식은 착각을 바탕으로 일어나는 것이므로 다 어긋날 수밖에 없으며 그런 욕구는 결코 충족될 수 없다. 따라서 그렇게 사는 삶은 근본적으로 괴로움일 수밖에 없다. 이기적인 욕구가 잠깐잠깐 충족될 때에는 행복을 느끼겠지만, 그것은 무상(無常)한 행복이다. 그런 찰나의 행복은 그에 취하여 실상을 보려하지 않는 습성을 키워주므로, 그것도 결국에는 행복이 아니라 괴로움의 자양분일 뿐이다.

불교의 관점은 이런 식으로 사물의 객관적 존재 그 자체보다는 그것을 나 자신이 어떻게 인식하느냐를 문제의 초점으로 삼는다. 특히 자기 자신의 정체를 어떻게 설정하느냐 하는 것이 중요하다. 바로 이 점에서도 우리는 불교와 과학 사이의 중요한 차이를 볼 수 있다. 물론 과학에서도 특정 물리학 이론의 한정된 경우이기는 하지만, 자연현상이 인식 주체에 의해서 규정되는 점을 간파하고 따라서 관찰자의 문제에 주목하는 담론이 제기되기도 한다.[9] 그러나 그런 경우에도 아무튼 과학의 초점은 외부 탐사인 반면에 불교의 관심은 늘 내면의 탐사로 수렴된다.

연기적 존재로서의 생명

불교에서 처방하는 올바른 자기 정체성의 인식이란 곧 자신이 우리가 보통 생각하듯이 절대적이고 독자적인 어떤 고유불변의 본질을 가진 존재가 아니라 다른 모든 존재, 나아가 세상 전체에 의존하는 연기적인 존재임을 깨닫는 것이다.[10] 생명과학자에게 요즘 생명과학에서 말하는 생명의 정의가 뭐냐고 질문한 적이 있다. 종교학자에게 종교가 뭐냐고 묻는 질문만큼이나 대답하기 곤란한 물음이었으나 질문자의 근기(根機)에 맞추어 답변을 해주었다. 신진대사(metabolism)와 번식(reproduction)이 생명현상의 가장 기본적인 요건이라는 내용이었다. 물론 경계선상의 애매한 존재도 있다는 언급을 덧붙였다. 아무튼 신진대사와 번식도 불교개념으로 보자면 바로 연기현상의 일면적인 예다. 생명체는 저 홀로 생겨나 저 홀로 살 수 있는 게 아니라 외부에 의존함을 보여주기 때문이다.

불교에서는 그런 물질적인 차원에서뿐 아니라 정신적인 차원에서도 우리가 철저하게 연기적인 존재라고 지적한다. 우리의 지각과 감각, 지식, 사고방식, 취향 등 어느 하나 절대적으로 고유하고 독자적으로 형성되어 운용되는 것이 없으며, 따라서 변하지 않는 것이 없다. 그러니까 연기적인 존재라 함은 달리 말하자면 열려 있는 존재라는 뜻이다. 각 생명체는 폐쇄된 시스템으로 보이지만, 실상은 그렇게 외부에 대해 열려 있고 또한 변화에 대해 열려 있다. 열려 있지 않으면 생명이 유지될 수 없다. 더욱이 무한히 열려 있다. 현상적으로는 개체이지만 본질적으로는 그 한 몸에 갇혀 있는 존재가 아니다. 앞에서 소개한 부처의 세 가지 몸 개념도 그런 생명관을 바탕으로 한다. 생명체가 열려 있는 시스템이라는 관찰은 그것을 어떤 기계론적인 개념틀로 환원시켜 설명해버리려는 시도를 무색케 한다. 어떤 과학자들은, 열려 있더라도 종국에는 한계가 없을 수 없으리라고 생각할 것이다. 그러나 불교를 포함해서 종교에서는 무한을 이야기한다. 물리적으로는 개체로서 극히 제한된 존재이지만 그 외연을 무한히 넓혀서 세상 전체[11]를 제 몸으로 삼으며 살아가는 보편자가 될 수도 있다는 것이다.

불교의 연기개념은 특히 생명체와 관련해서 생명과학에도 일말의 참고가 될 수 있을지 모르겠다. 생태사상에서는 이미 많이 거론되고 있다. 그러나 불교의 연기교리는 생명현상의 관찰을 통한 귀납적 결론의 개념화에 그치지 않고, 그 이치를 어떻게 자기의 한 몸으로 구체화하며(embody) 살아야 하는가를 말하는 도덕적 메시지로 나아간다는 점을 유념해야 할 것이다. 그러기에 종교인 것이다.

생명현상으로서의 업

불교에서 생명이라고 할 때에는 생명과학에서처럼 특정의 유기체 현상을 가리키기보다는 구체적인 생명체가 생명을 영위하는 모습 전체, 이를테면 삶의 현상 전반을 포괄해서 지칭한다. 불교에서 말하는 업(業)이라는 개념이 바로 그 현상을 포괄적으로 가리킨다. 업이란 생명체가 '삶을 통해 자신과 자신의 세계를 만들어간다는 것'이며 그런 의미에서 '창조적인 삶의 과정'을 총칭하는 것이다.[12] 세계의 구조가 생명, 즉 삶을 특정의 모습으로 만드는 것이 아니라 거꾸로 삶의 모습이 세계를 만들어간다는 것이다.

그러니까 어떤 업을 짓느냐에 따라 세계가 달라진다. 업의 특징 가운데 하나는 반드시 그 과보(果報)가 있다는 것이니, 크고 작은 그 과보가 개체뿐 아니라 세상 전체를 지어낸다. 개체로서의 자아를 실체시하고 절대시하는 것은 존재의 진상을 모르는 어리석음[無明]을 연(緣)으로 하여 일어나는 그릇된 인식이기 때문에, 그런 인식을 바탕으로 해서 자기중심적이고 이기적으로 사는 것은 잘못된 세상을 지어낸다. 무한히 열린 시스템이라는 생명의 진상에 반(反)하여 분절화(分節化)된 세상을 지어내기 때문이다.

아래의 인용문이 불교에서 그런 이야기를 하는 취지가 무엇인지 간명하게 말해준다.

> 무아의 논리적 근거가 되는 연기란 업보의 다른 이름에 지나지 않는다. 업보, 즉 연기하는 삶에는 두 가지가 있다. 하나는 생명의 실상이 무아이며 업보라는 사실을 깨닫고 살아가는 삶과, 이러한 사실을 모르고 살아가는 무명에서 연기한 삶이다. 붓다가 깨달은 것은 이러한 업보, 즉 연기의 도리이다. 우리의 삶이 생명의 실상에 무지한 무명의 상태에서 살아가면 생로병사의 괴로운 삶이 연기하고, 무명을 멸하여 생명의 실상을 깨닫고 살아가면 괴로움은 사라지고 열반의 삶이 연기한다.
>
> ……불교에서는 생명의 본질을 육체나 영혼과 같은 존재로 보지 않고 업보, 즉 삶으로 본다. 이러한 업보의 생명관에서 보면 생명은 끊임없이 이어지는 업보의 과정, 즉 삶이다. 그리고 '모든 생명[衆生]은 업의 소유자이며, 업의 상속자이며, 업에서 나온 것'이다. 따라서 생명의 가치는 생명체가 소유한 육체나 영혼 또는 유전자에 의해 결정되는 것이 아니라 그가 어떤 삶을 사느냐에 달려 있다.[13]

그러니까 생명현상에 대한 불교의 이야기가 얼마나 과학의 발견과 상통하는지 또는 상충하는지는 일단 그다지 중요한 일이 아니다. 그 이야기의 취지는 역시 가치의 문제를 초점으로 한다는 점을 간과해서는 안 될 것이다.

4. 결 어

서언에서 예고했듯이, 이 글에서는 과학과 불교라는 서로 거리가 한참 먼 두 영역의 만남이라는 주제를 앞에 두고, 우선 양자 사이의 거리, 차이를 직시하고 가늠하는 논의를 시론적인 수준에서 펼쳐보았다. 그러나 양자의 만남이 불가능하다거나 필요 없다는 주장을 하기 위해서 차이를 부각시킨 것은 아니다. 그보다는, 기왕에 수고로운 만남을 시도한다면 어설픈 만남을 지양하고 정말 의미 있는 만남을 이뤄야 하겠으며, 의미 있는 만남을 가지려면 우선은 차이를 분명하게 드러내야 하겠기 때문이다.

과학이 발견한 것을 가지고 불교교리를 검토하여 시비를 가린다거나 불교교리를 가지고 과학의 성과를 검토하여 시비를 가리는 것은 인간을 위해 별로 의미 있는 결실을 가져다주지 않는다. 각자의 입장에서 내리는 결론일 뿐이겠기 때문이다. 또는 그렇게 해서 우열을 가린다거나, 서로 통하는 것이 있으면 가까워지고 아니면 말고 하려는 만남도 마찬가지로 수고에 비해 결실이 없다.

지금 우리가 기대하고 지향해야 할 만남은 인간, 세상의 총체적 진상에 대한 우리 의식의 부피를 최대한 넓히는 데 도움이 되는 만남이다. 서로 너무나도 다른 시각과 접근방식, 세계관을 내세우는 과학과 종교가 모두 인간 활동의 두 부문, 그것도 아주 비중이 큰 두 부문이라는 점을 염두에 둔다면 그 필요성은 자연스럽게 정당화된다.

여자와 남자의 공통된 점만 뽑은 것으로는 사람에 대한 총체적인 이해를 도모할 수 없다. 남녀가 서로 다른 면에 대해서 우열의 틀이나 정상·비정상의 틀을 적용해서 판정하는 것도 사람에 대한 적확한 이해에 도움이 되지 않는다. 마찬가지로, 과학적 세계관과 종교적 세계관 사이의 피상적인 공통점이나 상통점만 뽑아서는, 또는 각자의 기준을 가지고 시비를 가리는 것으로는, 인간과 세상의 총체적인 진상에 접근할 수 없고 오히려 그것을 왜곡시킨다. 양자 사이의 차이와 거리를 오롯이 수용하는 인간과 세상의 복합적이고 거대한 진상에 다가가기 위한 만남을 차근차근 진행할 수 있기를 바란다.

주(註)

1. 여기에서 '고전종교'라 함은 칼 야스퍼스가 말하는 축(軸)의 시대(axial period)에 고전 문명이 형성될 때 등장한 종교로서, 흔히 '역사종교(historic religions)'라고도 일컫는 것들을 가리킨다. Karl Jaspers, *The Origin and Goal of History*(London: Routledge, 1953), p. 1; 리차드 컴스탁, 《종교의 탐구》, 윤원철 옮김(서울: 제이앤씨, 2007), pp. 104ff.; 로버트 벨라, 《사회 변동의 상징구조》, 박영신 옮김(서울: 삼영사, 1981), pp. 48ff.

2. 에드워드 콘즈(Edward Conze)도 불교사상의 특성 가운데 하나가 실용적(pragmatic)이라는 점을 꼽는다. 이런 의미의 실용성은 여느 종교에도 모두 기본적으로 들어 있다고 할 것이다.

3. 박성배, 《깨침과 깨달음》, 윤원철 옮김(서울: 예문서원, 2002), p. 85. "부처란 연기의 세계, 즉 모든 법(물리적·정신적 개별 현상과 존재)이 인연으로써 서로 의지하여 일어나는 세계 그 자체를 가리킨다. ……그러니까 '나는 부처'라 함은 곧 '나는 연기적 존재'라는 뜻이다."

4. 삼신(三身)에 대해서는 약간씩 다른 이설(異說)들이 있으며, 여기에서 소개한 것은 그 가운데 하나이다.

5. 마스타니 후미오(增谷文雄), 《불교개론》, 이원섭 옮김, 개정 2판(서울: 현암사, 2001), pp. 39-42.

6. 같은 책, p. 33에서 재인용.

7. Michael Fischer, "Ethnicity and the Post-Modern Arts of Memory," in James Clifford & Geroge E. Marcus, eds., *Writing Culture: The Poetics and Politics of Ethnography*(Berkeley: U of California P, 1986), p. 201.

8. 초기 불교 사상에서의 해석과 대승불교 사상에서의 해석이 좀 다르지만 여기에서는 대승

불교 사상의 해석을 바탕으로 해서 설명해본다.

9. 소광섭, 〈관찰자와 현상의 관계〉, 《종교와 과학》 대우학술총서 468(서울: 아카넷, 2000), pp. 135–159.

10. 앞의 주 3 참고.

11. 이것도 외연에 한계가 없다고 본다. 무량중생(無量衆生), 즉 중생은 셀 수 없이, 그러니까 무한히 많다는 개념이 그런 뜻이다.

12. 이중표, 〈대승불교의 생명관〉, 《불교학연구》 6(2003), pp. 322–323, 333.

13. 이중표, 〈불교의 생명관〉, 《범한철학》 20(1999), p. 242.

과학기술과 종교 : 미래지향적 패러다임

문영빈 | 서울여자대학교 기독교학과 교수

Phronesis without techne is empty; techne without phronesis is blind.

−Richard Bernstein

1. 첨단 과학기술의 종교성

얼마 전 뉴스에 의하면, 정부는 다가올 '후기인간사회(Posthuman Society)'를 준비하기 위해 로봇(인공인간)과 인간의 관계에 관한 윤리법령의 제정 작업을 하고 있다고 한다. 이와 같이 정보과학, 생명과학, 나노과학, 우주과학 등의 혁명적 발전으로 인해 현재 우리는 경이로운 변화의 소용돌이에 휘말리고 있으며, 가공할 '멋진 신세계(Brave

---

※ 본고는 대중강연을 목적으로 작성된 글로서 학술적인 논의와 참고문헌은 최소화했다. 다만 보다 심도 있는 학술적 논의와 참고문헌에 관심 있는 독자들을 위해 관련된 필자의 논문들과 저서를 밝힌다.

New World)’로 진입하고 있다. 그런데 이러한 상황에서 간과하기 쉬운 중요한 사실은 첨단 과학기술에 숨어 있는 종교적 차원이다.

역사학자 데이비드 노블(David Noble)은 《테크놀로지의 종교 *Religion of Technology*》(1997)에서 생명공학, 인공지능학, 우주과학 등 첨단 과학기술에 숨어 있는 ‘암묵적 초월성(implicit transcendence)’과 종교적 동기들을 날카롭게 폭로한다. 비록 과장이 많기는 하지만, SF영화들도 첨단 과학기술시대의 미래를 상상한다. 미래의 단상뿐만 아니라 첨단 과학기술의 종교성을 드라마틱하게 보여준다는 점에서 몇 편의 수작(秀作)을 잠시 살펴보는 것도 의미가 있을 것이다.

그 가운데 우주과학자로서 과학대중화에 큰 기여를 한 칼 세이건(Carl Sagan)의 동명소설을 영화화한 《콘택트》(1997)는 우주과학, 특히 ‘SETI(Search for Extra Terrestrial Intelligence)’ 프로그램에 그 과학적 기반을 두고 있다. 이 영화는 광활한 우주에서 인간의 우발적 존재의미에 대한 종교적 질문을 던지고 있다. SETI 프로그램은 초지구적 존재와 소통하려는 인간의 갈망을 표출하고 있는데, 이것은 초우주적 존재와 소통하려는 인간의 종교성과 맥을 같이한다.

이 영화의 주인공 엘리는 전형적인 실증주의 과학자로 외계인의 존재에 대한 확고한 ‘신앙’을 견지한 연구 끝에 외계인과 만나게 되지만, 이를 증명할 수 없다는 딜레마에 빠진다. 여기서 외계인의 존재에 대한 ‘신앙’은 일종의 ‘종교적’ 신앙이 아닐까? 또한 외계인과의 소통 경험은 일종의 ‘종교경험’이 아닐까? 무신론자로 자처하는 세이건이 이와 같은 ‘종교적’ 감성을 표출하는 것은 시사하는 바가 크다.

또한 스티븐 스필버그(Steven Spielberg)의 《AI》(2001)는 정보공학, 특히 인공지능학의 혁명으로 도래하고 있는 ‘후기인간사회’에 대한 다양한 종교적 차원의 문제들을 제기하고 있다. 스필버그는 ‘인간

시대→인간과 인공인간의 공존시대→인공인간시대'로 이어지는 '후기인간사회'의 진화를 예지하면서, 인류의 종말에 대한 디스토피아적 암울함을 그린다.

이 영화는 사랑할 수 있는 능력을 가진 인공인간 데이비드가 엄마의 사랑을 받기 위해 참 인간이 되고자 하는 눈물겨운 드라마를 보여주는데, 데이비드는 피노키오 이야기를 들으면서 '푸른 요정'을 만나면 참 인간이 될 수 있다는 '신앙'을 갖게 된다. 그러면 '후기인간사회'에서 자연인간과 인공인간의 궁극적 존재의미는 무엇인가? 인공인간에게도 일종의 종교체험은 가능한 것인가? '후기인간사회'의 궁극은 어떠할 것인가?

수많은 영화로 제작된 SF소설의 효시 메리 셸리의 《프랑켄슈타인 *Frankenstein*》(1818)은 약 2세기 전에 이미 인공지능학과 생명공학에 숨어 있는 영생추구적 종교성과 과학기술의 모호성을 날카롭게 파헤치고 있다. 인간이 '신(神)'을 대신해 인공인간, 인공생명을 창조할 권리가 있는가? 이러한 인공적 창조의 결과는 어떠할 것인가? 과연 인간이 창조한 인공인간은 행복할 것인가? 그 역작용은 무엇인가? 그녀가 예지하는 과학기술시대의 미래상은 지극히 어두운데, 거의 200년의 세월이 흐른 현재 인공지능학과 생명공학의 혁명을 통해 우리는 이 소설의 부제인 '현대판 프로메테우스(Modern Prometheus)'의 가공할 능력에 접근하고 있는 것이다.

이러한 SF영화들이 그리듯이, 첨단 과학기술은 궁극적이고 종교적인 차원의 다양한 질문들을 함의하고 있으며, 이것이 바로 첨단 과학기술에 숨어 있는 암묵적 종교성이라고 볼 수 있다.

2. '인류원리'와 '신(神)인류원리' : 과학기술인과 종교인의 창발

과학기술의 근원적인 암묵적 종교성은 진화론적 관점에서 보다 분명해진다. 인류의 조상들이 불, 식재료 등 생존환경의 '우발성'을 제어하기 위해 불, 사냥, 농경 도구들을 만든 것이 과학기술의 기원이다.

종교의 기원에 관해서는 다양한 견해들이 있지만 자연재해, 병, 죽음 등과 같은 극한적인 자연의 우발성이 종교의 창발에도 큰 영향을 미친 것은 분명하다. 이러한 우발성의 공포를 관리하기 위한 방편으로서 초월적 존재에 의지하는 원시종교, 샤머니즘이 창발되었다고 볼 수 있는 것이다(Niklas Luhmann). 따라서 과학기술과 종교는 공통적으로 인간이 환경의 우발성을 관리하기 위한 효과적인 방편들로서 창발된 것이라고 볼 수 있다.

"어떻게 자신의 관찰자가 창발되도록 우주가 진화되었는가?" 하는 질문은 유명한 '인류원리(anthropic principle)'의 핵심이다. 우주의 관찰은 과학기술을 통해 가능하므로, 인류원리는 "어떻게 '도구인(*Homo faber*)' 혹은 '과학기술인(*Homo techno-scientificus*)'이 창발되도록 우주가 진화되었는가?" 하는 문제로 환원된다. 이 '인류원리'에서 파생되는 중요한 또 하나의 질문은 "어떻게 우주가 '종교인(*Homo religiosus*)', '신인류(神人類, theo-anthropos)' 혹은 '신의 관찰자'가 창발되도록 진화되었는가?" 하는 것인데, 이 문제를 필자는 '종교인류원리(Religious Anthropic Principle)' 혹은 '신인류원리(Theo-Anthropic Principle)'라고 칭하고자 한다.[1]

우주의 초기조건의 우발성(fine-tuning)을 포함해 무한한 우연의 바다 속에서 진행된 우주적 · 생물적 · 문화적 진화의 거대한 파노라마를 생각할 때, '과학기술인'과 '종교인'의 창발은 실로 경이와 불가사의가 아닐 수 없다. 이러한 경이로부터 각각 '인류원리' 와 '신인류원리' 가 파생된 것이며, 이 원리들은 진화의 신비 혹은 진화의 '종교성'의 다른 표현이다. 리처드 도킨스(Richard Dawkins) 등이 주장하듯이 '종교인' 혹은 '신인류' 의 창발이 순전한 우연의 결과라고 하더라도, 이런 경이로운 우발적 결과를 낳은 진화의 신비는 결코 반감되지 않는다. 아니 오히려 배가되는 것이다.

여기서 주목할 것은, 우주(자연)의 관찰과 '신의 관찰' 의 근원적 관련성이다. 자연현상의 관찰을 통해 자연의 우발성을 적극적으로 이해, 제어, 관리하기 위한 방편으로 과학기술이 창발되었다. 또한 자연현상의 관찰을 통해 자연현상 배후의 궁극적 존재를 상정하는 신화적 의사소통, 즉 종교가 창발된 것이므로, 자연현상의 관찰은 과학기술과 종교의 공통적인 모태가 된다.

원시사회에서 과학기술과 종교는 자연현상에 대한 분화되지 않은 '공동체적 코드화 시스템' 이라고 볼 수 있다. 과학기술은 자연현상에 대한 '통제/비통제' 의 '코드화(인코딩/디코딩)' 이고, 종교는 '초월/비초월' 혹은 '성(聖)/속(俗)' 의 '코드화' 인 것이다. 이런 의미에서 '과학기술인' 과 '종교인' 은 '상징인(*Homo symbolicus*)' 의 대표적 표출양식이다.

이와 같이 원시사회는 분화되지 않은 과학기술과 종교, 또한 예술을 통해 자연현상을 코드화했다. 즉 과학기술과 종교는 예술과 함께 인간의 환경적응을 극대화하기 위한 효과적인 '매체' 로서 중요한 기능을 했으며, 이런 다양한 매체들을 창출하는 능력을 가진 인간을 '매체인(*Homo medialis*)' 이라고 칭할 수 있다.

그런데 우주는 '자연법칙' 으로 코드화되어 있고, 생물적 진화 역시 생명의 코드화 과정으로 볼 수 있다. 그러므로 우주적·생물적 진화의 코드화 과정을 통해 창발되었고, 이제 자신의 환경을 과학기술, 예술, 종교를 통해 코드화하면서 사회문화적 진화를 창출하는 능력을 가진 인간을 '코드화된 코드 창출자'라고 칭할 수 있다.[2]

3. 현대 과학기술사회의 기회와 위기: 기능분화

현대사회의 중요한 특징은 정치, 경제, 교육, 과학기술, 종교, 예술 등 다양한 시스템들의 기능적 분화이며, 이에 따라 종교의 사회 통합적 기능은 약화되었고 과학기술의 사회적 영향력은 강화되었다(Niklas Luhmann).

또한 현대 과학기술은 원시 과학기술과 다른 차원의 특성을 가진다. 20세기 최고의 철학자로 꼽히는 마르틴 하이데거(Martin Heidegger)는 그의 고전적 강연인 〈과학기술에 관한 질문(Die Frage nach der Technik)〉(1955)에서 현대 과학기술의 특성이 '강제적 드러냄'이라고 통찰력 있게 주장했다. 현대 과학기술은 감추어진 자연의 신비를 강제로 파헤치는데, 이는 현대 과학기술의 암묵적인 종교성, '계시성'을 또한 함의한다.

시스템이론을 활용해 말하자면, 과학기술 시스템은 다양한 실험과 관측방법들을 통해 자연 시스템들을 디코딩하고, 이를 다양한 과학기술적 코드로 인코딩해 사회의 과학기술적 담론으로 코드화한다. 또 역으로, 사회 시스템의 요구(예: 난치병 치료)를 디코딩해 다양한 과학기술적 방법(예: 줄기세포 연구)을 통해 자연 시스템의 코드로 인코딩(예: 줄기세포)한다. 즉 과학기술 시스템은 자연과 사회의 적극적인 상호침투 '인터페이스의 장(場)'으로서 '실증, 통제, 실용' 등을

코드로 정보를 처리하는 의사소통 시스템이다.[3]

간단히 말해, 과학기술 시스템을 통해 자연현상은 사회담론으로 코드화되고, 과학기술 시스템을 통해 사회담론은 자연현상으로 코드화된다.[4]

자연 시스템(물리/유기 시스템) ⇔ 과학기술 시스템(interface) ⇔ 사회 시스템

저명한 종교현상학자 미르체아 엘리아데(Mircea Eliade)에 의하면, 종교는 다양한 자연현상에 드러나는 성(聖)의 '현현' 혹은 '성현'을 다양한 상징들을 통해 '관찰' 한다. 시스템이론을 활용해 말하자면, 종교는 다양한 자연현상들을 통해 드러나는 '성현' 을 '초월성', '궁극성' 혹은 '성/속' 의 코드를 통해 '관찰' 하는 의사소통 시스템인 것이다. 따라서 종교는 세계(자연) 시스템들을 매개로 한 '궁극' 과 사회의 '인터페이스' 라고도 볼 수 있다. 세계 시스템을 통해 드러나는 '궁극' 의 그 무엇을 종교 시스템은 '초월성' 의 코드로 '관찰' 하는 것이다.

{궁극} ⇔ 세계 시스템들 ⇔ 종교 시스템(interface) ⇔ 사회 시스템

현대사회에서 과학기술과 종교 등 코드화 시스템들의 분화는 총체적인 사회의 환경적응 관점에서 기회인 동시에 위기가 된다. 코드화 시스템들의 분화는 사회의 환경 '관찰' 의 전문화를 의미한다. 예를 들어, 천체물리학을 통해 우주의 초기조건이 인류의 창발에 중요한 요건임을 알게 되었고 이를 통해 '인류원리' 를 인지하게 되었다. 또한 생명과학의 발전으로 생명현상에 대한 DNA 차원의 세밀한 관찰이 가

능하게 되었다.

한편 코드화 시스템들의 기능분화는 종종 이들 관찰들 간의 갈등을 초래하는데, 과학기술 시스템과 종교 시스템의 긴장관계가 그 중요한 사례다. 이러한 코드의 기능분화는 사회 시스템들의 관찰들 간의 조율을 어렵게 한다. 그 결과 과학기술문명의 역기능으로 양산된 생태위기, 핵위기 등과 같은 전 지구적인 위기상황에 대한 인류의 효과적인 대응에 큰 걸림돌이 될 수 있으며, 이는 인류의 생존과도 직결될 수 있다. 이렇게 분화된 코드화 시스템들의 다양한 관찰들의 조율 문제가 바로 과학기술문명 '위험사회'(Ulrich Beck)의 핵심이슈로 대두되고 있는 것이다.

4. '멋진 신세계'를 위한 미래지향적 전략 : 관찰과 정의의 최적화

그렇다면 과학기술과 종교의 미래지향적 관계는 어떻게 설정되어야 할 것인가?

모든 '관찰'에는 맹점이 있을 수밖에 없으며, 과학기술 시스템과 종교 시스템의 '관찰' 역시 예외가 아니다. 즉 과학기술 시스템은 종교적 코드인 명시적인 '초월성'이 부재하고, 종교 시스템은 '실증'과 '통제' 등의 과학기술적 코드가 부재하다.[5] 이로 인해 과학기술 시스템은 '초월성'의 관점이 맹점이 되며, 종교 시스템은 과학기술적 관점이 맹점이 된다. 인류가 보다 효과적으로 환경에 적응하면서 미래를 대비하기 위해서는 이 맹점들의 극복이 필요하며, 이를 위해서는 무엇보다 과학기술 시스템과 종교 시스템의 '관찰의 최적화'가 요구된다.

그런데 과학기술 시스템과 종교 시스템이 기능분화된 현대/미래

사회에서 과연 이러한 '관찰의 최적화'가 가능할 것인가? 만약 가능하다면, 이 가능성의 근거는 무엇인가? 우리는 이 근거를 과학기술 시스템과 종교 시스템 간의 최소한의 공통분모에서 찾아야 할 것이다.

첫째, 이미 강조했듯이 이 시스템들은 모두 자연환경의 우발성을 제어하려는 초월성에 근거하고 있으며, 과학기술 시스템도 암묵적인 종교성의 차원을 가진다(David Noble; Niklas Luhmann; Paul Tillich). 둘째, 이 시스템들은 인간의 다른 표출양식들로서 궁극적으로 인간의 합리성에 그 기반을 둔다(Wentzel van Huyssteen). 셋째, 이 시스템들은 사회 시스템으로서 사회성의 속성을 가진다(Niklas Luhmann; Thomas Kuhn; Wentzel van Huyssteen).

넷째, 이 시스템들은 모두 해석(관찰)의 범주에 속하는 해석성의 속성을 가진다(Thomas Kuhn; H-G. Gadamer; Niklas Luhmann; Wentzel van Huyssteen). 다섯째, 이 시스템들은 사회의 환경적응을 매개하는 매개성의 기능을 한다(Niklas Luhmann). 마지막으로, 이 시스템들은 모두 초월성에 근거하고 있으므로 이에 따른 오만의 위험성과 모호성을 가진다(Paul Tillich).

과학기술 시스템과 종교 시스템의 이러한 최소한의 공통분모들은 이들의 창조적 교류와 상호침투, 이를 통한 '관찰의 최적화'를 위한 가능성의 근거가 된다. 그리고 이 시스템들의 '관찰의 최적화'야말로 '멋진 신세계'에서 인류의 중요한 환경적응 전략이자 생존전략이다. 「과학기술, 종교를 만나다」와 같은 학제 간 포럼은 이러한 인류의 생존전략의 일환으로서 그 중요한 의의를 찾을 수 있다.

전 세계적으로 확산되고 있는 이러한 '종교와 과학(기술)'의 담론은 종교 시스템의 관찰을 디코딩해 과학기술 시스템의 코드로 인코딩하고, 역으로 과학기술 시스템의 관찰을 디코딩해 종교 시스템의 관찰로 인코딩함으로써 종교적 코드와 과학기술적 코드를 매개하는 '재 코드화'의 장(場)이다. 이와 같이 '종교와 과학(기술)'의 담론은 종교 시스템과 과학기술 시스템 간의 상호침투의 '인터페이스'로서 사회의 환경관찰 최적화에 기여할 수 있다. 이를 위해서는 종교 시스템과 관 련된 '신학' 혹은 '종교학'은 '종교와 과학(기술)'과 종교 시스템을, 과학기술 시스템과 관련된 '과학학'은 '종교와 과학(기술)'과 과학기 술 시스템을 매개하는 인터페이스로서의 역할을 해야 할 것이다.[6]

종교 시스템 ⇔ 〈신학, 종교학〉 ⇔ 〈종교와 과학〉 ⇔ 〈과학학〉 ⇔ 과학기술 시스템

그러면 종교 시스템의 미래지향적 역할은 무엇인가? 무엇보다 종 교 시스템은 '초월/궁극'의 코드를 통해 자연, 생명, 인간 등 세계 시 스템들에 드러나는 심층적·초월적·궁극적·총체적·통전적인 관점 을 제시할 수 있다. 다양한 종교들은 자연, 생명, 인간에 대해 깊은 관 심을 가져왔으므로, 오랜 역사적 전통을 거쳐 농축된 심원한 통찰력 을 제시할 수 있다.

이러한 종교 시스템의 관점은 과학기술 시스템의 분석적·물량 적·실증적·환원적·실용적 관점을 보완하면서 '창조적 긴장' 관계 를 유지함으로써 사회의 총체적 '관찰'의 최적화에 기여할 수 있다. 총체적 관찰의 최적화는 질서와 무질서의 긴장상태, 혹은 '혼돈의 가 장자리'(Stuart Kauffman)에서 가능하므로, 사회 시스템들의 관찰들 간의 적절한 창조적 긴장관계는 최적화를 위한 필요조건이 되는 것이 다.

또한 종교 시스템은 자신의 코드를 통해 과학기술 시스템의 자연, 생명, 인간에 대한 물화와 탈신성화의 경향을 비판하며 견제해야 한

다. 자연, 생명, 인간에게는 물화나 탈신성화될 수 없는 그 무엇인가가 있으며, 이것이 바로 종교의 영역인 것이다. 따라서 종교적 자연이해, 종교적 생명이해, 종교적 인간이해는 '멋진 신세계'를 주도하게 될 나노공학(NT)/우주공학(ST)적 자연이해, 생명공학(BT)적 생명이해, 인공지능(AI)/정보공학(IT)적 인간이해와 창조적 긴장관계를 유지함으로써 자연, 생명, 인간에 대한 총체적인 이해와 총체적인 정의가 최적화 되도록 기여해야 할 것이다.[7]

현대 과학기술사회는 과학기술 시스템의 코드가 다른 사회 시스템들의 코드들을 지배하는 '폭정'의 경향을 보인다(Michael Walzer). 원시·고대·중세 사회에서는 종교 시스템의 '폭정'이 두드러졌다. 그런데 근대사회로 접어들면서는 기능분화된 과학기술 시스템이 특유의 분석적 코드를 통해 종교 시스템의 '폭정'을 강하게 견제하는 데 기여해 왔다. 이제 '멋진 신세계'에서는 역으로 종교 시스템이 과학기술 시스템의 '폭정' 경향을 견제해야 할 것이다.

뿐만 아니라 과학기술 시스템의 자연 시스템에 대한 적극적이고도 공격적인 침투는 자칫 자연 시스템의 질서를 크게 손상시키는, 자연계에 대한 일종의 '테러' 가능성을 배제할 수 없게 한다. 종교 시스템은 이런 가능성도 견제해야 할 책임이 있다. 현재 우리는 과학기술 시스템의 자연계에 대한 '테러'로 인한 역작용을 뼈아프게 경험하고 있는데, 생태위기가 바로 그 대표적인 사례라고 할 수 있다. '후기인간사회'에서는 《매트릭스》, 《아이로봇》 등의 SF영화들이 경고하듯이, 인공인간의 자연인간에 대한 역작용 혹은 '테러'의 가능성도 배제할 수 없다.

결국 과학기술 시스템과 종교 시스템의 관찰의 최적화는 인류사회 생존의 최적화는 물론, 궁극적으로 '공공선의 최적화'와 '총체적

정의의 최적화'를 지향해야 한다. 특히 종교 시스템은 고유의 통전적 관심으로 자연-생명-인간의 총체적 정의에 깊은 관심을 가지는데, 사회의 생존과 총체적 정의 추구는 불가분의 관계를 가진다.

나노공학, 생명공학, 인공지능학이 주도할 '멋진 신세계'에서는 자연권, 생명권, 인권(인공인간권을 포함)의 문제에 대한 새로운 차원의 조명이 요구된다. 이에 대해 자연, 생명, 인간의 신성함과 관계의 조화를 강조하는 종교 시스템의 통전적 비전이, 공론을 통한 사회의 총체적 정의의 최적화 과정에서 핵심적인 역할을 할 수 있을 것이며, 종교 시스템은 이런 공적 역할과 책임을 적극적으로 감당해야 할 것이다.[8]

'정의'의 개념은 복잡하고 다차원적이다. 과학기술사회에서 주목해야 할 중요한 정의의 변수들로는, 크게 (1)자연에 대한 지식, 관리, 통제 등의 가치에 초점을 맞추는 과학기술 시스템에 관련된 변수(과학기술권), (2)부가가치 및 분배의 가치에 초점을 맞추는 경제 시스템과 관련된 변수(경제권), (3)생명의 존엄성, 생태계의 질서, 자연 질서 등의 가치에 초점을 맞추는 자연계(무기/유기 시스템)에 관련된 변수(생명권 및 자연권), (4)자유, 실존, 의미 등의 가치에 초점을 맞추는 개별적 인간(심리 시스템)에 관련된 변수(인권), (5)관계, 평화, 공공선 등의 가치에 초점을 맞추는 사회전체(사회 시스템)에 관련된 변수(공공권 혹은 사회공익권)를 꼽을 수 있다.

이 같은 정의의 변수들은 서로 연관되어 있는 동시에 긴장관계에 있는데, 공론의 영역에서 '과학기술권'은 과학기술 담론이, '경제권'은 경제 담론이, '생명권' 및 '자연권'은 생명/생태주의 담론이, '인권'은 자유주의 담론이, '공공권'은 공동체주의 담론이 강조하면서 변호하는 가치들이다.

이에 관한 구체적인 한 사례는 현재 전 세계적으로 주목받고 있는 배아줄기세포 연구를 둘러싼 첨예한 논쟁이다. 배아줄기세포 연구의 자유를 강조하는 담론, 이 연구의 부가가치를 강조하는 담론, 난치병 자들의 생명권 및 인권을 강조하는 담론, 배아의 생명권을 강조하는 담론, 난자제공자들의 인권을 강조하는 담론, 특허문제를 둘러싼 혜택의 분배와 관련된 공공권을 강조하는 담론 등이 공론의 장에서 이와 같은 정의의 변수들의 긴장관계를 잘 보여준다.

이와 같이 다양한 담론들을 통해서 각 정의의 변수들이 공론의 장에서 온전히 드러날 때만, 현대 과학기술사회는 총체적인 정의의 최적화 상태를 찾아갈 수 있을 것이다. 종교 시스템은 공론의 영역에서 특유의 '궁극성' 혹은 '초월성'의 코드를 통해 간과되고 있는 정의의 변수들을 지적하고, 총체적 정의의 최적화에 대한 미래지향적 비전을 제시함으로써 현대 과학기술사회의 공론을 가이드하는 데 기여할 수 있을 것이다.

결론적으로, 다가오는 미래를 문자 그대로 '멋진 신세계(Wonderful New World)'가 되게 하기 위해서는 과학기술 시스템과 종교 시스템이 상호 보완·비판·견제하면서 총체적 '관찰의 최적화'와 총체적 '정의의 최적화'를 지향해야 할 것이다. 이러한 상호 보완·비판·견제는 종교 시스템과 과학기술 시스템을 포함한 다양한 사회 시스템들의 관찰들의 비판적 교류를 촉진하는 '공론의 장' 활성화를 통해서만 가능하며, 이러한 '공론의 장' 활성화는 과학기술 시스템과 종교 시스템을 포함하는 모든 사회 시스템들이 서로를 향해 겸허한 배움과 적극적인 비판의 자세를 견지하는 '열린사회'(Karl Popper)에서만 가능할 것이다.

이제 우리는 각종 SF영화에서 조망하는 암울한 디스토피아적 미래에 대한 다양한 경고들을 단지 영화적 상상에 불과하다고 무시할 것이 아니라, 경각심을 가지고 이러한 경고들을 '합리적으로 판단' 해, 도래하고 있는 가공할 '멋진 신세계(Brave New World)'를 현명하게 대처해 나가야 할 것이다.

주(註)

1. 문영빈, 〈종교인본원리와 '신의 형상' : 니클라스 루만의 시스템이론적 관점〉, 《종교연구》 38(2005년 봄), pp. 31-60 참조. 보다 심도 있는 학술적 논의로는 Young Bin Moon, *Rethinking Theology and Religion in the Information Age: A Constructive Appropriation of Niklas Luhmann's Systems Theory*(Tübingen, Germany; Mohr Siebeck, 2007 forthcoming), ch. 4 참조.

2. 문영빈, 〈종교인본원리와 '신의 형상'〉; Moon, *Rethinking Theology and Religion in the Information Age*, ch. 4 참조.

3. 현재 순수과학과 응용과학의 구분은 모호하다. 순수과학 역시 실험을 위해 고도의 테크놀로지를 활용하고 있기 때문이다. 실험기기들은 자연에 적극적으로 침투해 자연현상을 디코딩하고 이를 데이터로 인코딩한다.

4. 문영빈, 〈생명, 테크놀로지, 종교: 시스템이론적 관점〉, 《종교연구》 46(2007년 봄), pp. 251-278; Moon, *Rethinking Theology and Religion in the Information Age*, ch. 6 참조.

5. 1절에서 필자가 강조한 과학기술 시스템의 '종교성' 혹은 '초월성' 은 어디까지나 '숨어 있는(hidden)' 것이며 '암묵적(implicit)' 인 것이다, 만약 과학기술 시스템의 '초월성' 이 '명시적(explicit)' 이 된다면, 그것은 이미 과학기술 시스템이 아니라 종교 시스템이 되어버리는 것이다. 다시 말해 과학기술 시스템의 '초월성' 은 '이차적 코드' 일 뿐이며, 과학기술 시스템의 정체성은 그 '일차적 코드' 인 자연현상에 대한 '지식', '통제', '실용' 에 있다. 이에 대한 보다 심도 있는 학술적 논의로는 Moon, *Rethinking Theology and Religion in the Information Age*, ch. 5 참조. 본 포럼의 토론에서 이에 대한 보다 명확한 설명의 필요성을 인식하도록 질문을 제기한 서울대학교 수의학과 우희종 교수께 감사를 표한다.

6. 문영빈, 〈정보화시대의 신학〉, 《종교연구》 31(2003년 여름), pp. 163-185; Moon, *Rethinking Theology and Religion in the Information Age*, ch. 5 참조.

7. 한 구체적인 사례로는, 과학적 생명이해와 불교적 생명이해의 긴장관계를 논한 윤원철 교수의 발표를 참조할 것. 또한 과학적 생명이해와 종교적 생명이해의 창조적 융합의 가능성을 제시한 한 시도로는 문영빈, 〈생명, 테크놀로지, 종교: 시스템이론적 관점〉 참조.

8. 문영빈, 〈과학기술사회의 정의구현〉, 《종교연구》 33(2003 겨울), pp. 121-142;
Moon, *Rethinking Theology and Religion in the Information Age*, ch. 6 참조.

토 론

과학기술, 종교를 만나다

사 회   시작하기 전에 우선 '새로 보는 과학기술' 이라는 사업을 간단히 소개하겠습니다. 이 사업은 지난 여름에 부총리께서 과학대중화 사업을 새로운 각도에서 해보자고 제안하셔서 시작되었습니다. 2006년에 이미 「인간을 만나다」, 「예술을 만나다」, 「사회를 만나다」라는 세 번의 포럼을 개최했습니다. 지금 그 내용을 편집해서 책을 출간하려고 준비하고 있습니다. 본래는 3월 중에 발간할 예정이었지만, 종교까지 포함하는 것이 좋겠다고 해서 조금 늦췄습니다. 아마도 4월 중에는 발간이 될 것입니다. 책의 구성은 기조강연과 주제발표문을 그대로 싣고, 토론은 최대한 현장감을 살려서 생생한 내용을 그대로 실으려고 노력하고 있습니다.

    이 포럼이 너무 어렵다는 의견들이 있으신데, 사실 그렇습니다. 오늘의 주제 역시 좀 무거울 것으로 생각합니다. '새로 보는 과학기술' 이라는 사업 자체가 우리도 무거운 주제로 이야기를 할 수 있다는 사실을 확인해보는 차원에서 시작됐습니다. 그렇다고 격렬한 논쟁을 하려고 시작한 것은 아니고, 어떤 특별한 결론을 도출하려고 노력도

하지 않을 것입니다. 다만 진지하게 토론을 위한 토론을 할 수 있다는 사실을 확인해보려고 합니다. 그런 과정에서 우리가 정말 원하는 것이 무엇인지를 확인하게 될 것이라고 기대하고 있습니다.

그런데 토론이라는 것이 그냥 주제만 있으면 되는 것이 아니고, 이야기를 해주실 분이 있어야 합니다. 아무리 좋은 주제라도 우리 사회에서 이야기를 나눌 수 있는 분들이 없으면 불가능합니다. 오늘 토론은 끝이 아니라 오히려 시작이라고 생각합니다. 우리 사회에서 과학기술과 종교 사이의 논쟁이 되어도 좋고, 화합이 되어도 좋습니다. 우리가 지속적으로 수준 높은 논의를 해볼 수 있는 주제를 찾아보자는 것이 이 포럼의 목적입니다.

그럼 오늘 네 분의 토론자를 소개하겠습니다. 호남신학대학교 신재식 교수님, 복잡성연구회 회장직을 맡고 계신 연세대학교 사회학과 김용학 교수님, 그 다음에 서강대학교 물리학과 박광서 교수님, 그리고 마지막으로 포항공과대학교 물리학과의 김승환 교수님입니다. 우선 저녁에 학교 일이 있으신 김용학 교수님이 발표를 해주시겠습니다.

과학의 한계를 인정해야 소통이 가능하다

김용학　평소에는 제가 토론자 역할을 할 경우에 파워포인트 준비를 잘 안 하는데, 지난번 어느 발표장에서 저만 파워포인트를 준비하지 않아서 당황한 적이 있었습니다. 열심히 준비했는데도 성의가 없는 것처럼 보였지요. 오늘은 어떤 모임인지 잘 몰라서 준비해 왔는데, 토론자로서 주제넘은 것처럼 보이게 되었습니다.

사실 오늘 이 모임에는 신학자, 종교학자, 자연과학자 특히 물리학자들이 많이 계시는 것 같습니다. 사회학이라는 상당히 이질적인 학문을 전공했다는 이유로, 저는 오늘 좀 급진적인 내용을 이야기하려고 합니다.

오늘 발표해주신 모든 발제자들의 공통점을 나름대로 추려보면 이렇습니다. 과학과 종교의 '만남은 필요하다.' '초기의 만남에서는 갈등이 많았으나 앞으로는 상호보완적인 만남이 있어야 되고, 그런 상호보완성은 정당하고 미래를 위해서 필요한 것이다.' 저도 이런 관점에서 토론을 시작해보려고 합니다.

사회학에는 과학을 하나의 사회제도로 보고, 과학자들이 어떻게 연구를 하는가에 대한 실제적인 실천 과정을 연구하는 과학사회학이라는 분야가 있습니다. 과학사회학의 한 이론에 의하면 과학자들이 교만하다고 합니다. 왜냐하면 과학도 믿음 체계 또는 신념 체계에 근거하고 있는 것임에도 과학이 마치 '절대 객관' 인 것처럼 주장한다는 것입니다. 과거에 발생한 사건이나 구조에 대한 연구를 하는 역사학과 비슷한 지질학이나 진화론 등을 과학에 포함한다면 이 주장은 더 설득력이 있습니다. 또 1000년 후의 과학자가 현재 우리 과학계에 타임머신을 타고 온다면, 현재의 우리 과학이 상대적으로만 객관적이라는 주장을 할 것입니다.

저는 과학도 결국은 역사성, 사회성, 문화 속에 내재되어 있는 것이라는 사실을 말씀드리려고 합니다. 지금 보시는 사진은 우주에 대한 것과 생명 현상을 나타낸 것입니다. 과학이 발달하면서 우리는 인간 인식의 지평 너머에 있는 신비를 보게 되었습니다. 다시 얘기하면, 과학이 발전하면 발전할수록 우리는 아리스토텔레스가 말한 '제1원인,' 'The First Cause' 가 무엇인가에 대한 의문을 갖게 됩니다. 그래서 과학이 종교를 대체하기보다는, 종교적인 질문을 되뇌게 만들었다

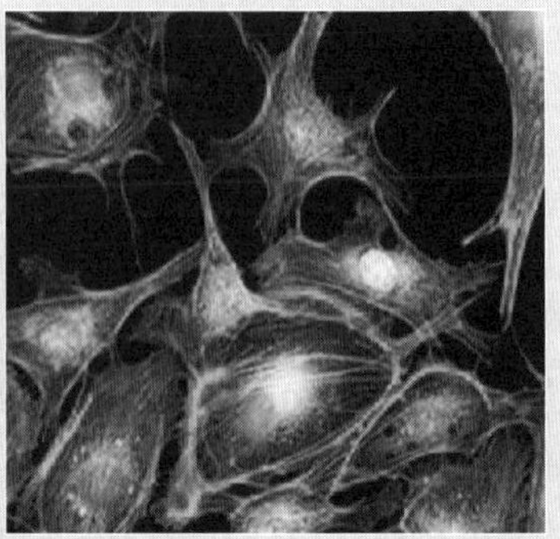

고 볼 수 있습니다.

과학과 종교 사이의 갈등을 중재할 수 있는 몇 가지 방법들이 있습니다. 첫째는 근대과학에 종교적인 뿌리가 있었다는 점을 인식하는 것입니다. 머톤이라는 사람의 주장에 의하면 근대과학은 자연에 편재하는 신의 영광을 드러내려는 종교적 동기에 의해서 성립하고 발전했다고 합니다. 이는 뉴턴의 자서전을 통해서도 명백히 알 수 있습니다. 뉴턴은 자기 자신을 자연의 아주 작은 부분에 대한 법칙을 발견하고 매우 기뻐하는 어린아이에 비유합니다. 바닷가에서 뛰어놀면서 조개껍질에 바닷물을 조금 떠놓고, 이것을 저 넓은 바닷물에 해당하는 신의 섭리와 비교합니다. 만물에 편재하는 신의 섭리를 밝히려는 종교적 믿음이 근대과학의 성립에 어떤 역할을 했는지 알 수 있습니다.

둘째, 근대과학의 기원만이 아니라 넓은 의미의 과학은 연구과정에 믿음이 개입하고 있다는 점을 인식하면 종교와 과학은 친구가 될 수 있습니다. 엄밀한 방법론을 써서 과학적 지식을 정당화하는 맥락(context of justification)을 바로 좁은 의미의 과학이라고 할 수 있을 것입니다. 그러나 넓은 의미의 과학은 발견의 맥락(context of discovery)을 포함하며, 이 맥락은 믿음과 관련이 있습니다. 예를 들면 자연세계는 과연 인과론적으로 구성되어 있는가? 원인이 있으면 결과가 있고 결과가 있으면 원인이 있는 것인가? 이에 대한 믿음도 필요합니다. 연구 주제를 설정하는 것도 믿음과 관련되어 있습니다. 우리가 실천하고 있는 과학의 철학적·윤리적·종교적 함의는 무엇인가라는 메타과학적인 질문들도 믿음을 요구합니다. 그리고 뉴턴의 동기에서 알 수 있듯이, 왜 그토록 열심히 과학을 하는가도 종교적인 믿음과 관련이 되어 있습니다. 과학에도 믿음이 있고, 그런 믿음이 생성되는 과정은 종교에서의 믿음이 생성되는 과정과 대칭적으로 보아야 된다는 주장입니다.

에반스−프리차드(Evans-Pritchard)라는 인류학자의 얘기를 인용해 보겠습니다. 그의 연구에 의하면 어떤 부족들은 중요한 결정을 내려야 할 때 '독약의식'이라는 것을 치릅니다. 독약의식에서 그들은 자신들이 만든 독을 닭에게 먹이면서 질문을 합니다. 예를 들어 부족이 동쪽으로 떠나야 하는가 말아야 하는가를 물어볼 경우, 닭이 죽으면 '가지 말라'는 뜻이 되고, 살아 있으면 '가라'는 식으로 해석을 하는 믿음 체계입니다. 그런데 중요한 질문의 경우에는 두 마리의 닭을 데리고 옵니다. 독의 강도는 만들 때마다 달라지는 것이기 때문에 두 마리를 데려다 독약을 주더라도 같이 죽거나 같이 사는 확률이 높습니다. 이들은 이러한 결과에 의해 자신들의 믿음을 더욱 굳건하게 합니다. 믿음이 나름대로의 근거를 갖고 있는 것입니다.

믿음과 증거 사이의 관계가 대칭적이라는 말은, 원시적 종교나 과학의 경우 모두 믿음 체계가 생성되고 유지되는 과정들을 대칭적으로 보아야 한다는 것입니다. 물론 제가 과학을 폄하하려고 이야기를 하는 것은 아닙니다. 과학은 훨씬 더 엄밀한 방법론적 세련화가 있고, 종교에는 그런 것이 없지요. 그럼에도 믿음과 과학 사이의 관계형태

자체는 대칭적입니다. 그래서 과학도 당시의 사회적·정치적·문화적 가치에 의해서 영향을 받게 됩니다. 즉 과학과 기술은 사회 안에 뿌리박고 있다고 말할 수 있습니다.

이론중립적인 관찰이 가능한가 하는 질문에 대해 말씀드리겠습니다. 사실 여러분들 앉은 위치에 따라 저의 모양이 다르게 보일 것입니다. 이것을 위치효과라고 합니다. 마찬가지로 자연과학자들도 어떤 곳에 위치하고 있느냐, 즉 이론적 위치에 따라서 관찰되는 것이 다르다는 것입니다. 과학의 역사에서 서로 견해를 달리하는 이론 사이의 대 논쟁이 있을 때 이런 현상은 잘 드러납니다. 이론적 차이나 선입관 또는 가치관의 개입으로 관찰되는 것이 안 보이기도 하고 다른 사람에게는 잘 보이기도 합니다. 관찰이 이론에 종속되어 있다는 것이지요. 여러분들이 잘 아시는 패러다임이라는 개념에도 이런 것들이 담겨 있습니다.

논쟁적인 실험결과가 발표되었다고 봅시다. 과학자들에게 어떤 경우에 그 실험결과를 믿는지를 물어보면, 그 과학자의 정직성과 연구능력에 대한 믿음이 중요하다고 대답합니다. 그 과학자의 개인적인 성품이 어떤가? 성격이 나쁜 사람이면 그 결과를 안 믿는다는 것입니다. 그 과학자가 과거 실패 경력이 있는가? 혹은 그 사람의 친구가 누구인가를 가지고도 연구결과를 믿느냐 안 믿느냐를 결정합니다. 우리로서는 좀 슬픈 이야기입니다만 과학자의 국적도 실험 결과에 대한 신뢰에 영향을 미칩니다.

오늘 현 교수님 발표에서 이안 바버가 분류한 과학과 종교 사이의 관계(갈등, 독립, 대화, 통합)에 대한 이야기가 있었습니다. 사실 이 포럼에서도 갈등이 조금 있을 줄 알았는데 전혀 없었고, 독립에서 벗어나 대화를 하자는 첫걸음인 것 같습니다. 그런데 과연 이것이 통합까지 갈 수 있는 것인가? 과학의 역사가 보여준 과학의 제한성 혹은 상대적 객관성을 겸손하게 받아들인다면, 종교와 과학은 상호 영감을 주는 관계로 발전할 수 있으리라는 것이 저의 생각입니다.

과학과 종교의 만남은 구체적인 현실

신재식 저는 광주에서 왔습니다. 오늘 여기까지 오기 위해 저는 자동차를 탔습니다. 그리고 KTX를 타고, 전철을 탔습니다. KTX 안에서는 김밥을 먹었습니다.

제가 자동차를 운전하는데 자동차 부품이 3만 개 이상 됩니다. 저는 핸들을 잡고 시속 100킬로미터로 몰았습니다. 기차역에 올 때까지 브레이크를 두어 번 밟았습니다. 무엇을 믿고 시속 100킬로미터로 달리고 브레이크를 밟았는지 모르겠습니다. 부품이 다 제대로 작동할 것이라고 생각했을 겁니다. KTX도 마찬가지입니다. KTX는 아마도 10만 개 이상의 부품이 서로 결합되어 있을 것입니다. 그런데 제가 KTX를 탄 것은 KTX가 저를 제시간에 용산역까지 데려다줄 것이라고 믿었기 때문입니다. 전철을 탄 것도 우리나라는 결코 정전이 되지 않을 것이라고 믿었고, 제시간에 이곳에 도착할 수 있을 것이라는 믿음이 있었기 때문이었습니다. 김밥을 먹었습니다. 이미 만들어진 김밥을 샀습니다. 김밥의 재료가 무엇인지 잘 모르지만 김밥을 만든 사람이 그 안에 남들을 위해할 수 있는 특별한 약품이나 약물을 넣지 않았을 거라고 믿었기 때문에 그것을 먹었습니다. 도대체 제가 뭘 믿는지 모르겠습니다. 이러한 것도 일종의 믿음이라고 할 수 있을 것입니다. 실제로 우리 일상생활은 여러 종류의 믿음이 필요합니다.

「과학기술, 종교를 만나다」 이렇게 얘기를 했을 때, 좀 불편하게 느끼는 사람도 있을 것입니다. 또는 왜 그런 것을 해야 되는가라고 생각하는 사람도 있을 것입니다. 불편하게 느낀다는 것은 이미 둘 사이가 서로 원만한 관계가 아니거나, 아니면 둘이 함께 한자리에 있는 것이 썩 어울리지 않는다고 생각하기 때문일 것입니다.

그러면 과연 그런 것인가? 오늘 현우식 박사님 발표는 자연과학 또는 과학기술과 기독교가 과거부터 불편한 관계가 아니었다는 것을 상징적으로 보여주고 있습니다. 특별히 예수와 마고스의 만남에 대한 이야기는 그런 사실을 가장 전형적으로 보여주었습니다. 그 이야기를 제가 좀 더 부연 설명할까 합니다.

신학자에게 있어서 과학기술이 다시 종교를 만난다는 것이 어떻게 해석될 수 있을 것인가. 저는 둘 중의 하나라고 생각합니다. 《반지의 제왕》 3편인 '왕의 귀환'을 보셨을 것입니다. 과학이 종교를 만나는 것이 왕의 귀환에 해당하는 것인가, 아니면 신약성서에 나온 탕자의 귀가에 해당하는 것인가? 사람에 따라 다른 판단을 내릴 겁니다. 왕의 귀환인가, 탕자의 귀가인가?

종교와 과학의 만남에 대해 오늘 선생님들이 여러 가지 얘기를 하시고 범주로서 말씀을 드렸는데 사실 그것은 이상형에 따른 것입니다. 이상형에 따라 범주화시킨 것은, 실제로 종교와 과학이 만나는 것을 우리가 일반화시켰을 경우에는 이러이러한 범주로 얘기할 수 있을 것이라는 겁니다. 그렇게 범주화시켜서 얘기를 하면 구체성을 상실합니다. 저는 종교와 과학의 만남이 우리가 이렇게 나가야 된다는 그런 당위가 아니라고 생각합니다. 종교와 과학의 만남은 구체적인 실존이고 현실입니다.

예를 들면 저는 신학자입니다. 신앙인입니다. 목사입니다. 그렇지만 저는 진화론을 믿습니다. 과학적 사실로서의 진화론이 충분히 신뢰할 만하다고 믿습니다. 그리고 현대의 빅뱅우주론을 사실로 믿습니다. 특정 종교 전통에 속한 사람이 과학을 그대로 받아들이는 경우입니다. 그런데 과학 분야에서 활동하는 전문과학자가 진화론을 과학적으로 인정하지 않는 사례도 있습니다. 이 얘기는 뭐냐 하면, 종교와 과학이라고 하는 문제가 한 사람의 삶에 있어서 구체적으로 현실화되는 사건이라는 것입니다. 이런 사건들을 쭉 일반화시켜서 보면, 어떤 사람에게는 이것이 갈등으로 나타날 수도 있고, 어떤 사람에게 있어서는 전혀 별개의 사실로 나타날 수 있습니다. 일요일에 성당이나 교회에서 신앙생활을 하고 나서, 실험실에 돌아와서는 그것을 전혀 기억하지 못하거나 자기의 실험 작업 속에서는 그것을 제외시키고 실험에만 몰두할 수도 있습니다. 그런 경우에 우리는 그 사람에게 있어서 종교와 과학이라고 얘기하는 것이 두 개의 분리된 실재라고 얘기할 수도 있을 겁니다. 우리가 이야기하는 통합이나 접촉도 그런 것입니다.

　그렇다면 기독교 안에서는 이런 모습이 어땠느냐? 지난 2000년의 역사에서 이런 모습들이 다 나타났습니다. 그런데 제가 종교와 과학의 문제, 과학기술과 종교의 문제를 다룰 때 이것이 구체적인 현실이라고 얘기하는 것은, 이것이 역사적이고 문화적이고 사회적인 상황과 밀접한 관련이 있는 구체적인 현실이라는 것입니다. 과거 2000년의 서양지성사나 서양문화사 속에서 종교와 과학을 이야기할 때는 굉장히 구체적인 사람들이 구체적인 입장을 가지고 특별한 견해를 발표했습니다. 지금 한국사회의 종교다원주의 상황에서 종교가 과학을 바라보며 그것을 평가하는 입장하고, 기독교가 2000년 동안 유일한 지배종교였던 서양문화 속에서 종교와 과학을 바라보는 태도는 전혀 다르다는 얘기입니다. 오늘 윤원철 선생님 발제에도 나타났지만, 불교가 하나의 종교로서 과학기술을 바라보는 입장과 기독교가 하나의 종교로서 과학기술을 바라보는 입장은 얼마든지 다를 수 있는 것입니다. 그것은 이슬람의 경우에도 마찬가지입니다.

그렇다면 도대체 기독교는 2000년 동안 과학을 어떻게 바라보았느냐 하는 문제입니다. 종교와 과학의 관계를 살펴볼 때 갈등이나 긴장관계로 바라보는 대표적인 사례로 우리는 대부분 갈릴레오를 들고, 그다음에 진화와 창조 논쟁을 들 수 있을 것입니다. 그런데 실제 기독교 역사를 되돌아보면 종교와 과학이 서로 완벽하게 분리되어 있는 상태가 아니고, 오히려 굉장히 밀접한 관계로 진행이 되었습니다. 서양 2000년사에 있어서 적어도 과학혁명 이전까지 서양의 지적 작업을 수행했던 사람들은, 기독교 계통의 종교전문 사제들이었습니다. 당대의 지식인들이 전부 사제였고, 대학은 기본적으로 기독교에 필요한 인력들을 양성하기 위한 조직이었지요. 그게 원래 대학의 출발이었습니다. 라틴어를 읽고 쓰고 자유롭게 사용할 수 있었던 사람들은, 루터의 종교개혁 시기에 그리고 구텐베르크 활자로 책이 제대로 나오기 시작하기 전까지의 서양문화 속에서 2퍼센트가 채 안 되었다고 합니다. 그런 상황에서 종교적인 관점에서 하나님에 대해 설명을 하는 것과 자연을 통해 하나님을 바라보려고 하는 작업들이 전적으로 신학자들에 의해, 종교사제들에 의해 진행되었습니다. 종교와 과학이라고 하는 것이 적어도 서양문명 속에서는 하나로 나타나는 것이 굉장히 자연스러웠다는 얘기입니다. 적어도 1000년 이상 종교와 과학은 서구전통 속에서 이렇게까지 분리되지 않은 상황이었습니다.

예를 들어서 우리가 흔히 알고 있는 갈릴레오 사건 같은 경우도, 갈릴레오가 당시 과학자들에 의해서는 지지를 받고, 가톨릭에 의해서는 비판을 받았다고 생각하면 당시의 상황을 제대로 이해하지 못한 것

입니다. 흔히 갖게 되는 선입견에 의한 오해인 것입니다. 실제로 갈릴
레오 논쟁에 있어서 갈릴레오를 지지하는 사람 중에는 종교인도 있었
고, 과학자들도 있었습니다. 갈릴레오를 비판하는 사람 중에도 과학
자와 종교인이 있었습니다.

또 한 사람의 예를 들면, 우리는 뉴턴을 물리학자로 알고 있습니
다. 물론 그 자신이 가지고 있는 정체성은 자연철학자였죠. 뉴턴이 과
학에 대해 언급한 것이 한 100만 단어가 됩니다. 그런데 신학과 종교
에 대해서 언급한 단어도 약 100만 단어입니다. 그리고 연금술에 관
한 것이 35만 단어 정도 됩니다. 뉴턴은 종교에 관해서 또는 신학에
관해서 썼던 것들은 발표하지 않았습니다. 기본적으로 자신이 가지고
있는 신앙이 영국 국교회와 일치하지 않는다고 생각했기 때문입니다.
그런데 뉴턴 자신에게 있어서 신학적인 작업을 하고, 종교 연구를 하
는 것은 과학적인 연구를 하는 것과 별다른 상황이 아니었습니다. 그
는 동일하게 하나님이 만들어낸 이 세상의 비밀을 들추어낼 수 있다고
생각한 사람입니다.

김 교수님께서 두 권의 책을 얘기했습니다. 이것은 서양이 기독교
문화 속에서 살았을 때 사람들이 기본적으로 전제하고 있던 것이었습
니다. 즉 하나님이 이 세상을 만드셨는데, 이 세상을 만들고 나서 우
리에게 두 권의 책을 주셨다는 겁니다. 하나는 '성서(Book of Bible)'
이고, 또 하나는 '자연(Book of Nature)'이지요. 동일한 저자에 의해
서 두 권의 책이 쓰였다고 생각할 때 그 두 권의 책이 모순되지 않는다
고 얘기하는 것입니다. 그렇다면 성서를 탐구하는 것과 자연을 탐구
하는 것은 서로 갈등관계에 있었던 것이 아니라는 뜻이 됩니다. 오히
려 두 권의 책을 다 읽은 사람은 저자의 뜻을 보다 정확하게 이해할 수
있게 되는 것이지요. 초기 자연과학 혁명에 관여했던 자연과학자들의

대부분은 이런 분위기 속에서 성장한 사람들입니다.

뉴턴이 만유인력의 법칙을 통해서 자연의 비밀을 밝혀냈는데, 그는 만유인력의 법칙도 신이 태초에 천지를 창조했을 때 부여한 것이라고 생각했습니다. 그래서 역사의 비밀도 신이 분명히 어딘가에 밝혀주었을 것이라고 생각합니다. 그러면 자신이 만유인력의 법칙을 통해서 자연의 법칙을 발견했듯이, 역사의 법칙은 어디에서 찾을 것인가? 그는 성서에서 역사를 예언했다고 생각하는 부분을 찾기 시작합니다. 그래서 성서의 다니엘서, 요한계시록의 주석을 씁니다. 그 본문을 연구하고요. 그게 뉴턴에게는 별다른 작업이 아니었습니다. 이런 분위기가 계속되다가 과학혁명 이후에 본격적으로 전문과학자들이 등장하면서 서구 지성사회에서 종교인들이 가지고 있던 지적 주도권이 전문과학자 집단에게, 적어도 자연에 관한 영역만큼은 넘어가게 되는 과정을 거치게 됩니다.

현재 우리가 알고 있는 종교와 과학의 갈등관계는 지난 300년 동안의 발현이라고 얘기할 수 있습니다. 지금도 서구에서는 오늘 언급된 책의 많은 부분들이, 즉 종교를 과학적인 관점에서 다시 한 번 설명하려는 그런 저작들이 굉장히 많이 나오고 있습니다. 그런데 그게 왜 서구전통, 특별히 영미, 주로 영어권 학자들에 의해서 나온 것인가 한번 생각해 보시기 바랍니다. 그것은 비록 그들이 무신론자라 할지라도 나면서부터 기독교적인 문화 속에서 살고 있기 때문에 서구 상황에서 종교와 과학의 담론은 기독교와 과학의 담론으로 넘어가는 것입니다.

그런데 한국사회 전통에서 이것은 다른 맥락에서 이루어져야 할 것입니다. 우리 사회에서의 종교와 과학에 대한 담론들은, 기독교가 주도종교로서의 역할을 하고 서구의 언론주도층, 여론주도층이 전부

기독교인 상황에서 이루어졌던 종교와 과학에 관한 담론과는 다른 형식의 담론입니다. 우리는 그들의 역사를 수용한 적도 없고, 수용하지도 않았고, 그런 역사를 모르고 있는 상황에서 이루어진 것입니다. 아마도 우리나라에서 과학기술과 종교 또는 종교와 과학의 담론이 일어난다면, 여러 다른 종교전통 속에서 과학기술을 바라보기 때문에 서구가 형성해 왔던 과학기술과 종교 담론보다는 훨씬 더 풍요로운 것들을 기대할 수 있지 않을까 생각합니다. 과학과 종교의 만남이 왕의 귀환인가 탕자의 귀가인가는, 기독교인들 안에서도 여전히 나누어져 있는 의견들입니다.

서로 다른 차원에 속하는 과학과 종교

박광서　과학과 종교를 애기하는 것이 껄끄러운 줄은 미리 알았지만 이렇게 백인백상(百人百相)으로 말씀을 하시는 줄은 몰랐습니다. 특히 자연과학자가 아닌 분들이 자연과학도 하나의 신념 체계 또는 그 신념 체계에서 나온 이론에 지나지 않는다고 주장하시지만, 그렇지 않은 부분도 많이 있습니다. 재현성이 있는가? 오관으로 감지가 가능한가? 측정 가능한가? 수치화가 가능한가? 이것만 가지고도, 그 배경에 어떤 이론적인 것이 없다 하더라도 과학 영역은 자체의 정체성을 가지고 있습니다. 가치지향적인 또는 자기만의 세계관이나 자연관이 없으면 나올 수 없는 것이 과학은 아닙니다. 그 점에서는 좀 오해가 풀렸으면 좋겠습니다.

　종교와 과학을 애기할 때 일단 종교가 종교로서의 품위를 갖추기 위해서는 과학적 사실에 대해서 지성적·종교적으로 겸허해야 한다고 생각합니다. 저는 과학과 종교가 모두 겸허해야 한다고 생각합니다. 지금 종교나 사회과학에서, 자연과학이 실생활에 영향을 많이 주게 되면서 너무 오만해졌다고 말씀하십니다. 부분적으로 사실일 수도 있습니다. 그러나 과학은 역시 오관을 통해 누구나가 느낄 수 있고, 측정할 수 있는 한계 내에서만 성립합니다. 그 이상을 과학이라고 얘기하지 않습니다. 또 달리 얘기하면 존재 그 자체는 과학이 아닙니다. 인식만이 과학입니다. 그래서 과학은 신의 존재처럼 측정 불가능한 것에 대해서는 얘기하지 않습니다. 그 점이 분명해야 과학의 한계도 분명해지고, 과학자가 오만하지 않다는 것을 이해할 수 있을 것입니다.

반대로 그런 한계 내에서는 지구상 어떤 생명체도 반복해서 얘기할 수 있고, 인식할 수 있다는 사실을 인정해야만 과학의 영역도 같이 인정이 될 것이라고 생각합니다. 과학적 영향이 너무나 큰 나머지, 또는 종교적 성급함 때문에 과학에게 자기 영역을 내주면서 '우리가 할 일은 이제 끝났다' 거나, '우리가 모두 했었는데 이제 과학이 밀고 들어오는구나' 라고 성급하게 생각해서 실수를 저지르는 일도 있습니다.

우리가 잘 아는 것처럼, 천사가 날갯짓으로 밀어 지구가 움직인다든지 하는 소박하고 순진하고 아름다운 생각까지는 괜찮습니다. 아까 갈릴레오 말씀을 하셨습니다마는, 지구가 중심이라는 생각에서 한 치도 벗어나기가 어려웠던 적도 있었습니다. 20세기 초반 미국의 대공황 때는 다윈의 진화론에 반대하는 일부 종교계 사람들이, 미시시피 강가에서 공룡과 인간의 발자국을 함께 발견했다고 엉터리 주장을 한 적도 있었습니다. 지구상의 생명이 신의 창조물이라는 것을 주장하기 위해서 꾸몄던 사실이 나중에 드러나 버리고 말았죠. 그런 일은 종교가 과학을 너무 크게 보았기 때문이었습니다.

저는 과학을 종교보다 저차원으로 봐야 한다고 생각합니다. 윤원철 교수님도 지적하셨듯이 과학은 위에 색(色)·수(受)·상(想)·행(行)·식(識)으로 구성된 오온(五蘊)의 영역이라고 보는 것이 맞습니다. 그 밑 깊은 곳에 심리학 또는 종교의 영역에 속하는 것들이 있습니다. 아뢰야식(阿賴耶識)인 8식(八識)과 같은 부분이 종교가 가지는 유일한 권위입니다. 오온으로 우리가 설파하는 세계를 과학에게 내줄 수 없으니, 그것은 틀렸다 또는 맞다고 하는 것은 오히려 종교적 권위를 떨어뜨리는 것이라고 생각합니다. 그런 것을 차원이라고 표현할 수도 있겠습니다. 쉽게 얘기해서 종교는 다차원, 복합차원 또는 무한차원 이렇게 얘기할 수가 있는데, 오히려 낮은 차원의 문제에 대해 시비를 걸 이유가 없다는 것입니다. 우리는 차원이 다르면 말이 안 통한다고 합니다. 그것은 높은 차원에 있는 사람이 안 통하는 게 아니지요. 오히려 낮은 차원에 있는 사람이 말이 안 통하는 겁니다.

예를 들면 우리는 3차원의 세계에 살고 있습니다. 즉 사람에게는 앞뒤, 양옆과 높낮이가 있어서 날 수도 있습니다. 그런데 개미에게는 평생을 기어 다니는 2차원의 삶밖에 없습니다. 그 2차원의 삶을 우리가 3차원에서 보면서 너그럽게 봐줄 수 있어야 하는 것입니다. 3차원의 세계에서 일어나는 일을 2차원의 세계에 해당하는 과학에서는 이해하지 못할 수도 있습니다. 과학이 전부라고 이야기하지 않는다는 뜻입니다.

그러나 3차원에 사는 사람이 2차원에 사는 사람보고 3차원을 이해해달라고 할 수는 있습니다. 그리고 아직 이해 못할 수도 있습니다. 과학이 가고 있기는 하지만 그것을 기다려줄 줄 알아야 됩니다. 그것이 고차원에 사는 사람의 품위 유지라는 생각이 들거든요. 적어도 개미는 3차원을 이해하지 못하기 때문에 누가 골프공을 쳤다면 개미는 이해할 수 없을 것입니다. 갑자기 자기 세계에서 없어진 것으로 생각하겠지요. 그러다가 다시 땅에 떨어지면 우리 세계에 다시 나온 것이 되는 것이니 저차원의 세계와 고차원의 세계는 다를 수가 있다는 겁니다. 하나님이나 부처님은 무한차원에서 사시는지 모르겠지만.

그래서 확실하게 그 차원에서 얘기하고 있는 것에 대해 시비를 건다거나, 또는 과학적 영향력에 대해서 성급하게 생각한 나머지 조작을 한다거나 하는 일은 적어도 없는 것이 좋겠다는 말이지요.

예를 하나 들겠습니다. 1986년에 세계창조과학회 회장인 기시(Duane T. Gish) 박사가 연세대학에서 강연을 한 적이 있습니다. 저도 관심이 있어서 신문기사를 살펴보았습니다. "엔트로피의 증가법칙은 물리학에서 뉴턴의 법칙이나 양자법칙에 못지않게 중요한 자연법칙이다. 그러나 생명은 엔트로피 증가법칙과 모순된다. 왜인가? 생명은 엔트로피가 큰 자연세계로부터 모든 것을 받아들여서 자기 조직을 하는 것이고, 그렇기 때문에 생명현상 자체는 신의 손이 개입하지 않고는 안 된다." 이게 창조과학회장의 말씀이었습니다. 그래서 자연법칙에 어긋난다는 얘기였거든요.

그런데 여기 과학자도 계시겠지만, 아직까지 엔트로피 법칙이 자연을 거스른 적은 한 번도 발견되지 않았습니다. 그리고 아까 말씀드린 엔트로피 증가법칙은 열린 세계에 대해서는 항상 성립했습니다. 쉽게 얘기해서 뜨거운 물과 찬물을 합치면 엔트로피가 증가합니다. 뜨거운 물이 200이었고 찬물이 100이었다면 300이 되는 것이 아니고 350이 되는 것이 맞다는 것입니다. 찬물의 입장에서 보면 엔트로피 증가이지만, 뜨거운 물의 입장에서 보면 엔트로피 감소입니다. 그러니까 부분적으로는 엔트로피 감소가 얼마든지 있을 수 있고, 자연법칙을 얘기할 때 항상 교류하는 열린 시스템 전체에 대해서는 엔트로피 증가법칙이 맞습니다. 생명현상도 닫힌계가 아니기 때문에 그렇게 애기하면 안 되는 것입니다. 창조과학회에 과학자들도 많이 있었는데 성급하게 그것을 받아들이고 싶은 욕심에, 또는 대중들에게 그렇게 멋진 자연과학 용어로 얘기하고 싶은 욕심에 그냥 흘려버리고 언론에 나왔습니다. 불교나 기독교나 상관없이 자연과학의 낮은 차원에서 확실하게 하고 있는 것들에 대해서, 그것을 오용하거나 알면서도 모른 체하거나 하는 일은 없어야겠다는 것이 과학자의 입장에서 제가 말씀 드리고 싶은 부분입니다.

그리고 윤원철 교수님이 말씀하신 것처럼, 동양에서는 존재론과 인식론이 분리되지 않기 때문에 도덕률이라는 것이 별개의 인격체에 의해서 만들어지는 절대선이나 절대악이 아니고 따라서 자연법칙과도 어긋나지 않습니다. 자연스러운 것이 바로 선한 것으로 얘기될 수 있는 데 비해서, 서양종교에서는 다분히 선과 악을 특정한 인격체에 의해서 결정지어지는 것으로 보기 때문에 굉장히 갈등이 많이 있을 수 있습니다. 자연과학자의 입장에서 자연과학적으로 얘기할 수 있는 것에 대해서 선악을 얘기하는 것은 옳지 않습니다. 아까 뉴턴에 대해서 얘기했지만 뉴턴의 그런 생각은, 반은 종교인이고 반은 과학자이기에 가능한 것입니다. 얼마든지 그럴 수 있습니다. 그러나 같이 사는 세계의 도덕률을 얘기할 때 또는 종교로서의 가치를 얘기할 때는 그것들이 서로 상충하지 않을 수 있는 선이 필요합니다. 뉴턴처럼 분명히 두 개가 있으면서도 두 개가 상충되지 않게 소화할 수 있는 능력이 자연과학자에게도 있어야 되고, 종교인에게도 있어야 된다고 봅니다.

과학이 작동하는 영역은 따로 있다

김승환　저는 딱히 무신론자라고 할 수는 없지만 신앙은 없습니다. 하지만 과학자로서 자연과 우주를 접하면서 어떤 특별한 경험, 종교적이라고 할 수 있는 경험을 하게 됩니다. 실제로 과학자들의 종교에 대한 접근은 다양하게 이루어집니다. 제가 과학계의 전체 의견을 대변할 수는 없지만 개인적 경험을 좀 일반화해서 이야기를 하고자 합니다.

　1966년 《타임》지가 커버스토리로 'Is God dead?' 신이 죽었는지를 물었습니다. 하지만 그로부터 40년이 지난 지금 아무도 신이 죽었다고 생각하지 않고, 오히려 'God is winning' 이라고 생각하고 있습니다. 어떤 면에서는 이런 신앙의 강화가 선진 국가인 미국에서도 나타나고 있습니다. 미국이라는 나라는 첨단과학과 독실한 신앙이 교차한다는 점에서 특이합니다. 얼마 전 한 설문조사 결과에 따르면, 미국 국민의 62퍼센트가 진화론을 믿지 않습니다. 또한 53퍼센트가 지구 나이를 6000살이라고 믿습니다. 사실 미국에서 종교의 영향력은 돈과 조직에 있어 엄청납니다. 지구 전체에 걸쳐 정치사회적으로 엄청난 영향력을 행사하는 종교가 일탈하게 되면, 9·11 테러 또는 탈레반의 바미안 석굴 파괴 같은 일도 벌어질 수가 있습니다.

　이러한 종교의 엄청난 영향력 때문에 과학자들도 관심을 갖지 않을 수가 없습니다. 오늘 여러분들께서 과학자의 오만함을 꾸짖어주셨습니다. 과학자의 '타잔 콤플렉스' 에 대해서는 겸허하게 반성합니다. 반면에 과학자들은 종교의 교조주의를 잘 이해하기 어렵습니다. 과학과 종교가 그런 부분에서 갈등과 충돌이 일어날 수 있고, 한두 측면만 강조되어 사회적 이슈가 되기도 합니다. 그래서 너무 뜨거워지면 많은 사람들이 과학과 종교의 분리를 통한 안정을 취하기도 합니다. 또 과학과 종교의 깊은 뿌리와 공통점에 주목한 섣부른 융합시도를 무리하게 하면, 그것이 더 큰 문제를 낳기도 합니다.

사실 오늘 제가 현장과학자로 나와 여러분들의 이야기를 들으면서, 과학에 대한 오해가 참 많을 수 있겠다는 생각을 했습니다. 어떻게 보면 이런 대화가 좀 더 일찍 필요하지 않았나 하는 생각도 했습니다. 현대과학의 발전에 대해 좀 더 많은 부분이 이해되고 공유되었으면, 오늘 토론도 좀 더 구체적인 다음 단계로 나갈 수 있었을 것이라는 생각도 듭니다.

과학자들은 과학을 하고 있습니다. 과도하게 확장한 과학주의와는 구별됩니다. 과학이 모든 것을 설명한다고 이야기하기는 어렵지만, 과학자들은 '과학이 작동한다'는 것을 믿습니다. 즉 자연과 우주의 점점 더 많은 부분이 과학적으로 설명되어 가고 있습니다. 태양계와 은하의 발견으로 지구가 더 이상 우주의 중심이 아니며, 빅뱅이나 다우주(multi-verse)는 수많은 우주가 생성되었을 가능성을 제기해줍니다. 유전자, 카오스, 복잡계, 뇌과학 및 인지과학의 발전은 과학을 통해 생명과 마음의 영역을 개척해나가게 해줍니다. 이런 부분에서 과학은 큰 진보를 이룩했습니다. 자연과 우주의 더 많은 부분들을 반드시 신의 개입을 가정하지 않고도 이해할 수 있는 근거를 제공하고 있습니다. 로렌스 크라우스는 "과학은 도덕성의 적이 아니다. 과학은 도그마의 적이다"라고 했습니다. 즉 과학은 합리적 토론과 비판을 수용하는 '지적 정직성'을 추구합니다. 일부 종교에서는 폭탄 제조기술의 보유와 순교에 대한 믿음이 상호 모순되지 않습니다. 종교가 일탈하는 경우, 고립된 일부의 문제가 아니라 다수가 합리적 판단과 과학적 상식으로부터 유리되고 오도되는 것이 작금의 현실입니다.

　　사실 이런 측면에서 과학과 종교의 상호 교류와 보완해야 될 필요
성이 이미 여러 연사들의 발제에서 지적되었습니다. 최근 들어 이런
노력들이 다양하게 전개되고 있습니다. 작년 11월에는 '믿음을 넘어
(Beyond Belief 2006)'에서 스티븐 와인버그(Steven Weinberg) 같은
노벨상 수상자, 게놈 프로젝트 리더, 신경과학자, 철학자 등이 모여,
2박3일 동안 과학과 종교의 관계에 대해서 열띤 토론이 있었습니다.
이 모임에는 다양한 분야의 과학자들이 많이 참여했는데, 거기서 나
왔던 애기들은 다음과 같은 내용이었습니다. 종교의 도그마를 체계적
으로 극복할 수 있는 노력이 필요하다. 이를 위해서는 합리적 우주관
을 가지려는 노력들이 선행되어야 하며, 이 노력이 실패할 경우 다른
영역에서 대안을 찾아야 한다. 또 실제적으로 어떤 신의 개입이나 기
적에 대한 가정이 준거가 부족한 상태에서 대안으로서 너무 쉽게 제시
되어 설득력이 없다.

　　과학계와 종교계가 대화를 할 때 이런 부분들이 쉽게 받아들여지
지 않습니다. 특히 리처드 도킨스로 대표되는 사람들이 '믿음에 대한
믿음(belief in belief)', '증거가 없는 믿음(belief without evidence)'을
문제 삼는 겁니다. 존 호트에 대한 이야기를 현 박사님께서 해주셨는
데, 저도 상당 부분 공감을 합니다. 저는 개인적으로 과학과 종교의
네 가지 존 호트식 접근방법에서 접촉을 통한 방식을 지지합니다. 과
학으로 신의 존재를 입증하려고 노력하지 않고, 과학적 발견을 종교
적 의미의 틀 안에서 해석하는 데 만족합니다.

　　과학을 한다는 것이 사실 신념에 기초한다는 것도 맞는 이야기입
니다. 과학사라는 것은 지식의 성장이 항상 똑바른 직선의 궤적을 보
여주는 것은 아니라는 점을 말해줍니다. 하지만 조금 전에 말씀드린
대로 과학이 작동하는 영역을 인정하고 합리적 사고를 통해 자연과 우

주를 이해하는 노력은 반드시 먼저 선행되어야 합니다. 과학자들도 독단적 우월의식에서 벗어나서, 겸허하게 인문학적 소양으로서의 과학이 받아들여질 수 있도록 노력해야 하겠습니다. 과학과 종교가 사회의 진리 추구와 삶의 질 향상을 이루는 데 함께 공헌할 수 있는 부분을 고민하는 이런 자리가 자주 있었으면 합니다.

사 회　감사합니다. 그러면 질문을 먼저 받고 이어서 논평을 진행하겠습니다. 앞에서도 언급했듯이 이 포럼을 책으로 만들기 때문에 가능하면 소속과 성함을 밝혀주시면 고맙겠습니다.

김희대　한생명운동을 하는 김희대입니다. 과학기술과 종교의 근본을 돌아보는 것은 분명히 필요하다고 봅니다. 지금 과학기술이 아무리 발전을 해도 자연환경을 오염시키고 있습니다. 왜 그럴까요? 과학기술이 지금 자연의 근본을 돌아보지 못한다는 것입니다. 그리고 지금 많은 사람들이 과학기술로 자연을 정복한다고 하는데 이것은 크게 잘못된 것입니다. 과학기술이 아무리 발전해도 자연을 정복한다는 것은 말이 안 되는 것이고요. 결국 거기서 인간들의 어떤 오만함이 나온다고 봅니다. 그래서 과연 과학기술과 종교의 근본을 자연으로 돌아볼 수 있는, 자연과 상통하는 그런 길은 어떠한 것인지 앞에 계신 발제자와 토론자분들의 이야기를 좀 듣고 싶습니다.

우희종　서울대학 수의과대의 우희종입니다. 먼저 제가 오늘 발표를 들으면서 많은 발표자들이 과학을 굉장히 가치중립적이고 진리를 탐구하는 수단으로 생각하신다는 것에 참 놀랐습니다. 다행히 김용학 선생님께서 과학사회학적 입장에서 이것이 가치중립적이 아니라 일종의 문화로서 우리에게 있는 것이라고 말씀해주셔서 좀 시원했습니다. 또 신재식 교수님께서 이러한 과학과 종교의 만남이 우리 삶의 현실이자 구체적인 것으로서 나타나야 된다고 말씀하셨습니다.

문영빈 교수님께 질문을 드리겠습니다. 많은 내용을 공감했기 때문에 오늘 이 자리가 좋았다는 느낌이 있고, 과학기술이라는 것이 일종의 신념 체계이고 계시성을 갖는 데는 동감합니다. 그러나 그것이 곧 초월성을 의미하는 것은 아니거든요. 그래서 결론부분에서도 보면, 과학기술 시스템은 초월성의 코드가 부재하고 종교 시스템은 실증과 통제 등의 과학기술적 코드가 부재하다, 그렇기 때문에 아마 이런 것을 통해서 상호 보완이 될 것이라고 생각하시는 것이 아닌가 생각합니다. 그렇다면 실제적이고 구체적으로 이것이 나타나야 된다는 점에서, 과학이 많은 생태문제나 현대사회에서 문제를 일으키는 부분에 대해 단순히 과학기술이 자연에 깊숙이 침투해서 그런 것이라고 은유적으로 표현하셨는데, 구체적으로는 어떻게 생각하고 계시는지, 저는 실제로 그것이 단순한 어떤 침투문제가 아니라 과학기술이 가진 근본적 한계에 근거하고 있다고 보는데요, 그런 점에 대해서 좀 의견을 듣고 싶습니다.

김도형 한국과학문화재단에 근무하는 김도형입니다. 제가 드릴 질문은 세 가지입니다. 하나는 현우식 선생님에게 해당되는 것이고, 나머지 두 가지는 앞에 계신 발표자와 토론자 모든 분들한테 드리고 싶은 질문입니다. 먼저 현우식 선생님께 드리는 질문은 예수님이 과학자였다고 말씀하신 부분에 대한 것입니다. 과학이라는 개념 혹은 과학자라는 개념은 역사적으로 질적인 변화를 많이 겪어왔는데, 현재 우리가 가지고 있는 과학자 혹은 과학에 대한 개념을 너무 멀리 투사시키신 것이 아닌가 하는 생각이 들었습니다. 예를 들면 현대의 관측천문학자가 새로운 별을 발견하고 문득 누군가 태어날 것을 짐작하고 비행기표를 사리라고 생각하지는 않습니다.

그리고 감히 말씀드리면, 템플톤식의 화해책, 형이상학적인 화해책을 많이들 말씀해 주셨습니다. 제가 느끼기에 1990년대 이후에 과학과 종교에 대한 논쟁이 많이 불거진 이유는 두 가지 같습니다. 하나는 신경신학이라고 부르는 것으로 과학자들이 신의 경험을 과학적으로 설명하려드는 시도와 도킨스류의 밈 이론에 대해 종교인들이 분노의 수사를 퍼부었고, 또 한편으로는 미국에 있는 근본주의자들의 특히 지적설계론으로 대표되는 흐름에 대해서 과학자들의 분노의 수사가 다시 퍼부어지면서 논쟁이 시작된 것이 아닌가 하는 생각이 듭니다. 그래서 두 가지를 질문 드리고 싶은데, 약간 천박할 수도 있다고 생각합니다. 하나는 과학이 먼 미래에라도 종교를 '설명해낼 수 있는 (explain away)' 순간이 올 것이라고 생각하시는지를 여쭙고 싶습니다. 또 다른 하나는 교실에서 창조론을 교육하는 것이 바람직하다고 생각하시는지를 여쭙고 싶습니다.

사 회 다른 질문이 없는 것으로 생각하고 이 세 분의 질문에 대한 답변을 듣도록 하겠습니다.

과학은 종교를 완전히 설명할 수 없다

문영빈 우희종 교수님께서 좋은 질문을 해주셨습니다. 먼저 제가 '침투'라는 용어를 썼는데 이것은 시스템이론의 전문용어입니다. 사실

과학기술 시스템의 자연계 침투를 통해서만 환경오염이 생겼다고 생각하지는 않습니다. 환경오염에는 인간의 여러 가지 복합적인 욕망 같은 것들이 포함되어 있기 때문입니다. 또 역사학자 린 화이트(Lynn White)가 지적한 대로, 기독교도 '땅을 정복하라'는 창세기의 내용이 잘못 해석되어 환경파괴의 빌미를 제공했다는 비판에서 자유롭지 못합니다. 하지만 과학기술은 자연계에 대한 공격적인 침투를 하는 직접적인 시스템으로서 책임이 있습니다. 또한 제가 지금 문제의식을 가지고 있는 것은 미래지향적으로 바라볼 때, 첨단 과학기술이 심각한 환경오염을 가져올 가능성을 지목하는 다양한 데이터들입니다. 그것이 소위 말하는 '나비효과(Butterfly Effect)'를 통해 앞으로 예측불가능하게 파급되어 돌이킬 수 없는 환경위기가 되면 어떡하나 하는 우려 속에서 말씀을 드린 것입니다.

한 예로서, 핵위기와 핵오염에 관한 문제도 사실 과학기술 시스템이 핵에너지에 침투해 새로운 에너지원을 발견하고 그것을 실용화하는 바람에 그 역작용으로 결국 우리에게 큰 위협이 되고 있습니다. 따라서 과학기술계가 책임을 면할 수는 없다고 생각합니다. 물론 핵개발은 에너지 차원에서 우리 인류에게 훌륭한 기여를 하고 있고, 앞으로도 핵에너지는 귀한 에너지원으로 쓰일 수 있다고 믿습니다. 하지만 또 이에 대한 역작용도 만만치 않기 때문에 앞으로 이런 문제들에 대해서 좀 더 관심을 가져야 된다고 생각합니다.

제가 더 큰 환경문제라고 생각하는 것은 생명공학, 나노공학으로 인한 생태계 오염문제와 인공지능을 통한 로봇의 문제입니다. 생물 시스템의 유전자 조작은 인간사회가 생명공학을 통해 유전자 차원의 생물 시스템으로 침투하는 것인데, 이런 생명공학적 침투는 나비효과를 통해 예측 불가능하게 생태계의 총체적 질서를 파괴할 수 있다는 가능성을 배제할 수 없습니다. 나노공학을 통한 원자와 분자수준의 자연조작 역시 인간사회가 나노공학을 통해 나노차원의 자연 시스템에 침투하는 것으로, 이런 침투 역시 자연계의 질서를 훼손할 수 있다는 가능성을 배제할 수 없습니다. 일단 훼손된 생태계 질서는 돌이킬 수 없다는 것이 무서운 겁니다. 또 인공인간을 만든다는 것은 인간사회가 인공지능학을 통해 자연인간 시스템에 침투하는 것인데, 앞으로 정교한 인공인간이 생겼을 때 우리 인간사회에 어떤 환경으로 작용할 것인가 하는 문제입니다. 발표에서 SF영화의 예를 들었지만, 그것이 허황한 생각일 뿐일까요? 지금 정부에서 자연인간과 인공인간의 관계에 관한 윤리법령을 만든다는 사실은 이러한 우려가 지금 우리에게 현실적으로 다가오고 있다는 증거입니다. 일견 좀 너무 앞서나가는 것 같지만, 현재 첨단 과학기술의 경이로운 발전을 고려할 때 이런 우려가 결코 지나친 것은 아니라고 생각합니다.

그리고 과학기술의 '초월성'에 대해 의문을 표하셨는데, 저는 과학기술 시스템이 명시적인 초월성을 가진다고 말하는 것은 아닙니다. 과학기술의 명시적 코드는 자연에 대한 지식, 실증, 실용, 통제니까요. 이러한 명시적 코드가 과학기술 시스템의 일차적 코드입니다. 하지만 이러한 명시적·일차적 코드 뒤에 숨어 있는 암묵적인 코드로서 초월성의 차원이 있지 않을까? 그런 이차적이고도 암묵적인 코드의 차원을 말한 것입니다. 반면, 종교 시스템의 코드는 일차적인 것이 '초월성'과 '성(聖)/속(俗)'의 문제입니다. 이것이 종교 시스템의 일차적인 코드이지만, 또 잘 보면, 종교 시스템도 이차적인 코드로서 자연에 대한 이해, 지식, 통제와 같은 과학기술 시스템의 일차적 코드를 공유하고 있는 것입니다. 그래서 과학기술 시스템과 종교 시스템은 이차적인 코드에서는 상호 보완을 하지만, 일차적인 코드에서는 자신들의 시스템 정체성을 유지하면서 긴장관계를 유지한다고 생각합니다.

또 김도형 선생님이 질문하신, 과학이 종교를 완전히 설명하는 것('explain away')은 절대로 불가능하다고 생각합니다. 왜냐하면 아무리 과학이 발달한다고 해도 자연, 생명, 인간의 궁극적 의미를 설명할 수는 없는 것이고, 이 궁극적 의미는 바로 종교의 영역이기 때문입니다. 아까 다른 교수님들께서 잘 지적한 것처럼 과학의 영역은 분명하며, 그 한계 또한 분명합니다. 또 종교도 영역이 분명히 있고 그 한계도 분명히 있습니다. 과학과 종교는 서로 그 영역과 한계를 제대로 알고 상호 보완하는 것이 필요할 것이라고 생각합니다.

김승환 이 부분에 대한 과학자의 얘기를 듣고 싶을지 모르겠는데요. 제가 보기에는 과학이 정신과 신의 영역으로 들어가서 설명하기는 굉장히 어려울 것이라고 생각합니다. 저도 물리학자로서 뇌과학을 연구하지만 사실 뇌가 뇌를 연구하잖아요. 그러니까 이런 기본적인 피드백 루프의 한계가 어딘가는 설정이 되어 있을 것 같은데, 그 한계가 어디인지 저도 정확히 모르겠습니다. 그러나 현대과학의 발전이, 뇌과학의 발전이 정말 뇌의 기능적 활동에 대해 상당한 부분을 이해할 수 있도록 해줄 것이라고 생각합니다. 그렇지만 저는 개인적으로 지적설계론을 믿지는 않습니다.

성서에서 인간은 자연의 관리자일 뿐이다

현우식 환경문제도 조금 얘기를 하겠습니다. 우선 자연환경을 기독교에서 기본적으로 어떻게 보느냐의 문제입니다. 제가 기독교를 대표할 수는 없지만 성서에 근거해서 말씀을 드리자면, 또 많은 학자들이 동의하는 것이 뭐냐 하면, 자연은 인간과 동등합니다. 신 앞에서, 적어도 하나님 앞에서. 그리고 인간에게 부여된 것이 있는데, 그것은 지위가 아니고 특별한 기능입니다. 그것을 구약에서는 하나님의 형상(Imago Dei)이라고 표현을 했습니다. 한마디로 얘기하면 잘 관리하라는 말입니다. 자연은 소유의 대상도 아니고, 정복의 대상도 될 수 없고, 위임받아서 잘 관리하라는 것입니다. 그렇기 때문에 기독교에서 자연은 인간만큼 중요하고, 인간은 자연 속에 있는, 또 자연도 신과 계약을 맺는 것이 나오거든요. 그러니까 인간만 신과 계약을 맺는 것이 아니라 자연도 신과 계약을 맺는, 그래서 계약의 당사자로서 동등합니다. 결국 환경오염에 대한 책임문제는 잘못된 해석의 결과라고 말씀드릴 수 있습니다.

그리고 과학자의 개념을 말씀했는데, 과학자의 의미는 시대에 따라 다양하게 변했습니다. 'Scientist'라는 용어가 처음 기록에 등장한 것이 놀랍게도 1840년대였다고 합니다. 그러니까 그 이전에는 과학이라고 생각하는 직종에 종사하는 분들을 부를 때에, 'Scientist'라는 말을 사용하지 않았다는 것이지요. 그래서 저의 전제는 2000년 전의 사건은 2000년 전의 기준으로 보자는 것이고, 그럴 때에 그리스도를 과학기술자라고 해도 무방하다는 것입니다. 현재의 과학기술자를 그대로 투사시킬 수 있겠느냐? 물론 그렇지는 않습니다.

환경에 대한 불교와 기독교의 논리

박광서 환경문제가 나올 때마다 기독교와 불교의 논리가 대비되고 있습니다. 제가 이미 자연의 법칙과 도덕적 법칙 또는 도덕률이 별개로 구분되지 않는 것이 불교의 논리라고 말씀드렸습니다. 그것은 순환논리 때문입니다. 특별한 인격체를 가정하지 않고도 생명은 식물이나 동물이나 사람이나 구분될 수 없습니다. 이것이 불교적 사고인데, 따라서 환경은 지키는 것이 아니고 자기생존이라는 것이 불교적 생각입니다. 그런 점에서 기독교 논리와는 차이가 있다는 생각이 듭니다.

그런 점에서 정신세계가 따로 있고, 또 물질세계가 따로 있다고 얘기하지 않는 것이 불교 쪽에 가깝습니다. 미국에서 그런 실험을 한 적이 있습니다. 하버드 의대에서 한 것으로 기억하는데, 선인장을 갖다놓고 파(波)를 측정을 했습니다. 그런데 어떤 사람이 와서 면도칼로 긋고 괴롭히니까 아주 이상한 파가 나오고, 좋은 얘기하고 음악 틀어주면서 물주고 그러니까 아주 부드럽고 좋은 파가 나왔다는 것입니다. 6개월 후에 두 사람을 들여보냈더니, 괴롭혔던 사람의 경우 다시 히스테릭한 파가 나왔다는 것이지요. 식물에게도 기억이 있다는 주장이 어디까지 가능한지는 잘 모르겠습니다. 그러나 불교에서 얘기하는 것 또는 동양에서 얘기해 왔던 것은 항상 주체와 객체를 분리시켜서 누가 누구를 보존하고 그런 것이 아니라는 생각이 듭니다. 그 점에서 아인슈타인이 한 재미있는 말이 있습니다. 1939년에 프린스턴대학에서 강의를 할 때 그는 과학과 종교 얘기 중에 "미래의 종교는 과학을 품을 수 있어야 된다. 정신적인 문제와 물질적인 문제를 함께 품을 수 없다면 미래의 종교가 될 수 없다. 그 점에서 현대과학에 가장 부합하는 종교는 불교다"라고 말했습니다.

환경문제도 서양이 보는 또는 기독교가 보는 논리와 불교가 보는 논리가 다르지만, 합리적인 지성들이 바라보는 관점은 결국 같은 것 같습니다.

인류를 위협하는 과학기술의 메커니즘

신재식 우희종 선생님이 과학기술은 가치중립적이 아니라고 말씀하셨습니다. 아마 여기 오늘 발제하신 선생님이나 토론자로 나오신 선생님들 전부 과학기술 자체가 가치중립적이 아니라는 데는 동의하실 것입니다. 저도 과학기술, 특별히 현대사회처럼 과학기술 작업에 많은 재원이 투자되는 상황에서는, 그것이 이념과 관련되고 이해관계가 철저히 관련되어 있다고 생각하고 있습니다. 그리고 과학기술과 종교 간의 대화에서 당사자는 현재 세 분야가 있다고 생각합니다. 즉 과학기술 관련 당사자가 있고, 종교 당사자가 있고, 정부가 있다고 생각합니다. 그러니까 과학기술과 종교의 문제는 단순히 양자 간의 문제만은 아니라는 것입니다. 그리고 과학기술 영역에 있는 사람이 이 문제에 접근하는 방식과 종교에서 접근하는 방식, 정부에서 접근하는 방식이 서로 다른 것입니다.

제가 구체적이고 역사적인, 현실적인 관점에서 과학기술과 종교 문제를 바라보자고 했습니다. 미국에서의 진화와 창조 논쟁은 오랜 역사 과정이 있고, 다양한 배경들이 얽혀있습니다. 이것은 정부의 관심사와 별개로, 미국의 대부분 기독교인들이 가지고 있는 교조적 종교 신념과 관련된 문제이기도 합니다. 자신들의 종교 신념을 교육현장까지 확대 재생산하기 위해서 압력을 행사하는 과정에서 나온 겁니다. 그렇지만 한국에서의 종교와 과학 논의는 다른 문제라고 생각합니다. 오늘 과학기술부에서 이런 일을 한 것은 굉장히 실용주의적인 관점이 많지 않나 생각해봅니다.

그리고 김도형 선생님 세번째 질문에서, 창조론을 교실에서 가르치는 것이 바람직한가를 물으셨는데, 이것은 남의 나라 얘기라고 생각합니다. 저는 기독교 신학하는 사람이지만, 한국에서 이런 일이 있어서도 안 되고 있을 수도 없다고 생각합니다. 이런 생각을 감히 공중파나 언론에서 얘기해서도 안 된다고 생각합니다. 특정 종교운동이 자연과학의 영역 속에 들어와서 후대 교육에까지 영향을 준다는 것은 상상할 수 없는 얘기입니다. 제가 학교에서 학생들을 가르쳐보니까 종교와 과학을 얘기하거나 기독교와 과학을 얘기하는 데 굉장히 힘이 듭니다. 과학적인 오리엔테이션이 부족합니다. 상상 외로 부족합니다. 현대과학의 가장 기본적인 개념들부터 시작하지만, 이 문턱이 너무 높아서 그 학생들을 데리고 다양한 논의들이 이루어지는 것을 설명하려면 한 학기 내내 오리엔테이션만 하다 끝날 정도입니다.

저의 관심사는 어떻게 하면 우리가 자연과학이나 인문과학이나 사회과학의 영역을 무너뜨릴 수 있느냐는 것입니다. 이미 우리 사회에서 과학기술이 사고를 규정하는 기본형식이 되었기 때문에, 그런 사고방식을 잘 이해할 수 있도록 교육시키느냐 하는 문제가 일차적인 문제라고 생각합니다. 우리 사회 분위기는 이렇습니다. 유명한 진화생물학자와 제가 TV에서 생명에 관한 이야기를 한다고 합시다. 제가 신학적으로 생명에 관한 얘기를 하고, 진화생물학자는 진화과학의 입장에서 생명에 관한 얘기를 한 후 "누구의 말이 더 설득력이 있는지 ARS로 답하시오" 하면 거의 100퍼센트가 진화생물학자 얘기로 갈 것입니다. 똑같은 얘기를 한다고 해보지요. 제가 진화생물학의 관점에서 생명을 얘기하고, 진화생물학자가 신학의 관점에서 생명을 얘기했을 때 누구 얘기가 더 설득력이 있느냐, 다시 이쪽으로 갈 것입니다. 신학적인 관점에서 생명에 대해 똑같은 얘기를 하더라도, 제가 얘기하는 것하고 진화생물학자가 얘기하는 것 가운데 누구의 얘기가 더 설득력이 있느냐, 저는 단연코 진화생물학자가 한 신학적인 얘기가 더 설득력이 있다고 생각합니다. 이게 우리 사회의 분위기입니다.

중요한 것은 과학기술이 가지고 있는 본래적 영역이라는 것이 무엇인가, 그리고 이 기능이 무엇인가, 현대과학을 구성하고 있는 기본적인 개념들과 이의 집행이 무엇인가에 관한 것입니다. 그런 교육이 대학에서 이루어질 문제는 아니라고 생각합니다. 사실 중고등학교에서 이루어져야 될 문제입니다. 그게 안 되기 때문에 대학에서 그것을 다시 오리엔테이션 해서 가르치는 문제는 굉장한 한계가 있습니다. 그러니까 저처럼 인문학의 입장에서 훈련을 받은 사람이 자연과학의 얘기를 하면 벌써 권위의 정당성이 없습니다. 그리고 쉽게 설명할 수 있는 능력이 부족합니다. 그런 문제에서 교육 시스템을 심각하게 살펴보아야 될 것이라고 생각합니다.

마지막으로 한 말씀만 더 하겠습니다. 생명에 대해 말씀하셨는데, 저는 문영빈 선생님이 진화론적 입장에서 종교나 과학기술을 바라보는 입장에 전적으로 동의합니다. 전통종교는 어떻게 말할지 몰라도, 인류가 진화과정 속에서 적응하기 위해 여러 가지 메커니즘을 만들었는데, 그런 메커니즘의 하나가 종교이고, 과학기술이고, 경제 시스템이고, 예술이라고 저는 생각합니다. 그런데 특정한 인류가 자신의 생존력을 강화시키기 위해 만들어냈던 여러 가지 메커니즘 가운데서, 특정 메커니즘이 지나치게 강한 영향력을 행사함으로써 다른 메커니즘에까지 심각한 영향력을 주게 될 때 인류는 생존의 위협을 느끼게 됩니다. 과거 서양문화 속에서 종교가 특정영역을 벗어나 온통 전 인류의 생존영역을 지배했을 때 나타난 반작용의 문제, 그로 인해서 종교 이외의 다른 영역, 다른 메커니즘이 등장하고 균형을 잡기 위한 시도들이 있었는데, 저는 그게 과학혁명이라고 생각합니다. 오늘날 과학기술의 문제가 심각한 것은, 과학기술이라고 하는 메커니즘이 인류의 생존문제를 위협할 정도로 큰 영역을 차지했기 때문입니다. 그래서 사실은 이 영역을 어떻게 하면 좀 제어할 수 있을까 하는 그런 문제의식이라고 생각합니다.

사실 생태계나 인간생존, 복제의 문제가 다 그런 문제라고 저는 봅니다. 그래서 지금의 얘기들은 과학기술의 문제가 인류의 생존을 지속하는 데 부정적인 측면이 있다면, 그 측면들을 끌어내리는 역할들을 다른 부분에 기대하는 것은 아닌가 싶습니다. 즉 뒤로 물러섰던 종교의 역할들을 그런 부분에서 다시 기대하고 있는 것이 아닌가 하는 것이지요. 그래서 지금 상대방에 대한 이해가 더 많이 필요한 것이고, 그 이해를 기반으로 해서 인류의 생존력을 좀 더 강화시킬 수 있지 않을까 생각합니다.

과학적 지식만을 추구하는 방법론의 취약성

윤원철 저는 우희종 선생님 말씀에 대해서 생각해 오던 것이 있어서 말씀드리겠습니다. 과학기술이 가진 근본적인 한계에 대해 언급하셨고, 또 아까 첫번째 질문하신 분도 좀 과격하게 말씀하셨지만 과학기술이 자연의 근본을 돌아보지 못했다고 하시면서 정복, 파괴를 말씀하셨습니다.

자연의 문제, 생태·환경오염의 문제와 관련해서 과학기술이 자아내고 있는 부작용의 근본적인 원인을 하나로 집어 얘기할 수는 없겠지만 제가 오늘 발제하면서 언급한 것과 관련해서는 이렇게 생각합니다. 미시적이라는 표현을 썼는데, 그렇기 때문에 총체적인 어떤 접근에는 아무래도 과학기술 또는 과학적 방식이 취약성을 갖고 있지 않느냐는 것입니다. 그럴 필요성이 없이 해왔기 때문에 그렇습니다. 하지만 요즘에는 생태학적인 통찰력이 우리한테 가르쳐주고 있고 참 부인하기 어려운 것이 있습니다. 자연의 복잡한 총체성이 바로 그것입니다. 그런데 과학기술의 경우에는 어떤 하나의 부문에 있어서 아주 좁은 부문에 있어서의 편리함과 어떤 새로운 획기적인 지식, 그것을 응용해 실용화하면서 총체적인 균형과 같은 것이 아무래도 고려사항 속에 완벽하게 들어가기가 어렵습니다. 결국 막 추구하다보면 생태적 균형이 깨지는 부작용도 나오고 합니다. 워낙에 자연이라는 것 자체가 거대하고 복잡한 시스템이고 열린 시스템입니다. 정해져 있는, 고정되어 있는 것이 아니기 때문에 미시적인 한 부분에서 변혁과 발전이 너무 과도하게 퍼져나가면 반드시 문제가 생길 수밖에 없는 그런 것이라는 인식이 좀 필요할 것 같습니다.

그래서 과학기술 또는 과학적 지식 추구가 그런 방법론적인 취약성이 있다는 것을 철저하게 인식하면 아무래도 자연을 대하는 태도, 자연에 어떤 힘을 가하는 작업에 있어서도 조심스러워지고 겸손해지게 될 것입니다. 그것은 바람직하고 비과학자, 종교 쪽에서도 과학자들 또는 과학기술 공학자들한테 목소리 높여서 요구할 수 있는 것이 아닌가 이런 생각이 듭니다.

껍데기를 깨고 새로운 시대의 토대를 만드는 시도

김용준　오늘 많이 배웠습니다. 제 얘기를 꺼내서 안 됐습니다마는 저는 모태신앙이거든요. 그리고 지금 여든입니다. 그래서 지금도 교회에 열심히 나갑니다. 그러면서도 아까 제가 말씀드릴 때 왜 하필 리처드 로티를 끄집어냈는고 하니 그 사람이 멋있어요. 제가 요즘 그 사람을 읽어보면 엉뚱한 얘기를 하거든요. 엉뚱한 얘기를 하는데 그게 그렇게 표피적으로 가볍게 나오는 얘기가 아니에요. 굉장히 깊이 뭘 얘기하면서 나오는 것입니다.

그런데 지금 여러분 말씀을 듣고 많이 배우면서 역시 뭔가 이렇게 껍데기가 깨져야 되겠다는 생각을 자꾸 하게 됩니다. 그렇다고 뭘 하나하나 꼬집어서 얘기할 수 있는 실력은 없고 막연히 느껴지는 것이 역시 저것이 전부가 깨져야지, 그렇지 않고서는 역시 어렵지 않나 이런 생각을 하면서 여러분의 말씀을 듣고 있었습니다.

여성작가 본질과 소위 말하는 순리와 이치를 깨우치는 방법 중의 하나가 종교적이든 과학이든 그런 방향이 될 것입니다. 저는 개인적으로 우리나라 정서, 특히 개개인들이 상당히 추상적이거나 맹목적이고 맹신적이라고 생각합니다. 이론적으로도 사실 한 줄이면 끝날 얘기를 거의 한 시간, 10분 이렇게 하는 정서 속에서 우리나라에 지금 필요한 것은 구체적이고 실질적인, 물질적으로 입증된 과학적인 사고와 정서라고 생각합니다. 그런 취지에서 이런 모임들이 상당히 의미가 있다고 보는데, 지금 이것을 들으면서도 굉장히 추상적이고 구체적이지 않고 그것으로서 어떤 가치를 승화시키려고 한다는 느낌이 듭니다. 그것이 지금 우리나라 사람들에게 가장 결핍인 것 같아요. 그래서 과학하시는 분들이 이런 모임을 통해서, 이제 기초단계지만 가장 현실적이면서도 건강한 본질과 이치와 순리에 가장 근접할 수 있는 토대를 마련해주시기를 바랍니다.

정 화 저는 지금 목회를 하고 있습니다. 신문을 보다가 「과학기술,

종교를 만나다」라는 제목을 보면서 굉장히 특이하다고 생각했고, 또한 과학기술부에서 이 포럼을 주최한다기에 왔습니다. 진화론과 창조론에 대한 얘기를 했는데, 제가 주관적이고 종교적인 관점인지는 모르지만 오늘날 진화론적인 관점으로 본다면, 약육강식의 논리, 강자 논리 그러니까 강자가 이기면 그것이, 양이 사자에게 잡아먹혔다고 해서 양이 저놈 나쁜 놈이라고 하지는 못하거든요, 그 세계에서는. 그러니까 이 진화론적인 관점에서는 힘의 논리로 설명할 수밖에 없다고 생각합니다.

아까 교실에서 창조론을 얘기할 수 없다고 하지만, 그것은 종교적 관점을 떠나서 인간을 이해하는 관점에서 우연의 산물로서 인간이 아니라 뜻의 산물로서 인간이 창조되어서 함부로 할 수 없다는, 도덕적인 관점에서는 그것을 설명할 수 없거든요. 그런 관점에서 교육체계에서도 여기에 관심을 가질 수 있다고 생각합니다. 결론적으로 과학기술부에서 이러한 만남을 통한 효과에 대해서 어떻게 생각하고 있고, 효과가 있다면 그것에 대한 어떤 대안들을 갖고 있는지 알고 싶습니다.

사 회 진화론에 대한 얘기는 아까 신재식 박사님이 충분히 답변을 하신 것으로 갈음하겠습니다. 아마 후속 프로그램도 계속 개발될 것입니다. 지금 기대하시는 것만큼 그런 방향으로 갈지는 좀 두고 봐야 되고요.

김광웅 종교는 불교, 기독교가 등장을 했습니다. 과학은 상당히 장르가 많은데 왜 뭉뚱그려서 했나를 생각했습니다. 기계공학부터 뇌과학까지 상당히 여러 스펙트럼이 있는데 그것을 저희가 다 못했어요. 그러니까 오늘은 그냥 물질세계와 정신세계를 저는 하나라고 생각을 하

는데, 또 거기에 대한 인식도 같은 것이 아니고요. 하여튼 과학기술부
와 한국과학문화재단이 이런 포럼을 한다는 것이 상당히 쉽지 않은 것
이었다고 이해를 해주시고, 앞으로도 계속해서 많은 성원을 해주시고
많이 참석해주셨으면 합니다.

사 회　감사합니다. 환경문제를 자꾸 말씀하셔서 마치기 전에 제 생
각을 한마디만 말씀드리겠습니다. 환경문제의 가장 기본적인 원인은
지난 100년 동안 인구가 여섯 배 이상 늘어났다는 것입니다.

윤원철　과학기술, 의료기술 덕분이지요.

사 회　그렇게 칭찬을 해주시면 기분이 좋을 것입니다. 그렇지만 그
부분을 빼고 자꾸 과학기술이 뭘 잘못했다고 하시면 과학기술계 입장
에서는 듣기가 거북합니다.

윤원철　인간 수명을 연장한 것이 잘못한 것이지요.

사 회　제 수명 늘어난 것에 대해서는 불만이 없습니다. 무병장수의
꿈을 달성시킨 것이 잘못이라는 말씀은 쉽게 이해하기 어렵습니다.

윤원철　발표문에서 말씀드렸듯이 불교에서 말하는 진정한 행복은 우
리가 일상적으로 기대하는 행복과는 좀 다릅니다. 무병장수가 행복임
을 불교도 부인하지 않지만, 인간의 무병장수가 다른 중생의 고통을
유발하면서 달성되고, 세상 전체의 행복을 희생시키면서 달성되는 것
이라면 진정한 행복이 아니라는 뜻입니다.

나도선　아까 문영빈 선생님께서 굉장히 많이 걱정을 하시고, 인조인간이 지배할 것이냐 이런 말씀을 하셨습니다. 그것이 제 분야이기 때문에 한 말씀을 드리자면 인조인간은 절대 출현하지 않습니다. 생명과학 쪽에서 휴먼클론을 만들 수 없습니다. 왜냐하면 기술이 있다 하더라도 휴먼클론을 만들려면 과학자에게 동기가 있어야 합니다. 즉 아주 돈을 많이 벌 수 있거나 아니면 아주 큰 명예가 보장되어야만 사회적 비난을 무릅쓰고 휴먼클론을 시도라도 할 수 있는 것이죠. 그런데 둘 다 아니기 때문에 누구도 시도하지 않을 것이고, 또 돈을 투자할 사람도 없습니다. 범죄집단이 큰돈을 대서 이런 것을 하겠다고 하지만 그것도 불가능합니다. 그래서 염려하지 않으셔도 됩니다.

문영빈　오해를 하신 것 같습니다. 제가 '인공인간' 이라고 하는 것은 복제인간이 아니라 로봇입니다. 인공지능공학의 발전으로 만들어지게 될 정교한 로봇을 '인공인간' 이라고 칭한 것입니다. 현재 인공지능학의 경이로운 발전 속도를 미루어볼 때, 어떤 면에선 인간의 능력을 현저히 능가할 정교한 인공인간, 즉 신인류(新人類)의 출현이 그리 멀지 않다고 봅니다.

사 회　분위기가 너무 딱딱한 것 같아서 제가 농담으로 끝을 내겠습니다. 인조인간은 과학문화재단에서 지원을 안 하거나 못 만들게 할 것이기 때문에 안 나타날 겁니다. 이것으로 오늘 포럼을 마치겠습니다. 감사합니다.

기획편집 **이덕환(李惠煥)**은 서울대학교 화학과를 졸업하고, 미국 코넬대학교에서 Ph.D.를 받았다. 미국 프린스턴대학교 연구원을 거쳐 1985년부터 서강대학교 화학과 교수로 재직중이고, 과학커뮤니케이션협동과정의 주임교수를 맡고 있다. 국가과학기술자문회의 자문위원(제10기)과 《과학과 기술》 편집인으로 활동하고 있으며, 《새로 보는 과학기술》의 기획과 편집을 담당했다.

새로 보는 과학기술

초판 찍은 날 2007년 4월 19일　　**초판 펴낸 날** 2007년 4월 23일

ⓒ 2007, 한국과학문화재단

기획 과학기술부
편저 한국과학문화재단
기획편집 이덕환
펴낸이 변동호 | **출판실장** 옥두석 | **편집** 이선미 | **디자인** 김혜영 | **마케팅** 김현중 | **관리** 이정미

펴낸곳 (주)양문 | **주소 (110-260)**서울시 종로구 가회동 170-12 자미원빌딩 2층
전화 02.742-2563~2565 | **팩스** 02.742-2566 | **이메일** ymbook@empal.com
출판등록 1996년 8월 17일(제1-1975호)
ISBN **978-89-87203-84-3 03400**　　　　잘못된 책은 교환해 드립니다.